PRÉCIS
DE PÉTROGRAPHIE

INTRODUCTION A L'ÉTUDE

DES ROCHES

A. DE LASAULX

Professeur à l'Université de Bonn

PRÉCIS
DE PÉTROGRAPHIE

INTRODUCTION A L'ÉTUDE
DES ROCHES

TRADUIT DE L'ALLEMAND

Par H. FORIR
Ingénieur des Mines, Répétiteur des Cours
de Minéralogie et de Géologie de l'École des Mines de Liége

A. COLLET

Docteur ès-Sciences

LYON

PARIS

J. ROTHSCHILD, ÉDITEUR

13, RUE DES SAINTS-PÈRES, 13

1887

1251. — POITIERS, IMPRIMERIE BLAIS, ROY ET Cie.

TABLE DES MATIÈRES

Cher Monsieur Forir,

Sous le titre « *Einführung in die Gesteinslehre* », mon savant et regretté collègue A. de Lasaulx vient de publier un Précis de Pétrographie qui se recommande par d'éminentes qualités.

Avant tout, ce petit livre a été écrit pour l'enseignement universitaire et il se distingue par sa clarté et une concision qui n'exclut pas la richesse des renseignements ; de plus il se termine par une Bibliographie détaillée, dans laquelle les commençants trouveront la liste des ouvrages originaux auxquels ils pourront recourir pour de plus amples renseignements.

Le mérite de cet ouvrage m'avait donc engagé à en publier une traduction française, d'abord pour nos élèves, ensuite pour les nombreux lecteurs français, qui y verront, joints au tableau de la science moderne par un maître éminent, les renseignements sur la nomenclature usitée en Allemagne, renseignements qui, généralement, font défaut dans les publications françaises. Mme de Lasaulx et l'éditeur, M. E. Trewendt, à Breslau, ont bien voulu autoriser cette traduction avec une libéralité dont je les remercie vivement. Malheureusement, les nouvelles occupations qui viennent de s'adjoindre à celles dont j'étais déjà surchargé ne me laissent plus le temps nécessaire pour ce travail, et je viens vous prier de l'entreprendre à ma place, sachant que vous êtes parfaitement à même de le mener à bonne fin.

Vous n'ignorez pas que le savant professeur de Bonn s'est occupé tout spécialement de l'étude des roches, non seulement au laboratoire, mais encore sur le terrain, et qu'il s'était placé au rang des meilleurs pétrographes de notre temps. C'est dans son laboratoire que M. Lehmann a fait, sur les roches schisto-cristallines de la Saxe, ce remarquable travail dont vous avez rendu compte à notre Société géologique. Vous remarquerez que M. de Lasaulx a traité avec plus de détails les roches de cette formation, si incomplètement connues encore au point de vue de leur composition microscopique. Le chapitre qu'il leur consacre intéressera tout particulièrement.

Je ne doute pas, cher Monsieur Forir, que votre traduction soit favorablement accueillie, et c'est en vous souhaitant un succès complet que je vous prie d'agréer l'expression de mes sentiments très distingués.

Liége, le 17 Octobre 1886.

G. DEWALQUE.

Mon cher Confrère,

Je vous félicite d'avoir entrepris la traduction du livre de M. von Lasaulx « *Einführung in die Gesteinslehre* ». Vous rendez accessible aux lecteurs français un exposé de lithologie des plus remarquables. C'est une des dernières œuvres de ce géologue éminent, qui joignait à l'érudition étendue et précise, habituelle aux savants allemands, une facilité, une habileté de mise en œuvre qui rappellent les qualités de l'esprit français.

On ne possède pas en France beaucoup de livres spéciaux sur les roches envisagées d'après les méthodes modernes. Le livre intitulé Les Roches, publié, il y a peu d'années, par M. Ed. Jannettaz, est un volume substantiel d'un incontestable mérite, où les données minéralogiques et cristallographiques, sur lesquelles repose la distinction des minéraux des roches, sont présentées avec clarté et simplicité. En outre, le livre a l'avantage d'être accompagné de beaucoup de dessins et de planches.

Mais la publication de von Lasaulx me paraît surtout remarquable au point de vue de la reconnaissance des roches elles-mêmes. La plupart des recherches originales de l'auteur se rapportent directement ou indirectement aux questions lithologiques. Il était une autorité considérable, particulièrement en ce qui concerne les roches éruptives des périodes récentes. Egalement habile sur le terrain et dans les études microscopiques, il avait acquis une grande expérience, et l'*Einführung* en porte la marque, plus encore que ses *Elemente der Petrographie* publiés à Bonn, en 1875.

Dans l'exposé de von Lasaulx, le problème de l'origine des roches n'est pas abordé directement; mais il l'est indirectement, dans plus d'une occasion, quand l'auteur parle de la microstructure, ou des modifications de composition minéralogique qui décèlent des passages entre des roches différentes.

Vous avez transformé les notations cristallographiques allemandes en notations françaises et ajouté un certain nombre de notes pour éclaircir les points de nomenclature lithologique qui pouvaient embarrasser. Grâce à ces éclaircissements, la lecture de ce livre, simple et toutefois savant dans sa brièveté, est devenue aussi facile qu'il est possible aux géologues et aux étudiants de France et de Belgique.

Agréez, mon cher Confrère, l'assurance de mes sentiments les plus distingués.

Louvain, le 27 Novembre 1886.

CH. DE LA VALLÉE POUSSIN.

PRÉFACE DU TRADUCTEUR

Si nous nous reportons à peu d'années en arrière, nous constatons que la connaissance des roches, peu répandue et peu étudiée, n'était considérée que comme un appendice à la minéralogie, presque sans portée scientifique. Les méthodes de classement, aussi nombreuses que confuses, entravaient les recherches et les rendaient à la fois très laborieuses et peu fructueuses. Les discussions entre minéralogistes et géologues, entre neptunistes et plutonistes se prolongeaient sans donner de résultats. La cause principale de cet état de choses résidait dans l'insuffisance des moyens d'investigation.

L'emploi du microscope d'abord, de la lumière polarisée ensuite, apporta une véritable révolution dans la pétrographie. Les recherches, peu nombreuses au début, se multiplièrent rapidement et beaucoup de savants y consacrèrent tout leur temps; le résultat ne tarda pas à répondre à leur attente.

C'est surtout en Allemagne que la science des roches reçut la plus vive impulsion. Des cours théoriques et

pratiques de pétrographie y furent institués dans la
plupart des universités, et les étudiants purent bientôt
s'y familiariser avec l'emploi du microscope polari-
sant. L'Angleterre, malgré l'initiative prise par
Sorby, resta en arrière, de même que la France et la
Belgique, et ce n'est guère que dans ces dernières an-
nées que quelques savants de ces pays se lancèrent
dans la voie nouvelle, où ils ne tardèrent pas à con-
quérir une place distinguée.

Il n'est pas étonnant, dès lors, que, tandis qu'il
existe en Allemagne de nombreux traités spéciaux
de lithologie, la France ne possède guère que deux
remarquables ouvrages de cette espèce : la Minéralo-
gie micrographique, de MM. Fouqué et Michel
Lévy, qui ne s'occupe, malheureusement, que des
minéraux constituants des roches, et le précis de
M. Jannettaz, intitulé Les Roches, résumant fidèle-
ment, mais succinctement, l'état actuel de nos con-
naissances, surtout au point de vue de la France (1).

L'utilité d'un bon abrégé de pétrographie, rendant
compte des derniers progrès réalisés, ne paraissait
donc pas contestable, lorsque M. von Lasaulx entre-
prit la publication de son EINFÜHRUNG IN DIE GES-

---

(1) Nous devons cependant encore signaler les remarquables résumés de pétrographie du Traité de géologie et de paléontologie de Credner, traduit par
Monniez, et surtout du savant Traité de géologie
de de Lapparent.

TEINSLEHRE (1). *Son livre, concis et substantiel, sé-
duisit M. le professeur G. Dewalque, qui obtint
l'autorisation de le traduire, pour le mettre entre les
mains des élèves suivant ses cours de minéralogie et
de géologie à l'université de Liége. Malheureusement,
un surcroît d'occupations força mon savant maître à
abandonner son entreprise. C'est alors qu'il m'en-
gagea à la reprendre, en me promettant de m'aider
de ses conseils. Cette promesse leva mes dernières hé-
sitations et je me mis immédiatement à l'œuvre.*

*Très souvent, j'ai été amené à sacrifier l'élégance
du style à la fidélité de la traduction, estimant que
je devais, avant tout, présenter les idées de l'auteur
non seulement comme il les a conçues, mais encore
dans l'ordre où elles se sont présentées à son esprit.
Le génie de la langue allemande se prête mieux que
celui de la langue française aux inversions, qui atti-
rent plus vivement l'attention sur tel ou tel point
spécial. J'ai cru, néanmoins, dans bien des cas, devoir maintenir ces inversions pour conserver la pensée
de l'auteur dans toute son intégrité. J'espère que le
lecteur voudra bien me tenir compte de cette inten-
tion.*

(1) La 2ᵉ édition du savant ouvrage de M. Rosenbusch, intitulé : Mikroskopische Physiographie
der petrographisch wichtigen Mineralien,
n'avait pas encore paru à cette époque. La première édition
date de 1879.

J'ai cru, enfin, devoir transformer les notations cristallographiques de Naumann en notations de Haüy, ou plutôt de Lévy, ajouter quelques notes, relatives surtout à la synonymie française, et compléter la bibliographie en ce qui concerne principalement les ouvrages parus dans ces derniers temps.

En terminant, j'exprime mes sincères remerciements à MM. G. Dewalque, professeur à l'université de Liége, et Ch. de la Vallée Poussin, professeur à l'université de Louvain, pour les précieux conseils qu'ils ont bien voulu me prodiguer et, au nom de l'éditeur, pour les bienveillantes lettres qu'ils lui ont permis de mettre en tête de ce volume.

Liége, le 22 Novembre 1886.

H. FORIR.

AVANT-PROPOS DE L'AUTEUR

Le principal objectif que nous avons eu en vue en publiant cette **Introduction à la Pétrographie** a été de mettre entre les mains des élèves suivant nos cours de géologie générale et, surtout, de lithologie, un manuel propre à les orienter aussi bien dans les grands traits, que dans les détails de l'étude des roches, cette partie si importante de la science géologique.

Ce livre n'a pas pour but de fournir des indications complètes et immédiates à tous les points de vue. C'est à l'enseignement oral, qui, par suite de sa publication, pourra disposer de plus de temps, qu'il appartient d'entrer dans des détails plus circonstanciés en ce qui concerne les parties les plus importantes. De son côté, l'**Introduction** doit fournir à l'élève le moyen de se procurer, autant que possible par lui-même, les renseignements nécessaires aux recherches spéciales, en ayant recours aux sources.

Ainsi, les méthodes de recherches pétrographiques sont indiquées aussi complètement que possible, mais ne sont pas exposées en détail. Dans les chapitres concernant la description des minéraux entrant dans la composition des roches et la caractéristique minéralogique des roches elles-mêmes, nous avons indiqué, autant que faire se peut, toutes les méthodes et tous les moyens de distinction et de reconnaissance, mais simplement de façon à préparer aux recherches dans les publications spéciales. Tout ce qui ne concerne pas la détermination minéralogique des roches, à laquelle nous avons cru devoir limiter ce Précis, n'est traité que d'une façon très abrégée et seulement pour mémoire.

A l'aide de la Bibliographie étendue, qui dans ce but a été soigneusement classée par sujets, il devient facile, pour chaque cas particulier, d'emprunter aux ouvrages originaux des explications plus complètes et plus développées.

C'est aussi en nous plaçant à ce point de vue que nous avons choisi délibérément pour titre le mot : « Introduction ».

Si, outre cet objectif spécial de fournir une base pour l'enseignement académique, notre manuel pouvait encore venir en aide aux études privées, et fournir le moyen de s'orienter rapidement dans tout ce qui concerne l'étude des roches, nous nous en féliciterions d'autant plus, qu'il s'est écoulé, depuis l'apparition des derniers traités de pétrographie, un certain nombre d'années, pendant lesquelles ont vu le jour de nombreux travaux spéciaux qui ont jeté une clarté nouvelle sur la connaissance des roches. Aussi, doit-il être difficile à celui qui ne se tient pas régulièrement au courant de ces travaux, de se faire une idée d'ensemble satisfaisante.

Nous osons espérer avoir exposé en peu de mots, aussi complètement que possible, cet état actuel de la pétrographie scientifique.

Bonn, Avril 1885.

A. von Lasaulx.

INTRODUCTION

_____

On désigne sous le nom de r o c h e s des assemblages plus ou moins cohérents d'éléments minéraux, assemblages qui, à cause de leur abondance, peuvent être considérés comme des parties essentielles de la croûte terrestre, c'est-à-dire, comme des termes distincts des formations, et qui présentent partout une certaine constance de composition et de structure.

Par cette constance, le caractère d'une roche, fondé sur sa constitution minéralogique, reste le même, dans ses grands traits, sur des espaces très considérables, et des roches possédant les mêmes propriétés caractéristiques essentielles se répètent dans les parties les plus différentes de l'écorce du globe. Malgré le nombre extraordinairement grand

1

des membres de formations distincts, au point de
vue géologique, celui des types de roches différents, au point de vue minéralogique, est relativement restreint.

L'étude des roches, nommée aussi p é t r o g r a-
p h i e ou l i t h o l o g i e, comporte deux parties : l'une
purement descriptive ou physiographique, l'autre
appliquée ou géologique. La première comprend
la description des roches d'après leur composition
minéralogique, leur structure et leurs différents
modes de gisement.

L'autre partie s'occupe de l'étude de leur genèse,
de leur âge et du rôle qu'elles jouent comme
termes des systèmes ou des formations géologiques. La première est naturellement la base de
la seconde.

La première partie seule, en tant que systématique des roches fondée sur la composition minéralogique, forme l'objet de ce manuel.

Elle est destinée à donner un aperçu rapide sur
toutes les espèces de roches, et, en indiquant leurs
propriétés physiographiques et minéralogiques
essentielles, à fournir le moyen de les déterminer et de reconnaître leur position dans le système.

CHAPITRE PREMIER
MÉTHODES D'EXAMENS DES ROCHES

———

Comme la description de la composition minéralogique d'une roche repose essentiellement sur
la reconnaissance et la détermination des minéraux
constituants, les méthodes d'examen pétrographiques sont exclusivement minéralogiques.
Elles sont de trois sortes essentielles différentes :
chimiques, mécaniques et optiques.

Comme, même dans les roches dont les éléments
les plus importants sont bien reconnaissables à
l'œil nu par leurs caractères minéralogiques (roches
phanérogènes), il peut également exister des
constituants cachés, que l'on ne peut distinguer
sans une recherche plus approfondie, et qui, cependant, présentent une certaine importance; comme,
d'autre part, les quantités relatives des constituants,

même visibles, ne peuvent être établies à la simple vue, il est nécessaire de posséder d'autres moyens de connaître la composition minéralogique réelle. Mais ces moyens deviennent tout à fait indispensables, lorsque les minéraux constituants sont si petits que l'on ne peut plus les distinguer à l'œil nu, ni même à la loupe, c'est-à-dire, lorsque l'on a affaire à des roches compactes, d'apparence homogène (roches adélogènes).

Parmi les méthodes chimiques, les analyses dites en bloc, c'est-à-dire les analyses de la roche entière, sont le moyen le plus simple et le plus habituel. Pour autant qu'elles soient faites sur une matière rocheuse réellement fraîche et inaltérée, avec un soin réfléchi des difficultés diverses, elles permettent, en tous cas, des conclusions sur la composition minéralogique, et rendent possible, avant tout, la comparaison des roches, relativement aux proportions centésimales des acides et des bases. L'interprétation exacte des résultats d'une analyse en bloc est, toutefois, très difficile par elle-même; car des roches de composition minéralogique analogue peuvent donner des différences analytiques notables et, plus encore, avec le même mélange chimique, il est possible d'avoir des dissemblances dans la constitution minéralogique. Il suffit, à cet egard, de rappeler les grandes différences qu'un seul et même minéral peut présenter

dans sa composition chimique. Différentes méthodes
de calcul ont été imaginées par Bischoff, Bunsen
et Tschermak, pour les analyses en bloc. Le
poids spécifique constitue aussi un contrôle du
calcul d'une roche, quant à ses éléments.

Les Analyses séparatives ou fractionnaires, ayant pour but d'examiner isolément,
autant que faire se peut, les divers constituants,
fournissent de meilleurs résultats. La première
méthode de cette espèce, employée depuis long-
temps, est celle imaginée par Gmelin pour l'analyse des phonolites, où la partie soluble dans les
acides fut analysée séparément de la partie insoluble. Pourtant, cette méthode a conduit à des
résultats reconnus aussi variables qu'erronés, de
sorte qu'on ne s'en sert plus guère. L'attaque
successive de prises d'essai de la roche par différents acides : acétique, chlorhydrique, sulfurique,
fluorhydrique, paraît aussi recommandable comme
moyen d'arriver à la diagnose des éléments, dans
beaucoup de cas. Dans l'étude des roches silicatées,
particulièrement, l'emploi de l'acide fluorhydrique
liquide, qui attaque à un degré extraordinairement
différent les divers éléments minéralogiques, dans
les roches, peut être très utile à un fractionnement, c'est-à-dire à une séparation nette d'un
ou de plusieurs de ces minéraux. On peut, par
exemple, obtenir de la sorte, sensiblement purs, les

éléments feldspathiques des roches abondamment
pourvues de matières vitreuses. La combinaison
du résultat analytique de ces fractionnements avec
celui de l'analyse en bloc rend possible une esti-
mation moíns sûre de la composition minéralogique quantitative de la roche.

La réunion d'une préparation ou séparation
mécanique des divers éléments avec l'analyse
chimique est, tout particulièrement, d'un grand
usage.

Le moyen le plus simple de faire une telle
séparation est le triage à la loupe des différents
constituants de la roche grossièrement concassée.
Si on le fait sur une plaque de verre posée
sur un plan dont la couleur contraste, autant que
possible, avec celle du minéral à extraire, on
peut déjà obtenir ainsi de très bons résultats.
Cependant cette méthode est pénible et lente ; si
les éléments sont très petits, elle devient inappli-
cable.

Pour l'extraction de minéraux magnétiques, on
se sert d'un aimant. Mais si, au lieu d'un aimant
simple, on se sert d'un électro-aimant, relié
à une forte batterie électrique, on parvient à
isoler toute une série de minéraux qui contiennent
l'oxyde ferrique ou l'oxyde ferreux en combinaison avec la silice ; selon que l'on renforce le courant, on peut retirer successivement la hornblende,

l'augite, l'olivine, le mica et même des minéraux plus pauvres en fer.

Mais les méthodes de fractionnement basées sur la différence de poids spécifique des minéraux, imitations en petit des procédés industriels de triage mécanique des minerais, sont d'une importance toute particulière.

Le simple lavage dans l'eau, l'entraînement par l'eau sur une table inclinée, ou même l'abandon, à sec, sur un plan incliné rugueux sont les moyens les plus simples de l'espèce.

Récemment, l'emploi de liquides, solutions d'un poids spécifique élevé, a particulièrement attiré l'attention. Toutes ces méthodes supposent, naturellement, une pulvérisation de la roche poussée assez loin pour permettre l'isolement le plus parfait possible des divers minéraux du composé.

Si une solution, à son plus haut degré de concentration, a un poids spécifique suffisamment élevé pour dépasser celui de la plupart des minéraux existant ordinairement dans les roches, il est possible, par des dilutions successives de cette solution, d'abaisser de plus en plus son poids spécifique, de précipiter ainsi les uns après les autres, d'après leur densité plus ou moins forte, les minéraux y déposés, et, par l'emploi d'une échelle de densités appropriée, de les isoler.

Comme solution propre à cet usage, on se ser-

. vait autrefois du nitrate de mercure, qui, malheureusement, attaque beaucoup de minéraux et
n'a, ainsi, qu'un usage restreint. Puis, on a préco-
nisé l'emploi d'une solution double d'iodure de
potassium et d'iodure de mercure possédant, à son plus haut degré de concentration, le
poids spécifique 3.1. Le peu de constance et l'action vénéneuse de cette solution limitent, entre
autres, son usage. Mais en associant cette méthode
aux procédés d'extraction par l'électro-aimant et
l'acide fluorhydrique, on est déjà parvenu à de très
bons résultats. La solution double d'iodure de
barium et d'iodure de mercure est également très recommandable en pétrographie.

Mais une liqueur qui paraît tout à fait appropriée à la séparation mécanique est la solution de
borotungstate de cadmium, découverte nou-
vellement par Klein, à Paris. A son plus haut
degré de concentration, elle possède le poids spécifique élevé 3. 3 ; elle est très stable et convient
aussi parfaitement à cet emploi par ses autres
propriétés. Son poids spécifique est plus élevé
que celui de la plupart des minéraux se trouvant
dans les roches composées silicatées et que celui
de tous les plus importants d'entre eux.

Avec cette solution, on peut donc fractionner ou
séparer en ses éléments, aussi purs que possible,
une roche pulvérisée ou un assemblage de miné-

raux, de façon à analyser chacun isolément et à
conduire à bien la détermination quantitative, par la
combinaison du procédé avec une analyse en bloc.

La recherche de la densité des éléments isolés,'
d'abord, de la roche, ensuite, par ce procédé, peut
également se prêter au calcul des proportions du
mélange.

Mais cette méthode devient encore plus précieuse
si on lui adjoint les recherches optiques dont il va
être parlé. Par des moyens et des appareils encore
un peu plus perfectionnés, on peut arriver à une
analyse minéralogique quantitative complète des roches.

Doelter (1), Fouqué (2), Thoulet (3), Goldschmidt (4), Gisevius (5) et Rohrbach (6),
principalement, se sont occupés, dans ces derniers
temps, des méthodes de fractionnement mécanique
précédentes, ont essayé leur emploi respectif et
décrit des appareils appropriés.

(1) Ber. d. k. k. Akad. Wien, 1822. (Electro-aimant.
(2) Savants étrangers XXII, II. (Acide fluorhydrique et
électro-aimant.)
(3) Compt. rend., 1878 et Bull. Soc. minéral., 1879.
(Iodures de potassium et de mercure.)
(4) N. Jahrb. f. Min., 1880. (Iodures de potassium
de mercure.)
(5) Inaug.-Dissertation. Bonn, 1883. (Borotungstate de
cadmium.)
(6) N. Jahrb. f. Min., 1883, II, p. 187. (Iodures de
barium et de mercure.)

La méthode optique et microscopique est devenue la plus importante des méthodes de recherches, pour les roches.

Pour pouvoir l'entreprendre, on polit en plaques minces des fragments de la roche, que l'on colle ensuite à une lame de verre (porte-objet) au moyen de baume de Canada ou d'une autre colle, et que l'on amincit alors par polissage, jusqu'à les rendre transparentes. Des appareils à scier et à polir de diverses constructions ont été imaginés pour la facilité.

Les préparations obtenues peuvent alors être examinées au microscope, par transparence. On utilise, pour cela, toutes les propriétés physiques et, principalement, les propriétés optiques des minéraux. Dans ce but, on a adapté successivement au microscope diverses modifications, pour l'approprier aux recherches minérales à l'aide de la lumière polarisée. De telles améliorations ont été imaginées principalement par Rosenbusch (1), Bertrand (2), v. Lasaulx (3), etc. Les remarquables recherches minéralogiques de Des Cloizeaux (4), qui ont ouvert la voie, celles de

(1) N. Jahrb. f. Min., 1876, p. 504.
(2) Bull. Soc. minéral., 1878, pp. 22, 96.
(3) N. Jahrb. f. Min., 1878, p. 377.
(4) Manuel de Minéralogie. Paris, Dunod, 1862.

Tschermak (1), de Lang (2), etc., servent de base à l'étude. Les premiers travaux de Sorby, Vogelsang, Zirkel, Rosenbusch et, postérieurement, ceux d'un grand nombre d'autres savants ont contribué à l'édification d'une science spéciale, la physiographie microscopique des minéraux. Pour l'étude des relations optiques, sur laquelle on ne peut s'étendre d'avantage ici, on doit recommander particulièrement les traités substantiels de Groth, Rosenbusch et Tschermak, cités dans la bibliographie qui termine ce manuel.

Par les méthodes microscopiques, on est arrivé à déterminer et à distinguer, avec une grande certitude, les éléments de roches, même compactes, à reconnaître fréquemment la présence et la grande abondance de minéraux que, pour une partie du moins, l'on ne supposait pas exister dans la composition de la roche en aussi forte proportion. Enfin, un nombre si considérable de faits nouveaux ont été mis au jour par l'étude microscopique des roches, que l'emploi du microscope a, depuis vingt ans, date de son introduction, complètement modifié la pétrographie, et que celle-ci a pris l'importance d'une science distincte. Parmi ces faits

(1) N. Jahrb. f. Min., 1869, p. 752.
(2) Sitzb. Wien. Akad., 1858, pp. 55 et suiv.

nous citerons la connaissance de la texture des roches, en tant qu'elle résulte de l'état et de l'enchevêtrement des éléments visibles seulement au microscope (microstructure), l'âge relatif des éléments, en tant qu'il se déduit des inclusions et de phénomènes analogues, enfin et surtout, le processus d'altération, qui, même dans les prises d'essai de minéraux paraissant tout à fait inaltérés, se décèle souvent au microscope comme déjà très notable.

Comme complément des recherches microscopiques, ont été imaginées des méthodes de détermination microchimiques, qui ont pour but la reconnaissance de certains minéraux qu'il serait très difficile, sinon impossible, de distinguer les uns des autres par les procédés cristallographiques optiques. Boricky (1) préconisa, dans ce but, l'attaque, par l'acide hydrofluosilicique, des particules minérales à examiner. Il se forme alors, avec les parties dissoutes des minéraux attaqués, des fluosilicates, qui se séparent sous forme de petits cristaux présentant des différences suffisantes pour permettre de reconnaître l'élément existant dans le minéral essayé. Ainsi, par exemple, le fluosilicate de potassium forme des cubes réguliers; celui de sodium, par contre, des tablettes hexagonales fréquemment maclées, etc.

(1) Sitzb. d. k. boehm. Ges. Wiss., 1877.

Szabo (1) a indiqué, pour la distinction des diverses sortes de feldspaths existant comme constituants dans les roches, au moyen de leur teneur en potassium ou en sodium, une réaction de flammes reposant sur l'emploi de particules minuscules, réaction dans laquelle il estime exactement le degré correspondant de coloration rouge violet ou jaune, produit par l'introduction, réglée suivant certaines données, de ces particules dans la flamme d'un bruleur Bunsen. La pratique et la dextérité propres de l'expérimentateur permettent, de cette façon, la détermination quantitative des alcalis.

Enfin, beaucoup des réactions chimiques ordinaires, employées dans les laboratoires, surtout celles qui donnent naissance à des colorations remarquables ou à la formation de cristaux microscopiques caractéristiques, peuvent être utilisées comme méthodes microchimiques, en les appliquant à des plaques minces de minéraux ou de roches ou à de petits éclats de minéraux dissouts directement sous le microscope. Th. H. Behrens (2) a dernièrement recueilli une série de semblables réactions pour la recherche de divers corps simples.

(1) Ueber eine neue Methode, die Feldspathe in Gesteinen zu bestimmen. Buda-Pest, 1876.
(2) Medel. Afd. Naturk. Haarlem, 1881, XVII, p. 27.

A. Streng (1) a également publié une méthode
pour la recherche microchimique du sodium et
von Haushofer (2), Knop (3), O. Lehmann (4)
etc., des contributions à l'analyse microscopique (5).

En outre, les recherches approfondies et remar-
marquables de M. Schuster (6) sur les feldspaths,
ce groupe de minéraux si important pour les
roches éruptives, ont fourni la possibilité de les
déterminer aussi, à peu près quantitativement, par
voie simplement optique, par la prédominance,
dans le mélange, de la substance feldspathique
calcaire et sodique, pour autant que l'on soit en
situation d'obtenir des lamelles de clivage orientées, sur de si petits éclats. Ces données s'appli-
quent très bien également aux sections microscopiques de feldspaths qui se rencontrent dans les
plaques minces de roches et donnent, là aussi, des
résultats parfois très exacts.

(1) Ber. oberrhein. Ges. für Natur-u. Heilkunde, 1883,
XXII, p. 238.
(2) Sitzb. Bayr. Akad., 1883, p. 436.
(3) N. Jahrb. f. Min., 1875, p. 74.
(4) Zeitschr f. Kryst. I, p. 453 ; VI, pp. 48 et 580.
(5) Voir aussi : Klement et Renard. Réactions
microchimiques à cristaux. Bruxelles, Manceaux, 1886.
(N. d. T.)
(6) Ueber die optische Orientirung der Plag'oklase.
Tschermak's Mittheilungen, Bd. III, p. 117.

CHAPITRE II

TEXTURE DES ROCHES

La texture est déterminée par la forme, les dimensions, la disposition, la répartition et le mode d'association des éléments de la roche, considérés les uns par rapport aux autres.

Comme, dans la plupart des cas, la forme extérieure et la disposition des éléments minéraux d'une roche ont des relations de dépendance, que l'on ne peut méconnaître, avec le processus génétique, il en résulte que les différences de texture les plus importantes doivent aussi être considérées comme originelles.

Les éléments minéraux sont tantôt a u t h i g è n e s, c'est-à-dire qu'ils ont pris naissance dans la roche même, de son essence, lors de sa formation; tantôt ils sont a l l o g è n e s, c'est-à-dire qu'ils se sont for-

més précédemment, à une autre place et sont entrés
dans la roche, tout constitués, au moment de son
développement ; tantôt encore, les deux sortes
d'éléments sont réunis dans une roche. Les minéraux authigènes apparaissent dans les roches,
tantôt simultanément dans le premier acte originel
de la formation, s'il y a eu, dans la suite, diverses
phases pour son parachèvement; ils sont alors dits
primaires; tantôt ils se sont formés plus tard
par le processus de transformation et de parachèvement, dans la roche préexistant et se transformant dans son essence, sous n'importe quelle influence; ils sont alors appelés secondaires.

Dans les deux cas, les minéraux présentent,
pour autant que l'espace le permette, l'aspect extérieur et toutes les propriétés physiques des
mêmes corps formés librement, quoiqu'ordinairement, dans ce dernier cas, ils soient plus complétement développés. Ils ont l'aspect et les propriétés
physiques des cristaux. Sous la désignation d'état
cristallin, on comprend donc l'ensemble des
propriétés des éléments minéraux d'une roche, qui
présentent réellement la forme cristalline particulière au minéral, ou qui, en l'absence de cette
limitation cristalline extérieure, possèdent toutes
les qualités physiques internes, qui sont en relation réglée avec la forme, observée ailleurs.

Que l'état cristallin des éléments ainsi compris

soit visible à l'œil nu ou macrocristallin, ou
moins facilement constatable : micro-ou cryptocristallin, cela ne constitue pas une différence
essentielle ; l'emploi du microscope permet également, dans ce dernier cas, d'apprécier le développement cristallin. L'aspect extérieur de la roche
diffère seul par là.

Les minéraux qui ne sont connus qu'à l'état
amorphe, par exemple, l'opale, le charbon, forment d'ordinaire aussi des roches amorphes.

Les éléments allogènes n'apparaissent, par
opposition aux authigènes, que sous forme
d'éclats ou de débris de minéraux ou d'assemblages minéraux, de fragments de roches préexistantes, formées antérieurement, puis détruites
ensuite.

Ainsi se distinguent les deux grands groupes
principaux de roches, qui sont également caractérisés par de notables différences de structure :
les roches clastiques (κλαστὸς = brisé) ou
fragmentaires et les roches cristallines.

Dans les roches fragmentaires, la grosseur
des fragments qui les composent détermine de
nouveau des distinctions d'espèce extérieure. On
nomme pélitiques (πηλὸς = limon) les roches formées de matériaux à grains très fins, boueux ;
conglomérées ou poudingiformes, celles à
très gros grains arrondis et bréchiformes,

celles à gros éléments anguleux. Entre ces deux
dernières et la première, la texture grenue (gré-
siforme) ou psammitique (ψάμμος = sable) forme
l'intermédiaire.

A côté des fragments, l'espèce et la proportion
du ciment qui les réunit forme des différences
dans les roches clastiques. Le ciment peut, à
son tour, être authigène et contenir aussi, fréquemment, plus ou moins d'éléments cristallins primaires. Ou bien, il consiste en une substance minérale (cristalline ou amorphe), ou
en détritus rocheux finement boueux, imprégnés d'une semblable substance : les conglomérats et les brèches proprement dits; ou-
bien encore il appartient à une roche cristalline
associée localement à la roche fragmentaire, et la
formation doit alors aussi être rapportée à cette
roche cristalline.

Quand tout ciment fait défaut, la roche fragmentaire devient un simple agglomérat.

Toutes les roches fragmentaires proprement
dites présentent, dans leur structure, comme dans
leur mode de gisement, les marques d'une sédimentation successive, soit à sec, par voie atmosphérique, soit avec le concours de l'eau. Elles sont
donc plus ou moins nettement stratifiées, feuilletées, schisteuses, composées de lits différents,
striées, zonaires, etc.

Les roches cristallines sont, ou des agrégats d'un seul minéral, et sont alors dites simples; ou ce sont des agrégats de plusieurs minéraux d'espèce différente, et elles s'appellent, dans ce cas, roches composées.

Dans les roches simples, souvent, à côté du minéral dominant, il s'en rencontre d'autres, subordonnés, accidentels, rares ou, tout au moins, non dominants; ils ne semblent alors généralement pas de formation primaire, comme le premier.

Les roches simples sont presqu'exclusivement celles qui, par leur origine, sont à considérer comme déposées de solutions aqueuses. A la texture cristalline (dans quelques cas, amorphe), variant du plus ou moins grossièrement grenu au compacte, en apparence, s'associe donc la forme en couche et, par là, ces roches présentent les relations de texture des sédiments : elles sont feuilletées, schisteuses, zonaires, bacillaires, fibreuses. Une espèce particulière de texture, que présentent quelques-unes d'entre elles, particulièrement les calcaires, et qui, de nouveau, concorde parfaitement avec leur genèse, est la texture oolithique comparable à des œufs de poissons. La roche consiste entièrement, ou pour la plus grande partie, en petites concrétions sphéroïdales, qui sont des agrégats de fibres cristallines, présentant

une disposition rayonnante et formant des lames
concentriques. Les pisolithes de la source de
Carlsbad sont le meilleur exemple de ces formations.

Dans les roches cristallines composées, les
éléments varient, quant à leur importance, pour
chaque espèce de roche. On les désigne sous le
nom de constituants essentiels, s'ils déterminent le caractère de la roche, et si celle-ci
change de nom, par leur présence ou leur défaut.
C'est d'eux que dépend la constance dans la composition des divers types de roches. A côté d'eux,
apparaissent, comme éléments accessoires,
ceux qui ne prennent pas constamment part à la
composition d'une roche et qui peuvent manquer,
sans altérer son caractère.

Dans toutes les roches cristallines composées,
l'acide silicique joue le principal rôle, tantôt libre,
tantôt combiné sous forme de silicates. Ces roches
peuvent donc être désignées brièvement sous le
nom de roches silicatées. Les roches silicatées
cristallines sont divisées en deux groupes, par deux
modes de texture essentiellement différents : les
roches cristallines massives et les schisto-
cristallines. Il est bon de remarquer qu'entre
ces deux extrêmes, il y a des intermédiaires.

La texture schistoïde des roches silicatées
composées et cristallines est due à une disposition
parallèle des divers éléments, de sorte que

les constituants cristallins alternent dans le sens de l'allongement, ou que l'un des minéraux s'intercale en lits ou en lamelles cohérentes entre les autres. Ordinairement, un tel minéral possède une constitution feuilletée, lamellaire, analogue à celle qui est si remarquablement particulière aux minéraux du groupe des micas et des groupes voisins. Mais, en outre, les minéraux qui ne se présentent pas généralement à l'état lamellaire possèdent un allongement, une déformation, un aplatissement en rapport avec la direction de la schistosité.

Cette schistosité se distingue déjà, par là, de celle qui est propre aux roches fragmentaires schisteuses et, davantage encore, par le fait qu'elle n'est pas l'expression d'une formation successive, c'est-à-dire qu'elle n'est pas, à proprement parler, une fine stratification comme celle-ci (1). Les différents lits ne possèdent donc pas non plus la continuité et la surface unie, mais ils sont irrégulièrement fibreux, ondulés, plissés et allongés. Comparer, par exemple, l'un à l'autre, à ce point de vue, une ardoise à un micaschiste.

Les schistes cristallins ne sont donc nullement schisteux nécessairement, mais seulement schistoïdes d'ordinaire. La disposition parallèle des mi-

(1) Il y a cependant des exceptions, par exemple, les quartzophyllades. (N. d. T.);

néraux et la schistosité qui en résultent sont souvent
disposées obliquement par rapport à la division en
bancs ou en couches de la roche. Dans d'autres cas,
cependant, la schistosité des schistes cristallins
donne l'impression d'une stratification qui, pourtant, n'existe pas.

La texture massive ou dépourvue d'orientation montre les éléments disposés, non dans un
ordre déterminé, mais enchevêtrés irrégulièrement
les uns dans les autres ; les roches possédant cette
texture n'ont pas la disposition stratoïde, qui est
propre aux roches déposées par couches successives
ou à celles précipitées d'une solution, mais un aspect absolument identique, dans toute leur masse.
Par leur texture, comme par leur composition minéralogique, les roches massives se présentent
comme le produit de la solidification de magma
éruptifs. Entre les roches de cette espèce les plus
récentes, les laves, et les plus anciennes, il existe
néanmoins des différences profondes, quoique le
processus de formation ait été analogue en tous
points.

Les roches massives silicatées contiennent encore
très souvent une substance minérale de forme
amorphe, reste devenu vitreux par solidification,
du magma dont la roche a été tirée. Ces restes vitreux, pour lesquels on emploie le nom de base
vitreuse, par opposition à la désignation de masse

fondamentale, à laquelle on réserve une autre
signification, n'ont pu cristalliser, sous l'influence
entravante de certaines circonstances et des conditions matérielles. Ils ont donc une tout autre portée que les minéraux amorphes cités plus haut. La
substance vitreuse amorphe n'a pas la composition d'un minéral déterminé, mais plutôt celle de
certaines roches composées.

Ces roches, qui consistent, en tout ou en grande
partie, en une masse amorphe vitreuse, mais qui
ne peuvent être considérées que comme une modification, de forme différente, des mêmes mélanges,
qui, dans des conditions plus favorables, eussent
entièrement cristallisé, doivent donc aussi être rapportées aux roches cristallines. Entre de telles
roches vitreuses et les roches complétement
cristallines, il n'existe donc pas seulement des
passages divers, mais aussi une certaine identité
de composition chimique.

Certes, des différences de constitution, la présence d'une substance déterminée, par exemple de
l'eau, une plus grande acidité, c'est-à-dire une
teneur plus forte en acide silicique ou également
en autres corps simples ou en combinaisons réagis-
sant chimiquement, peuvent aussi avoir disposé,
tout d'abord, un magma à cristalliser complètement,
plus facilement qu'un autre ; en d'autres termes,
elles peuvent avoir déterminé d'avance dans une cer-

taine mesure la texture de la roche finie. Tout particulièrement aussi, certaines influences extérieures peuvent avoir agi dans ce sens. La solidification de masses largement répandues à la surface du sol et ayant une rapide déperdition de chaleur doit, en tous cas, conduire à une autre forme de roches que la solidification qui se produit à l'intérieur de puissants amas ou dans la profondeur du sol, avec une perte de température extraordinairement lente et graduée. Tous les essais de fusion artificielle nous en donnent des preuves convaincantes.

Mais si, en général, les différents modes de solidification donnent lieu à une série de roches, dont la texture varie par degrés successifs et dont les termes extrêmes sont, d'une part, complètement vitreux, d'autre part, absolument cristallins, il existe, certes, avec une certaine constance, quelques modes de texture parfaitement caractérisés et qui sont d'une signification d'autant plus grande, pour la distinction des types de roches les plus importants, qu'ils se reproduisent à un degré analogue ou égal dans toutes les séries, minéralogiquement différentes, de roches cristallines silicatées, anciennes ou récentes, au point de vue géologique.

En particulier, les importantes recherches expérimentales, couronnées d'un éclatant succès, de F.

Fouqué et Michel Lévy (1), sur la reproduction artificielle des minéraux importants au point de vue pétrographique et des roches qu'ils composent, ont jeté une lumière nouvelle sur les différentes phases et sur les événements que comprend la formation primaire d'une roche. Avec ces recherches, viennent concorder les études répétées sur les relations de texture interne, la genèse successive et les particularités de forme en résultant, comme l'examen microscopique des roches silicatées nous les révèle.

Beaucoup de ces roches permettent de reconnaître deux phases nettement distinctes de solidification des éléments dans le magma. Chacune d'elles présente des particularités de cristallisation remarquables.

La première phase de solidification comprend la formation des plus grands cristaux, qui existaient déjà avant la consolidation finale de la roche et qui ont subi des transformations mécaniques et chimiques, par exemple, par des mouvements dans le magma, par des refusions et des redissolutions partielles ; ils paraissent donc souvent aussi brisés, fragmentés, arrondis et corrodés.

Une seconde phase comprend la consolida-

(1) Synthèse des minéraux et des roches. Paris, Masson, 1882.

tion finale du reste du magma, de la masse fondamentale, dans laquelle il se forme ordinairement
des cristaux plus petits des mêmes minéraux produits dans la première phase, plus ou moins de
cristaux incomplètement formés, c'est-à-dire non
encore déterminables, ou enfin, des produits complètement vitreux de la prise en masse.

A cette seconde phase appartient aussi, notamment, la production de petites secrétions cristallines de formes particulières, dont le microscope
a le premier révélé la présence dans les roches. On
désigne sous le nom de microlithes ces petites
formations, ordinairement allongées, qui ne permettent pas toujours de distinguer des formes nettement limitées, mais qui, pourtant, peuvent s'iden-
tifier avec des espèces minérales déterminées et
qui ne sont donc autre chose que de véritables
cristaux très petits (1), jouissant aussi de l'individualisation optique. Par leur disposition et leur situation autour des cristaux plus gros de la première
phase, ils expriment, notamment, les mouvements
qui se sont produits dans le magma. On désigne,

(1) L'expression microlithe n'est pas comprise de
la même façon par tous; Rosenbusch, Cohen la
définissent un peu différemment. Pour la plupart des
pétrographes, elle désigne, par opposition aux cristallites, des individus à formes définies, tandis que, dans
notre définition, nous insistons davantage sur l'individualisation minéralogique.

d'habitude, sous le nom de st ru c tu re fl u i d a l e ou de fluctuation la texture qui en résulte. C'est un des caractères les plus remarquables des roches éruptives. Les microlithes entourent aussi, d'ordinaire, les cristaux plus gros, en formant autour d'eux des anneaux complets, de sorte que les minéraux produits dans la première phase se présentent comme des centres de texture de la seconde. Il paraît à peine douteux, d'après les observations, que, souvent ici, la redissolution partielle des premiers cristaux ait déterminé la formation des microlithes environnants.

Souvent aussi, les cristaux de la première phase de consolidation de certaines roches ont une tendance au développement lenticulaire allongé ; ils affectent une disposition microlithique.

Outre les microlithes, on doit encore mentionner ici d'autres commencements minuscules de cristallisation, en quelque sorte de simples germes de cristaux, qui, cependant, restent encore sans action appréciable sur la lumière polarisée et ne permettent, par conséquent, pas qu'on les rattache à une espèce minérale déterminée. On les désigne sous le nom de cristallites, ou mieux, peut-être, avec Gümbel, sous celui de micromorphites. Ils présentent de nombreuses variétés de formes ; le plus souvent, ils ressemblent à de petits bâtonnets, souvent élargis ou bifurqués aux deux extré-

mités (longulites), ou ils affectent des formes
sphéroïdales, ellipsoïdales ou amygdaloïdes
(globulites), souvent réunies en grand nombre
à la suite les unes des autres comme des colliers
de perles (margarites), ou bien encore, ils forment des filaments capillaires contournés, ou
groupés radialement autour d'un centre (trichites,
θρίξ, τριχος = cheveu). C'est surtout dans les
parties vitreuses des roches qu'ils existent souvent par milliers et qu'ils produisent la dévitrification cristallitique, laquelle se désigne surtout, d'après leur forme, par les termes globuli-
tique et trichitique. La masse vitreuse présente, dans son ensemble, une texture granulaire,
écailleuse, fibreuse, sans trahir cependant une nature cristalline, par une action appréciable sur la
lumière polarisée ; aussi la désigne-t-on souvent
sous le nom de microfelsitique. Les masses vitreuses passent, par là, à ces masses fondamentales des porphyres, qui sont à considérer comme
microcristallines ou microgranitiques.

C'est sur le rapport variable et la prédominance
des éléments formés dans la première et dans la
seconde des deux phases de solidification décrites,
que reposent les différences de texture les plus essentielles des roches silicatées massives.

La texture résultant du développement cristallin
le plus complet de l'ensemble des éléments est dite

grenue ou granitoïde. L'essence de cette texture grenue, dont le type le plus parfait se présente dans les granites, consiste en ce que tous les
éléments ont pris à peu près les mêmes dimensions, dans toutes les directions, et possèdent ainsi
un état grenu, en ce qu'il n'existe plus de reste du
magma amorphe ou vitreux, de sorte que la roche
est réellement holocristalline, et en ce que, à
côté des éléments d'égale grosseur, appartenant à
une phase de solidification, il n'en existe pas qui
appartiennent à une autre phase. Tous les éléments ont pris leur complet développement dans
une seule et même phase déterminée du processus de formation de la roche ; la disposition des
divers éléments peut également permettre de reconnaître une certaine succession dans leur ordre
de formation.

Une deuxième texture très caractéristique est la
texture porphyrique. Elle est caractérisée par
le contraste des dimensions d'une partie des éléments, plus gros et d'une masse fondamentale,
qui, tantôt, montre de petits cristaux des mêmes
espèces, tantôt, n'est que partiellement cristalline
ou même ne l'est pas du tout et dans laquelle les
grands éléments font saillie comme des secrétions.
Cette opposition extérieure repose sur l'essence interne même de la roche, sur le processus de solidification. Les deux phases de ce processus sont ici

nettement distinctes ; la première en date, à laquelle
appartiennent les plus grands éléments et une
autre, postérieure, pendant laquelle les mêmes minéraux se reproduisent, avec des dimensions plus
restreintes, ou bien encore où d'autres éléments entrent à leur place. Selon la modalité de la solidification, la masse fondamentale peut être devenue
entièrement cristalline et posséder ainsi une texture
micrograuilique (euritique), ou bien les éléments cristallins peuvent être mélangés à des
restes vitreux. S'il ne s'est formé dans le magma
qu'une différenciation en individus incomplètement déterminables, la masse fondamentale possède la texture que l'on désigne sous les noms de
granophyrique et de felsophyrique; si la
substance vitreuse domine, on la nomme vitrophyrique. Celle-ci possède de nouveau les diverses formes de dévitrification citées déjà précédemment. Les différents modes de variations de la
masse fondamentale sont souvent mélangés les uns
aux autres, dans la même roche, sur un espace restreint. En général, ces différences ne constituent
donc pas une division dans la texture porphyrique.

On comprend, dans la texture granitoïde, et l'on
désigne aussi en général sous le nom, commun aux
deux, de texture grenue, une texture qui en
diffère pourtant même extérieurement, et pour
laquelle on a employé la désignation trachyti-

que ou trachytoïde (1). Le terme grenu, dans
les roches de cette texture, n'est pas toujours non
plus l'expression d'un développement cristallin
complet, comme chez les roches de texture granitique. Il s'y trouve réparti des restes plus ou moins
importants du magma, solidifiés sous forme de
verre, et qui, dans certains cas assez rares, reposent
à côté des autres éléments, tout comme des grains
granitiques. Outre des cristaux de grandes dimensions, qui présentent, dans leur manière d'être,
une tendance au développement allongé, microlithique, et qui appartiennent donc à une première phase de solidification, on rencontre des
cristaux plus petits, provenant de la seconde phase
et qui caractérisent tout particulièrement cette
seconde phase, par leur disposition fluidale, presque toujours nettement dominante. La texture
trachytoïde passe aussi à la texture porphyroïde, par l'opposition plus prononcée de très gros
éléments et d'une masse fondamentale. Les mêmes
différences se présentent également dans la forme
de cette dernière. Mais comme, dans la texture
trachytoïde surtout, la formation des minéraux
permet de distinguer nettement les deux phases

(1) Fouqué et Michel Lévy. Minéralogie micrographique. Paris, 1879, p. 152. Textures granitoïde et
trachytoïde.

originelles, il est aisé de comprendre qu'il s'y associe, en général, une tendance à la texture porphyroïde ou au passage à cette texture.

A peu près à égale distance entre la texture granitique et la trachytoïde se trouve une texture intermédiaire de roches qui résulte, d'un côté, du développement holocristallin dominant, d'un autre côté, de la forme allongée, microlithique des éléments cristallins. Fouqué lui a réservé le nom de texture ophitique (1). Peut-être la position intermédiaire caractérisant les roches dotées de cette texture, position qu'elles occupent aussi par leur nature et leur situation géologique, serait-elle mieux indiquée par la désignation granito-trachytoïde. Elles possèdent aussi un développement porphyroïde.

Comme dernier terme de la série des modifications dues à la solidification, les développements vitreux des roches correspondent à toutes ces textures.

Tandis que, chez les roches massives silicatées anciennes, on rencontre de préférence ou même presqu'exclusivement la texture granitique proprement dite et la texture porphyrique qui s'y rattache, chez les roches récentes, c'est la texture trachytoïde et les variétés porphyroïdes correspondantes

(1) L. c., p. 53.

qui forment la règle. Entre les deux, au point de vue
de l'âge, se trouvent les roches de la famille des diorites et des diabases, caractérisées par la texture
granito-trachytoïde; on désigne, d'habitude, sous
le nom de porphyrites, leur développement porphyrique. Au point de vue de la composition, les
roches abondamment pourvues d'acide silicique
semblent portées à adopter plutôt la texture granitique; les roches plus basiques, anciennes et récentes, préfèrent, en apparence, la forme microlithique des constituants.

Mentionnons encore anticipativement trois variétés spéciales de texture, qui se présentent, d'habitude, principalement, comme des formes particulières de solidification des roches porphyriques et
vitreuses : ce sont les textures pegmatoïde,
sphérolithique et perlitique.

La texture pegmatoïde est produite par un
enchevêtrement particulier de deux éléments formés simultanément. Ce sont d'ordinaire le quartz
et le feldspath; l'exemple connu de la pegmatite graphique montre bien ce mode d'enchevêtrement. Des lamelles allongées et ordinairement
aplaties de quartz sont associées au feldspath, en
couches régulières et, souvent, suivant des lois
bien définies. Lorsque ce phénomène se produit
dans différentes directions, le quartz présente, en
coupe, un aspect coudé, triangulaire, et même sou-

vent en zigzag, ressemblant, dans une certaine
mesure, à des caractères hébraïques. Du groupement de nombreuses lamelles de quartz, résultent
des formations plumeuses ou palmées, qui permettent de reconnaître la disposition bien parallèle et l'orientation optique d'un tel groupe
de lamelles arrangées symétriquement des deux
côtés d'une ligne. Entre les lamelles, apparaît d'ordinaire un morceau de feldspath plus grand, polarisant la lumière tout d'une fois et devant, par
conséquent, être considéré comme un individu
cristallin. On désigne sous le nom de micropeg-
matoïde cette même texture lorsqu'elle n'est perceptible qu'au microscope, dans la masse fondamentale, d'apparence compacte, d'une roche microgranitique. Il est plus rare de rencontrer la texture
pegmatoïde chez d'autres minéraux, par exemple,
l'augite et la hornblende avec un feldspath; le
quartz et le feldspath avec le grenat.

La texture sphérolithique est l'une de celles
qui servent d'intermédiaire entre la texture purement
vitreuse et la texture dévitrifiée, cristallitique ou
cristalline. Les sphérolithes sont particulièrement
des produits de dévitrification, atteignant en tous
cas déjà, en partie, le développement complet des
propriétés cristallines. Ce sont, comme leur nom
l'indique, des parties sphériques, séparées du magma, qui, par leur texture et leur action sur la lu-

mière, permettent de distinguer toute une série de variétés. Sont-ils absolument sans influence sur la lumière polarisée, ainsi donc complètement amorphes ou vitreux, ce sont alors des pro-. duits qui présentent de grandes analogies avec les globulites, dont il a été parlé plus haut. Par suite de tensions intérieures, on constate pourtant souvent des figures d'interférences (croix noires) entre les Nicols croisés, en lumière parallèle, comme en montrent, par exemple, les formes sphériques de l'hyalite, qui est, en tous cas, amorphe, et aussi les granules durs des cellules végétales. D'autres sphérolithes sont des agrégats sphériques composés d'un ou de plusieurs minéraux cristallins nettement déterminables et qui affectent ordinairement une disposition rayonnante autour d'un ou de plusieurs centres. S'ils ne sont pas radiés, mais seulement formés comme d'un agrégat irrégulier de grains cristallins, ils ont reçu la désignation de granosphérites.

Mais, dans la plupart des cas, les sphérolithes paraissent composés d'un mélange de substance amorphe et cristalline. Des différences dans leur texture ont fait distinguer les espèces suivantes. On nomme cumulites les accumulations isotropes de globulites; ils appartiennent donc, à proprement parler, aux sphérolithes entièrement amorphes. Les globosphérites, résultant d'une réu-

nion de globulites disposés radialement, sont aussi,
en partie, complètement amorphes. L'existence
même de la croix d'interférence ne s'oppose pas
à cette interprétation. Les bélonosphérites
sont des agrégats fibro-radiés, entre les fibres
desquels se trouvent encore des fuseaux d'un
verre, en partie biréfringent, par tension ; ce sont
ainsi des sphérolithes composés, à proprement
parler. Les felsosphérites sont des mélanges
d'une masse fondamentale microcristalline, avec des
parties d'une substance microfelsitique ou vitreuse.

Dans beaucoup de porphyres, particulièrement
aussi dans les termes acidés de la série trachytoïde,
les formations sphérolithiques prennent une par
prépondérante à la constitution de la roche, de
sorte que l'on désigne ces roches, par exemple,
sous les noms de porphyre globulaire et de
sphärolithfels. (Liparites sphérolithiques.)

La texture perlitique est particulière aux
verres des séries du granite et du trachyte, c'est-à-
dire aux rétinites. La roche consiste, en tout ou en
grande partie, en un agrégat compacte de sphéroïdes vitreux, composés de couches concentriques superposées, séparées les unes des autres par
des joints nettement marqués. Les sphéroïdes
tantôt s'aplatissent par contact mutuel et paraissent alors souvent écrasés, sous des formes
tout à fait irrégulières, tantôt sont séparés les uns

des autres par des intervalles remplis d'une masse
vitreuse non perlitique. La manifestation de cette
texture a succédé, en tous cas, à la séparation et à
l'achèvement des constituants cristallins, sur la
disposition et l'orientation desquels elle n'a jamais,
à ma connaissance, exercé d'influence (1). Les fissures traversent fréquemment les sections cristallines. Cette texture résulte d'une contraction du
verre produite par refroidissement.

Il y a toute une série de phénomènes, qui ont
pour résultats des variétés de textures en partie
visibles à l'œil nu, mais en partie aussi reconnaissables uniquement par leurs traces au microscope ; ces phénomènes résultent de l'action des
substances gazeuses ou liquides pendant la solidification des roches, surtout silicatées.

La texture bulleuse de beaucoup de roches
éruptives et de laves récentes, notamment, provient de ce que la roche est remplie d'une quantité de bulles arrondies ou amygdaloïdes allongées, qui tiennent la place de bulles gazeuses,
renfermées dans le magma se solidifiant. On peut

(1) Nonobstant cette observation de l'auteur, on a,
dans quelques cas, constaté que la texture sphérolithique
s'est développée postérieurement à la consolidation et à
la contraction perlitique, dans certaines roches anciennes. Cf. *F. Rutley*. The felsitic lavas of England and
Wales, pp. 5, 12. (Mem. of the geolog. Survey, 1885.)

(N. d. T.)

constater fréquemment aussi de semblables vides
bulleux dans les laitiers et les verres artificiels.
Dans les roches de solidification plus ancienne,
ces cavités ou géodes sont remplies, en tout ou
en majeure partie, par des minéraux de formation
secondaire, et il en résulte la texture amygdaloïde.

Les roches tout particulièrement riches en cavités paraissent spongieuses. Les ponces sont
des verres (obsidienne) complètement solidifiés en
écume; de minces parois séparent seules les
innombrables pores de la roche. Plus une ponce
est riche en cavités, plus elle est pauvre d'habitude en éléments cristallins. Par suite de l'allongement des bulles, développé par le mouvement
du magma, les parois de séparation sont étirées
en fils, ainsi qu'on le constate à l'œil nu et au
microscope. C'est donc une espèce particulière de
texture fluidale.

Mais il existe aussi d'innombrables bulles gazeuses très petites, visibles seulement au microscope, dans les roches et dans leurs constituants.
Comme elles se retrouvent avec d'autres inclusions, analogues par la forme extérieure, leur
existence dans les composants repose sur les
mêmes causes originelles; elles peuvent donc être
placées ici à la suite des précédentes.

Tous les cristaux se séparant, soit du magma

fondu, soit d'une dissolution, emprisonnent,
pendant leur formation, des corps étrangers qui se
retrouvent dans leur sein et qui sont, en règle
générale, en relations d'origine avec eux. Ces
inclusions ou interpositions sont de quatre
espèces différentes : 1° cristaux ou corps cristal_
lins; 2° bulles gazeuses; 3° liquides; 4° particules
vitreuses.

Ce sont principalement les trois dernières, les
inclusions gazeuses, liquides et vitreuses,
dont il doit être question ici.

Les inclusions gazeuses se présentent sous
des formes arrondies ou allongées; elles paraissent
vides et ne contiennent pas de bulle (par opposition avec les suivantes). Parfois, elles montrent
aussi des contours polyédriques; elles possèdent
alors plus ou moins complètement la forme du
minéral dont elles sont entourées (la forme de leur
hôte) (1). Par suite de la grande différence des indices de réfraction du gaz y contenu et de la substance minérale environnante, elles présentent, au
microscope, un large bord noir, comme par exemple
aussi les bulles d'air dans le baume de Canada.
Elles se rencontrent en grand nombre dans certains minéraux. Elles contiennent tantôt de l'air,

_____

(1) On leur donne alors le nom de cristal négatif,
que l'inclusion soit gazeuse, liquide ou vitreuse. (N. d. T.)

tantôt d'autres gaz : anhydride carbonique, hydrocarbures, etc.; ces derniers, par exemple, dans certains sels gemmes et dans la fluorite.

Les inclusions liquides présentent, en général, les mêmes contours que les inclusions gazeuses. Elles possèdent, d'ordinaire, des formes utriculaires ou canaliformes allongées. Elles contiennent parfois une ou plusieurs bulles gazeuses mobiles; parfois, elles n'en contiennent pas. Dans le premier cas, elles se distinguent par là même des inclusions vitreuses; dans le second cas, également, leur contour net et étroit constitue une notable différence. Lors de l'existence d'une bulle, sa mobilité est le criterium le plus sûr d'une inclusion liquide. Si les bulles sont suffisamment petites, elles possèdent un mouvement particulier spontané, que nous désignerons sous le nom de mouvement moléculaire. Si les bulles atteignent une certaine grosseur, elles sont immobiles par elles-mêmes; pourtant, elles présentent souvent une certaine mobilité ou un raccourcissement de leur diamètre par l'élévation de la température. Le liquide contenu dans les inclusions est de nature variable, ordinairement incolore ou légèrement coloré. Les inclusions liquides incolores sont ordinairement des solutions aqueuses de différents sels; les autres, de l'anhydride carbonique liquide, ou même des hydrocarbures.

Les inclusions les plus remarquables de cette dernière espèce sont celles dans lesquelles une goutte d'anhydride carbonique, contenant une bulle, nage dans un second liquide. Par suite de la forte dilatabilité de l'anhydride carbonique liquide, la bulle diminue et finit déjà par disparaître par un échauffement porté à environ 30° C. C'est le signe le plus caractéristique de l'acide carbonique liquide, aussi bien dans ce cas que dans celui des inclusions simples. Dans d'autres, la goutte d'anhydride carbonique est entourée d'une auréole gazeuse, nageant dans un second liquide. Dans le premier cas, le contour de la bulle est fortement accusé, les deux autres bords concentriques sont minces; dans le second cas, au contraire, les deux contours intérieurs sont larges, l'extérieur seul est mince et net. Les inclusions liquides se rencontrent également, dans beaucoup d'éléments des roches, en nombre extraordinairement grand. Le quartz du granite en est souvent tout à fait constellé. On connaît également des inclusions liquides macroscopiques, dans différents minéraux : béryl, topaze, quartz, diamant, etc. Il n'est pas rare de trouver aussi, dans les inclusions liquides, de petits cristaux.

Les inclusions vitreuses équivalent, dans beaucoup de cas, aux inclusions liquides. Elles présentent, au microscope, un contour étroit

et possèdent souvent, comme .elles, une bulle.
Mais celle-ci, entre autres circonstances, est
immobile. Souvent il existe plusieurs bulles
à côté les unes des autres, à contours toujours
larges, et alors l'inclusion vitreuse est immédiatement reconnaissable. Si la base vitreuse d'une
roche, dans les éléments de laquelle se trouvent
des inclusions gazeuses, est colorée, ces inclusions
montrent, en règle générale, la même coloration,
par exemple, brun clair. Souvent aussi, les inclusions vitreuses affectent la forme de leur hôte et
sont, pour la plupart, disposées régulièrement par
rapport à lui, parallèles, par exemple, à ses faces
ou à la direction de ses axes. Les inclusions vitreuses présentent fréquemment un commencement de
dévitrification, en·ce sens qu'on y remarque des
cristallites, par exemple, des trichites, des globulites, etc., ou encore des microlithes.

Ces trois sortes d'inclusions, lorsqu'elles ont des
formes polyédriques, se distinguent des interpositions cristallines en ce qu'elles n e possèdent que
les formes de leur hôte, tandis que les cristaux
en sont indépendants, et présentent des formes qui
leur sont propres.

CHAPITRE III

STRUCTURE DES ROCHES

Si l'on observe attentivement les grandes masses minérales, qui ont été mises à nu par une cause quelconque, par exemple, par le creusement des vallées, les carrières, les tranchées de routes ou de chemins de fer, on constate, pour les différentes roches, des modes différents de structure, c'est-à-dire de réunion des différentes parties d'une telle masse rocheuse pour constituer un tout. Prenons pour exemple une paroi de grès et une paroi de granite.

Sur la première, on remarque une séparation marquée en bancs, couches, strates ou lits, nettement limités, à joints parallèles, plans ou contournés. Ces bancs, reposant les uns sur les autres ou à côté les uns des autres, appartiennent ensemble à une roche unique.

Dans le granite apparaissent aussi, il est vrai, au travers de la masse rocheuse, des discontinuités, fissures ou joints, mais elles ne possèdent jamais une disposition assez régulière pour qu'il en résulte une division du tout en parties isolées, indépendantes.

On nomme stratifiée ou stratification la première espèce de structure, non stratifiée ou massive la seconde. Les roches de la première espèce forment, par leur réunion, un ensemble ou un complexe de couches, une assise; celles de la dernière espèce, un massif.

Le mode de texture est aussi en concordance parfaite avec cette espèce de structure. Les roches schisteuses proprement dites présentent la stratification; les roches silicatées ne sont pas pour la plupart stratifiées, si même elles possèdent un clivage schisteux.

La vraie stratification est, toujours aussi, l'expression d'une formation successive. Les divers membres d'un système de couches, qui sont séparés les uns des autres par des joints de séparation ou de stratification parallèles entre eux, ont été formés les uns après les autres; sur la couche la plus ancienne repose toujours la couche immédiatement plus récente.

Une structure stratiforme peut aussi être produite par des roches qui ne se sont pas formées successi-

vement, par exemple, par plusieurs filons couchés,
intrusifs, de roches éruptives , intercalés parallèlement les uns aux autres, entre d'autres roches. Mais
alors, manque le criterium essentiel de la stratification, la succession dans l'ordre de formation, qui
doit toujours exister chez les sédiments, les précipités et les dépôts organogènes indiscutables,
quoique, parfois, le caractère de la stratification dis-
paraisse presque complètement par l'homogénéité
de tout le dépôt, comme c'est le cas, par exemple,
pour le sel gemme, maints calcaires, etc.

A. — STRUCTURE STRATIFIÉE

On nomme puissance la grândeur de l'écartement
des deux joints limitant un banc ou une couche,
mesurée perpendiculairement à ces joints. Elle est,
d'ordinaire, sensiblement constante sur de grandes
étendues; pourtant, dans d'autres cas, elle est variable; la couche s'élargit ou se rétrécit, et finit
par se terminer en biseau. Si les différentes couches n'ont qu'une puissance de quelques millimè-
tres, elles donnent lieu à la schistosité proprement dite.

Une autre espèce de schistosité qui rencontre
obliquement la stratification sous différents angles
et n'a rien à faire avec elle, mais qui est le résultat
de compressions subies par la roche, porte le nom

de schistosité transversale ou indépendante
de clivage schisteux, ou encore de feuilletage. Cette fausse schistosité peut également exister dans des roches non stratifiées (v. p. 20).
C'est le cas, pour certains schistes cristallins, dans
lesquels la position des éléments minéraux en lamelles, du mica, par exemple, est oblique par rapport aux bancs de la roche.

La position d'une couche se détermine par la
pente, sur le plan horizontal, des surfaces parallèles
qui la limitent, c'est-à-dire par son inclinaison et
par l'angle que forme avec la méridienne leur in-
tersection par le plan horizontal ; c'est ce que l'on
appelle sa direction. L'inclinaison se mesure au
moyen d'un fil à plomb (clinomètre), la direction
par la boussole.

Toute couche possède une face supérieure, que
l'on nomme le toit et une face inférieure, désignée
sous le nom de mur. Les couches du toit sont plus
récentes, celles du mur plus anciennes que la couche
même qu'elles enserrent.

Les couches peuvent être ou horizontales, ou
inclinées plus ou moins fortement, ou même
verticales. Si, dans la position inclinée d'une
couche, la couche supérieure est réellement
plus récente, et l'inférieure plus ancienne, la superposition est régulière, la couche est simplement
redressée. Mais si la couche supérieure en appa-

rence est, en réalité, plus ancienne, elle devrait donc, à proprement parler, être inférieure, la position des couches est renversée et la couche a subi un renversement.

Les couches sont-elles contournées, plissées, elles forment une selle ou voûte, si la convexité est tournée vers le haut et si les versants de la couche pendent vers l'extérieur, à partir d'une ligne dite anticlinale; ou bien elles donnent naissance à un bassin, si la convexité est tournée vers le bas, c'est-à-dire, si les deux versants inclinent l'un vers l'autre jusqu'à une ligne appelée synclinale.

Si le plissement est assez fort pour que les deux parties de la couche, ou les versants d'une selle ou d'un bassin inclinent du même côté, on désigne cette disposition sous les noms de selle ou de bassin renversé, ou encore de structure isoclinale. Une selle et un bassin constituent par leur réunion ce que l'on appelle un double pli.

Si différentes couches sont réunies les unes aux autres de façon à former une assise, ou bien elles sont parallèles, c'est-à-dire qu'elles ont même direction et même inclinaison, et on les dit concordantes, ou elles ne sont pas parallèles. Si, sur une couche ou un système de couches dans une position inclinée, redressée, se trouve une autre couche ou une série de couches horizontales ou peu inclinées, on dit que ces dernières reposent en discordance sur les premières. Une telle discordance indique une interruption dans le dépôt.

Certaines parties d'un seul et même ensemble de couches peuvent être déplacées les unes par rapport aux autres le long de cassures longuement étendues. On donne, en général, le nom de faille à de semblables dislocations dans la stratification. On en distingue plusieurs espèces, selon que la cassure, suivant longitudinalement le plissement. coïncide entièrement ou approximativement en direction avec les couches (failles longitudinales, glissements), ou qu'elle leur est perpendiculaire (failles transversales, failles proprement dites).

B. — STRUCTURE MASSIVE.

La caractéristique de cette structure est le gisement intrusif d'une masse rocheuse non stratifiée dans d'autres roches stratifiées ou massives, sans relation reconnue avec leur agencement. Ces roches paraissent avoir fait irruption à travers les autres, et sont appelées roches éruptives. Là où, à la suite de leur éruption, elles sont arrivées à la surface, elles forment des nappes au-dessus des autres roches, sans distinction quant à leur position ou à leur composition. Selon que les roches massives sont intercalées ou superposées à d'au-

tres roches, on en distingue plusieurs formes différentes.

On nomme amas les masses de roches éruptives
de grande étendue, à surface irrégulière, n'ayant,
en général, pas de dimension dominante, et qui
sont ordinairement enveloppées de roches sédimentaires, tout au moins dans leurs parties profondes. Si de tels amas ont la forme de cloches ou de
dômes, et s'ils sont entièrement entourés de roches sédimentaires, on les nomme laccolithes.
Ce sont donc des dômes souterrains (1).

Des dépôts intrusifs très importants, en amas, de
roches massives, intercalés dans les formations
stratifiées et y affectant une disposition centrale,
prennent le nom de massifs. C'est ainsi que l'on
parle des massifs de granite des Alpes et d'autres
chaînes de montagnes.

Des amas, partent souvent des prolongements
qui pénètrent dans les roches voisines, et que l'on
nomme apophyses.

Les masses rocheuses aplaties, largement développées dans deux dimensions, en direction et
en inclinaison, mais d'une puissance restreinte,
sont désignées sous le nom de filons. Elles forment, en général, des dépôts nettement intrusifs. Elles sont, ou transversales, par rapport à

(1) Les petits amas prennent le nom de culots. (N. d. T.)

la direction des couches qu'elles coupent, filons transversaux ou filons proprement dits, ou elles reposent parallèlement à la direction, et paraissent intercalées entre les couches : filons longitudinaux, filons couchés ou filons-couches.

Les roches massives superficielles se présentent sous formes de typhons, de dômes, de nappes ou manteaux et de coulées. Elles sont toujours associées à un amas ou à un filon pénétrant à travers le sous-sol, quoique cet amas ou ce filon soit loin d'être constatable dans tous les cas.

Les volcans encore actuellement en activité fournissent les meilleurs exemples de ces différentes formes. Par la destruction des nappes et des coulées, par suite du creusement de profondes vallées qui les divisent en fragments isolés, il se produit des formes en culots, que l'on a l'habitude de désigner sous le nom de culots secondaires, pour les distinguer des culots primaires ou primitifs, accumulés à l'endroit même où s'est produite l'éruption.

C. — STRUCTURES DUES A LA DISJONCTION DES ROCHES.

Les roches stratifiées, aussi bien que les massives, possèdent toujours une fissuration produite par la

disjonction, mais ordinairement différente d'allure
dans ces deux cas.

Une telle disjonction est, par exemple, la schistosité et la division en bancs des couches. Si, à
cette sorte de joints, se combine une fissuration
rencontrant obliquement la stratification, alors,
prend naissance, en petit, une division bacillaire, en- grand, une disposition prismatoïde,
cuboïde ou en blocs. Les grès, et particulièrement
les grès cénomaniens de la Saxe et de la Bohême dits
Quadersandstein, avec leur disposition ruini-
forme, en fournissent de remarquables exemples.

Une séparation analogue en bancs et en fragments cuboïdes se rencontre aussi dans les roches éruptives, par exemple, dans les granites.
Par l'arrondissement des blocs, dû à l'altération,
se développent les formes en sacs empilés des
falaises granitiques.

Rarement, chez les roches massives, la division
en dalles est assez complète, pour ressembler à la
schistosité, comme, par exemple, chez certains
phonolites. La forme de retrait la plus caractéristique des roches éruptives est la disposition colonnaire ou prismatoïde ; elle est si régulière chez
quelques roches, des basaltes, des phonolites, certains trachytes, par exemple, qu'on l'a nommée
prismatique, et qu'on la tenait autrefois pour une
cristallisation véritable. La roche se sépare en

vrais prismes très allongés, à sections hexagonales, principalement. Les joints séparant les différents prismes sont plans et nets. Une division transversale s'y associe et divise les prismes en tronçons courts, qui, par l'arrondissement des arètes, résultant de l'altération, finissent par affecter des formes sphéroïdales ou ellipsoïdales.

Mais la division sphéroïdale se présente aussi, chez certaines roches, comme produite dans la masse rocheuse même. Dans le granite, on voit fréquemment de grandes parties sphéroïdales, se partageant en calottes concentriques, et maints basaltes se divisent en véritables petits nodules de la grosseur d'une noix. Ordinairement, ces divisions apparaissent nettement, lors de l'altération de la roche.

CHAPITRE IV

CONSTITUANTS PRINCIPAUX DES ROCHES

Le nombre des minéraux qui prennent part à la composition des roches n'est pas bien grand. Les cours et traités de minéralogie indiquent les caractères les plus importants qui permettent leur détermination dans les roches.

Les caractères physiques sont, en général, du plus grand usage pour la reconnaissance des minéraux dans les roches, notamment, la forme cristalline, les clivages, la dureté et surtout les propriétés optiques. Pour la détermination du système cristallin par ces dernières, la position des axes optiques et les directions d'extinction en lumière parallèle entre les Nicols croisés, au microscope polarisant, les couleurs caractéristiques de la polarisation chromatique et les diffé-

rences de coloration du polychroïsme sont particulièrement intéressantes. La couleur d'un
minéral est surtout, dans beaucoup de cas, caractéristique pour sa détermination, sans recherche
ultérieure. Les mâcles les plus remarquables des
minéraux se reconnaissent, on ne peut plus nettement, en lumière polarisée, et sont, en tous cas,
de la plus haute importance pour leur diagnose au
microscope. Toute une série de particularités
de texture de certains minéraux et de leurs cristaux
facilite leur distinction. A ces particularités appartiennent, notamment, la texture zonaire, que
présentent, par exemple, fréquemment en grand,
le quartz ; au microscope, les feldspaths, l'augite,
la tourmaline, etc., les interpositions régulières de
différentes espèces, les réflexions et colorations
qui en résultent, etc.

Nous n'entrerons pas dans plus de détails sur
toutes ces propriétés cristallographiques et minéralogiques, dont la connaissance doit précéder, à
proprement parler, l'étude de la pétrographie.
L'enseignement de ces propriétés doit être puisé
dans les traités de minéralogie. Nous recomman-
derons, entre autres, tout particulièrement, en ce qui
concerne l'emploi du microscope polarisant et les
connaissances optiques nécessaires, les chapitres
du Lehrbuch der Mineralogie de G. Tschermak (§§ 95 à 130, pp. 147 à 196), relatifs à ces

objets. Leur exposé clair et simple est tout à fait
propre à initier les commençants à ces préliminai-
res de l'étude des roches. Pour ce qui concerne la
description générale des minéraux, les Elemente
der Mineralogie" de Naumann-Zirkel son
surtout recommandables.

La courte revue, faite ici, des minéraux les plus
importants entrant dans la composition des roches
n'a d'autre but que de fournir un aperçu de leur
détermination, de rappeler leurs caractères minéralogiques les plus essentiels, enfin, d'indiquer et de
grouper les méthodes qui, dans chaque cas particulier, sont le plus appropriées à l'emploi. A l'aide
de ce guide, chacun devra recourir, alors, aux
sources indiquées à la fin, dans la bibliographie,
pour se procurer des indications et des instructions
plus approfondies, s'il est nécessaire.

Dans le tableau ci-contre des minéraux pétrographiquement importants, on a adopté une
division en trois groupes. Dans le premier, figurent
les espèces qui se présentent principalement comme
éléments primaires des roches cristallines silicatées; dans le second, ceux que l'on doit considérer comme éléments secondaires des mêmes
roches. Le troisième groupe comprend les minéraux qui constituent les éléments essentiels des roches simples. Il n'y a que quelques minéraux qui
se trouvent répétés dans plusieurs de ces groupes,

mais ils ne sont alors numérotés qu'une seule fois. Dans le premier groupe, les constituants essentiels sont séparés des accessoires et, en outre, les minéraux sont divisés d'après leur couleur et leur constitution chimique. Les autres points de vue auxquels on s'est placé pour le groupement se reconnaîtront à la simple inspection du tableau.

I

ESSENTIELS   ACCESSOIRES

1 Quartz, Tridymite = Anhydride silicique		Apatite.	6
2 Feldspaths.	Silicates incolores, blancs, ou faiblement colorés de métaux alcalins, alcalino-terreux et terreux.	Cordiérite.	7
a) Orthose (Sanidine). . .		Sodalite.	8
b) Microcline.		Haüynite (Nosite).	9
c) Plagioclases, Albite-		Scapolites.	10
Anorthite.		Mélilite.	11
3 Mica blanc (Muscovite)	incolores et colorés titanifères.	Zircon.	12
4 Néphélite (Eléolite).		Titanite (Pérowskite). .	13
5 Leucite.		Rutile (Octaédrite). . . .	14
15 Micas noirs.	Silicates ferro-magnésiens colorés.	Grenats.	18
16 Groupe des Amphiboles et des Pyroxènes.		Tourmaline.	19
a) Augite, Diopside, Diallage.	Oxydes de Mg, Fe, Ti, colorés et à éclat métallique.	Spinelles.	20
b) Hornblende, Actinote.		Chromite.	21
c) Pyroxènes orthorhombiques (Enstatite, Hypersthène).		Magnétite.	22
		Oligiste.	23
		Ilménite.	24
17 Chrysolite (Olivine).	Al²O³	Corindon	

II

Quartz. . . . .
25 Calcédoine. . . . .
26 Opale. . . . .
27 Epidote (Zoïsite). . . . . . .
28 Talc. . . . .
29 Chlorite. . . . .
30 Asbeste. . . . .
31 Serpentine. . . . .
32 Zéolites . . . .
Carbonates (Calcite, etc.)
Minéraux secondaires
utiles. . . . .

Produits d'altérations et de transformations chimiques, simples ou compliquées.

Produits du métamorphisme.

Andalousite. 33
Chiastolite. 34
Cyanite (Disthène). . . . 35
Staurolite. 36
Corindon. 37
Wollastonite. 38
Sillimanite. 39
Graphite

III

40 Calcite. . . . .
41 Dolomite. . . . .
42 Giobertite. . . . .
43 Sidérite. . . . .
44 Gypse (Sélénite). . . . . . .
45 Anhydrite. . . . .
46 Barytite. . . . .
47 Halite. . . . .
48 Phosphorite. . . . .

Carbonates, sulfates, phosphates et sels haloïdes aisément solubles.

Corps simples, charbons et minerais utiles.

Soufre. 49
Graphite. 50
Charbons. 51
   a) Houille
   b) Lignite
   c) Tourbe
Pyrite. 52
Oligiste lithoïde. 53
Limonite. 54

Seuls les minéraux qui appartiennent aux deux premiers groupes feront l'objet d'une description spéciale dans les pages qui suivent et ce, dans l'ordre de succession du tableau ; pour les autres, leurs caractères minéralogiques les plus importants seront indiqués lors de la description des roches simples, constituées d'un seul minéral. Les carac-

tères indiqués sont, surtout, ceux qui servent pour
la détermination microscopique en plaques minces
ou en petits éclats.

QUARTZ

Hexagonal-rhomboédrique (trapézoédrique).Cris-
taux présentant ordinairement la forme de dihexaè-
dres (combinaison des rhomboèdres P E $\frac{1}{2}$), plus
rarement combinés à un prisme court. Sections
basales, hexagonales régulières et sections hexagonales irrégulières. Clivage difficile sur P et
rarement visible ; cassure conchoïde et fissures
disposées en cercle dans la section. Dureté notable.
Ordinairement incolore, transparent, inaltéré. Couleurs de polarisation vives ; dans une préparation
d'épaisseur irrégulière, irisations. Figure d'interférence des minéraux uniaxes, dans les préparations
basales. A cause de la polarisation rotatoire,
ces plaques minces ne s'éteignent pas entre les
Nicols croisés, mais ne deviennent obscures qu'en
lumière monochromatique, par une certaine rotation du Nicol supérieur. Souvent une section,
simple en apparence, est composée de parties
d'orientation optique différente ; extinction ondulée assez fréquente. Riche en inclusions :
liquides et vitreuses, souvent de forme dihexaé-
drique, différents minéraux et microlithes. Comp.
$=$ SiO^2. Insoluble dans la potasse caustique ;

difficilement attaquable par l'acide fluorhydrique;
il reste donc plus intact que tous les autres
éléments, dans l'attaque d'une préparation par
l'acide fluorhydrique étendu. Poids spécifique = 2.6.

Tridymite. — SiO^2. Minces lamelles d'apparence
hexagonale, se montrant, entre les Nicols croisés,
comme composées de particules maclées en échi-
quier. Dans les roches, ces lamelles se recouvrent
les unes les autres comme les ardoises d'un toit.
Soluble dans la potasse caustique. Poids spécifique = 2.2.

Opale. — Amorphe, SiO^2. Poids spécifique = 1.9
à 2.2 ; hydratée, soluble presque sans résidu dans
la potasse caustique bouillante. Monoréfringente,
souvent associée au quartz biréfringent.

Les associations de silice cristalline et amorphe
sont : la **Calcédoine** (structure fibreuse), l'**Agate**,
le **Silex**.

GROUPE DES FELDSPATHS

Ce groupe est isodimorphe, en ce sens que,
tandis que certaines espèces cristallisent dans le
système clinorhombique, les autres le font dans le
système clinoédrique, mais que toutes possèdent
des formes fondamentales dont les rapports d'axes
et les angles sont très voisins les uns des autres.

Chimiquement, on distingue trois espèces fondamentales principales : un feldspath potassique, un feldspath sodique et un feldspath calcique.
Ces trois substances cristallisent aussi bien isolément qu'en mélanges isomorphes de proportions
variables. Au mélange feldspathique potassico-
sodique de cristallisation clinorhombique appartiennent l'orthose et la sanidine ; au mélange clinoédrique de composition analogue, le microcline;
aux composés feldspathiques clinoédriques de
sodium et de calcium, la série des plagioclases
(albite, feldspaths à base de sodium et de calcium,
anorthite). De même que par la forme extérieure
et par la composition chimique, les feldspaths
forment aussi, par leurs propriétés optiques, une
série compacte, dont les termes passent les uns
aux autres par degrés progressifs et réguliers.

La distinction des différents termes, notamment
de ceux qui appartiennent au même système, est
souvent difficile.

Orthose. — Clinorhombique. Types divers des
mêmes combinaisons; comme formes habituelles : la
face terminale oblique P et les faces A¹ du premier
prisme horizontal, à peu près également inclinées
par rapport à l'axe vertical ($\beta = 63°\ 57'$) et faisant
entre elles des angles de 128°. Clivage parfait sur
la face terminale oblique P, presque aussi parfait

sur le plan de symétrie G^1; ces deux clivages sont perpendiculaires l'un à l'autre. Les sections parallèles au plan des axes **b** et **c** sont des rectangles et présentent deux systèmes de stries de clivage se coupant à angle droit. Les sections parallèles à la face terminale oblique et au plan de symétrie sont hexagonales ; ces dernières ont les angles caractéristiques de 64° (116°) et de 128°. Les deux premières sections s'éteignent, entre les Nicols croisés, parallèlement et perpendiculairement à l'un de leurs côtés (c'est-à-dire à un de leurs axes); les dernières, obliquement : par rapport à l'axe vertical, sous un angle de 21° ; par rapport à l'axe incliné **a**, ou à l'arête P/G^1, ou encore aux stries de clivage sur G^1, sous un angle de 5° à 6°. En lumière convergente, on n'aperçoit, d'ordinaire, qu'un seul pôle d'axe, placé obliquement. Le plan des axes optiques est perpendiculaire à G^1.

Macles suivant plusieurs lois, le plus fréquemment, suivant la loi de Carlsbad : l'axe de rotation étant l'axe horizontal. Par là, le clivage, sur la face terminale oblique P, occupe une position symétrique sur les deux parties de la macle. Cette macle, si le cristal a été brisé parallèlement à l'axe de symétrie, se reconnaît, dans la cassure de la roche, par l'éclat opposé des deux moitiés. Reconnaissable aussi optiquement dans les plaques minces.

L'orthose est incolore ou rosé ; quand il est

frais, il a l'éclat vitreux et possède alors des couleurs de polarisation vives. En plaques très minces, sa couleur est le gris bleu faible. Ordinairement, il est trouble par zones ou nuagé, et transformé en produits d'altération de diverses espèces, fibro-radiés (Saussurite, mica, kaolin). Alors, sa polarisation est mate, l'orthose est moucheté d'une façon spéciale, puis, finalement, il ressemble à un agrégat.

Souvent l'orthose est mêlé à un plagioclase dont l'axe vertical affecte une position parallèle, ou bien, le plagioclase est intercalé sous forme de lamelles dans l'orthose. Les parties du plagioclase présentent le striage polysynthétique (perthite, microperthite). Souvent aussi, les sections minces d'orthose montrent, entre les Nicols croisés, des stries multiples, irrégulièrement contournées, ou encore des systèmes entrecroisés de stries semblables (microclinoïdes), déterminées par des lamelles fusiformes disposées les unes derrière les autres. Ces anomalies dans les propriétés optiques sont peut-être produites par des pressions dans la roche. A cela, correspond aussi l'extinction dite ondulée : une section mince ne devient pas claire et obscure tout d'une pièce, mais par parties, successivement, de sorte que l'obscurité parcourt la préparation comme un nuage, quand on la fait tourner avec la table du microscope.

Fréquentes sont les associations régulières d'orthose et de quartz : lamelles aplaties et contournées du dernier, intercalées, suivant diverses directions, dans l'orthose : pegmatite, pegmatite graphique, micropegmatite (voir p. 33). Les interpositions sont fréquentes dans l'orthose : inclusions vitreuses et liquides, minéraux.

Composition : $K^2 Al^2 Si^6 O^{16} = K^2O. Al^2 O^3. 6 SiO^2$; sodium mélangé par isomorphisme ou résultant des plagioclases intercalés. 65 % de SiO^2, 17 % de K^2O, 18 % d'Al^2O^3. Poids spécifique = 2.53 à 2.58. Attaquable par l'acide fluorhydrique seulement; réaction de flamme du potassium selon Szabo; fluosilicate potassique d'après la méthode de Boricky; réaction du potassium par le chlorure de platine suivant Behrens.

Sanidine. — Variété vitreuse, claire, d'orthose, abondamment pourvue de silicate sodique isomorphe. Couleurs de polarisation, d'ordinaire vives; texture zonaire; souvent dépourvue d'inclusions; souvent, aussi, riche en inclusions accumulées au centre ou à la périphérie. Inclusions vitreuses; contours brisés et corrodés par refusion.

Microcline. — Cristaux clinoédriques, presque identiques à ceux de l'orthose par la forme extérieure, mais composés de nombreuses lamelles doublement maclées. Donc, dans les lamelles de clivage

parallèles à la base P, striage treillissé, parallèle,
d'une part, à l'arête P/G¹ et faisant avec elle, d'autre
part, un angle de 89° 40'. Extinctions : sur P, faisant
avec l'arête P/G¹ un angle de 15°; par contre, sur
G¹, comme dans l'orthose. Il existe des passages
apparents entre l'orthose et le microcline, qui rendent souvent difficile la séparation des deux (voir
orthose, p. 62.) Composition chimique = orthose.

Plagioclases.—Cristaux clinoédriques, de formes
analogues à celles des cristaux d'orthose, plus allongés suivant l'axe vertical; face terminale oblique P,
inclinée de 93° à 94° sur les faces latérales G¹; donc,
même inclinaison des deux clivages principaux
l'un sur l'autre. Meilleur caractère : macles polysynthétiques, d'ordinaire suivant les deux lois suivantes : l'axe de rotation est une normale à G¹
(macle de l'albite) et : l'axe de rotation est l'axe
vertical. Dans le premier cas, le clivage suivant la
face terminale oblique P est incliné dans le même
sens sur les deux moitiés du cristal; dans le second cas, en sens contraire, comme dans la macle
de Carlsbad de l'orthose. Des lamelles de clivage
ou des préparations parallèles à P montrent, entre
les Nicols croisés, le striage multiple produit par
cette texture maclée. Les stries nettes et rectilignes, dues à des lamelles tantôt minces, tantôt plus
épaisses, traversent souvent toute la section du cris-

tal; parfois, elles font défaut ou sont interrompues au centre. Il arrive aussi, mais plus rarement, que la macle est simple, composée seulement de deux parties, comme dans l'orthose. Dans les sections parallèles à G^1, les macles ordinaires ne sont pas visibles, car G^1 est la face d'hémitropie. Fréquemment aussi, macle en lamelles parallèles à la face terminale oblique P (macle de la pericline). Elle est également parallèle sur G^1 à l'arète P/G^1 ou aux stries de clivage. Dans les sections parallèles au macropinacoïde H^1, ces lamelles font des angles de 85^0 à 86^0 avec l'axe vertical ou les stries de macle ordinaires. Donc, striage double, croisé, les lamelles s'interrompant, d'ordinaire, l'une-l'autre. Rarement aussi, ces macles se reconnaissent, dans la forme extérieure, par le croisement de deux cristaux complets. Si les lamelles de clivage de cette dernière espèce ne sont plus parallèles, sur G^1, à l'arète P/G^1 ou aux stries de clivage, mais font avec elles un angle d'environ 15^0 (dans l'albite 13^0 à 22^0 en avant; dans l'anorthite 15^0 en arrière, ce qui, alors, est à peine visible dans les préparations), on obtient une nouvelle espèce de loi de macle : l'axe de rotation est la macrodiagonale (axe **b**). Cette sorte de macle est généralement combinée à celle dont l'axe de rotation est normal à la base.

L'orientation optique des plagioclases dépend des

proportions du mélange chimique. Le cristal étant placé devant l'observateur de façon que la base incline d'arrière en avant et de gauche à droite, les directions d'extinction oscillent, pour les divers plagioclases, de telle sorte qu'elles divergent, sur P, à partir d'une ligne parallèle à l'arête P/G^1, tantôt vers la droite en avant et en dessous (désignées par le signe —), tantôt vers la gauche (+). Ces signes sont employés dans le tableau ci-contre. De même, les directions d'extinction sur G^1 divergent, à partir d'une ligne parallèle à l'arête P/G^1, tantôt vers le haut en avant (+), tantôt vers le bas (—). (On peut aisément, d'après ces données, construire un diagramme.) Dans le tableau ci-contre, l'orientation optique des feldspaths est condensée de façon à frapper les yeux.

Dans les sections contenant deux des axes cristallographiques, ou dans les sections voisines de celles-ci, on voit toujours, en lumière polarisée convergente, l'image du pôle d'un axe optique, placée obliquement et traversée par une branche d'hyperbole.

Les interpositions sont plus ou moins abondantes chez tous les plagioclases ; chez ceux d'origine volcanique, elles sont souvent disposées en zones : ce sont des inclusions vitreuses, liquides, gazeuses ou de minéraux. Tablettes hexagonales d'oligiste, dans la pierre de soleil (oligoclase) de Twedestrand.

POSITION de la préparation et arête par rapport à laquelle la direction d'extinction est mesurée.	SUR P Arête P/G¹ ou stries du clivage G¹ sur P.	SUR G¹ Arête P/G¹ ou stries du clivage P sur G¹.	SUR G¹ Arête G¹/H¹ ou axe vertical (extinction approximative).	SUR P Macle de l'albite Face d'hémitropie = G¹		SUR G¹ Macle de la péric Face d'hémitropie	
				Direction de l'extinction dans les lamelles			
				Par rapport aux stries de macle	L'une par rapport à l'autre	Par rapport aux stries de macle	L'une par à l'a
Orthose.....	0°	+ 5°	21°	0°	0°	5°	10
Microcline..	15°	+ 5°	21°	15°	30°	5°	10
Albite.......	+ 4° à 5°	+ 19°	7°	4° à 5°	8° à 10°	19°	38
Oligoclase...	+ 1° à 2°	+ 4° d 5°	21° à 22°	1° à 2°	2° à 4°	4° à 5°	8° à
Andésite.....	— 5° à 6°	— 16° à 18°	42° à 44°	5° à 6°	10° à 12°	16° à 18°	32° à
Labradorite...	— 17° à 20°	— 29° à 32°	32° à 35°	17° à 20°	34° à 40°	29° à 32°	58° à
Anorthite....	— 37°	— 36°	27°	37°	74°	36°	72

TABLEAU DE L'ORIENTATION OPTIQUE DES FELDSPATHS

Selon Schuster, on peut t   4 h   [Ab] An] [Ab] An] [Ab] An] [4   On peut, à l'aide de

Longues aiguilles de rutile et lamelles de mica, dans la Labradorite et l'anorthite de certains gabbros. Associations de plagioclases et d'orthose (voir p. 62).

Au point de vue chimique, on distingue, dans la série des plagioclases, deux termes extrêmes : l'albite, ou feldspath sodique, et l'anorthite, ou feldspath calcique, ainsi que divers plagioclases calcicosodiques, résultant de mélanges isomorphes, en proportions variables, de substance albitique et de substance anorthitique. Ces derniers ont été divisés en trois espèces principales, d'après le rapport du silicate calcique au silicate sodique. On a ainsi :

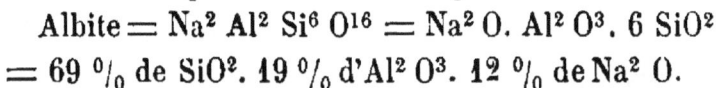

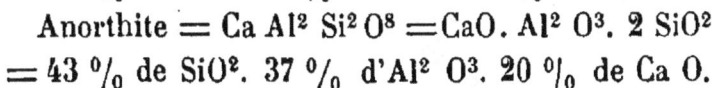

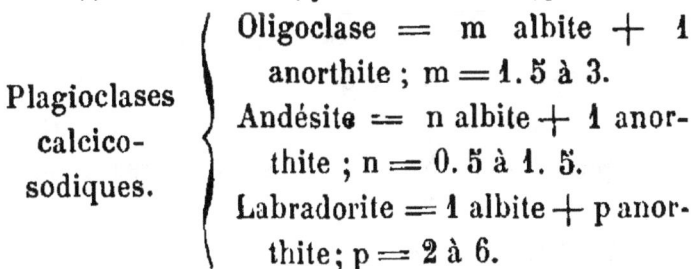

Albite $= Na^2 Al^2 Si^6 O^{16} = Na^2 O. Al^2 O^3. 6 SiO^2$ $= 69\ ^0/_0$ de SiO^2. $19\ ^0/_0$ d'$Al^2 O^3$. $12\ ^0/_0$ de $Na^2 O$.

Anorthite $= Ca Al^2 Si^2 O^8 = CaO. Al^2 O^3. 2 SiO^2$ $= 43\ ^0/_0$ de SiO^2. $37\ ^0/_0$ d'$Al^2 O^3$. $20\ ^0/_0$ de $Ca O$.

Plagioclases calcicosodiques.

Oligoclase $=$ m albite $+$ 1 anorthite ; m $= 1.5$ à 3.

Andésite $=$ n albite $+$ 1 anorthite ; n $= 0.5$ à 1.5.

Labradorite $=$ 1 albite $+$ p anorthite ; p $= 2$ à 6.

L'albite et la substance albitique des plagioclases qui en sont abondamment pourvus ne sont pas attaquées, lorsqu'elles sont fraiches, par l'acide chlorhydrique; la Labradorite ne l'est que peu; par contre, l'anorthite forme gelée. Pour la distinction

par voie chimique, on peut se servir des colorations
de flamme de Szabo, de la formation de fluosilicates de Boricky, ou des réactions microchimiques du sodium et du calcium de Behrens. Le
poids spécifique, bien mesuré par la liqueur de
borotungsfate de cadmium, sert aussi à la distinction, les plagioclases riches en calcium ayant un
poids spécifique plus fort, 2. 7 à 2. 8, que ceux riches
en sodium, 2. 6. à 2. 7. Fusibilité de l'albite >
anorthite > oligoclase > andésite > Labradorite.

Comme produits d'altération caractéristiques des
plagioclases, on cite : la Saussurite (zoisite, p. p.),
la pinite, la chlorite (grenues, écailleuses, fibreuses) ; au voisinage de l'augite et de la hornblende :
l'épidote (voir pp. 85, 88 et 103) et un minéral dit
viridite.

NÉPHÉLITE

Hexagonale. Sections rectangulaires courtes et
carrées (parallèles à l'axe vertical) ou hexagonales
(parallèles à la base). Dans les premières, extinctions parallèles aux côtés, les dernières restant
toujours éteintes par une rotation entière de
la préparation, entre les Nicols croisés ; dans
ces dernières, en lumière polarisée convergente, figure d'interférence des cristaux uniaxes.
Absorption nulle dans les sections verticales (distinction d'avec l'apatite) ; interpositions

souvent nombreuses, pulvérulentes, accumulées
au centre ou formant des zones parallèles aux contours des sections basales. Inclusions liquides.

Incolore, éclat vitreux = néphélite; gris-verdâtre
rouge, éclat gras = éléolite.

Produits d'altération les plus caractéristiques :
natrolite en agrégats de fibres feutrées, souvent
normales au contour ; cancrinite = produit d'altération fibreux de l'éléolite, dans lequel on remarque des lamelles d'oligiste et des particules de
calcite. Altération en Muscovite, Liebenérite, Gieseckite.

Composition $= 3\,(\mathrm{Na^2\,O.\,K^2\,O}).\,4\,\mathrm{Al^2\,O^3}.9\,\mathrm{Si\,O^2}$, avec
$16\,^0/_0$ de $\mathrm{Na^2\,O}$, $5\,^0/_0$ de $\mathrm{K^2\,O}$, $33\,^0/_0$ d'$\mathrm{Al^2\,O^3}$, $44\,^0/_0$ de
$\mathrm{Si\,O^2}$, $2\,^0/_0$ de $\mathrm{Ca\,O} + \mathrm{H^2\,O}$. Poids spécifique $= 2.\,6$.

Réaction très sensible du sodium par la flamme
d'après Szabo; fluosilicate sodique par la méthode
Boricky ; réaction du sodium suivant Behrens
et Streng ; dissolution et gelée par l'attaque à
l'acide chlorhydrique ; rendue trouble et poreuse
par l'acide nitrique, de façon à devenir facilement
perméable aux matières colorantes, par exemple
au bleu d'aniline ; absence de l'acide phosphorique
par la réaction du molybdate nitrico-ammonique
(distinction d'avec l'apatite).

LEUCITE

Tétragonale (combinaison analogue au trapézoèdre régulier). Sections octogonales symétriques et arrondies. Incolore. Entre les Nicols croisés, macles lamellaires polysynthétiques (disparaissant par l'échauffement), nettement reconnaissables par l'emploi de la lame de quartz ou de gypse, accentuant les colorations. Faiblement biréfringente. Caractéristique est la disposition régulière des interpositions : microlithes, granules vitreux, inclusions gazeuses et liquides, magnétite, accumulés au centre ou arrangés en cercles concentriques parallèles aux contours, ou encore, affectant une disposition rayonnée. Souvent entourée extérieurement de petits cristaux, par exemple, d'augite, disposés en cercle (centre de texture, p. 27). Altération en substance kaolinique, en analcite, en substance de l'orthose et de la néphélite.

Composition$= K^2 O. Al^2 O^3. 4 Si O^2$; 22 °/₀ de $K^2 O$, 23 °/₀ d'$Al^2 O^3$, 55 °/₀ de $Si O^2$. Réaction du potassium par la flamme d'après Szabo et par l'attaque à l'acide hydrofluosilicique suivant Boricky. Attaquée par l'acide chlorhydrique avec dépôt de silice pulvérulente. Ipfusible au chalumeau.

SODALITE

Cubique. Sections carrées et hexagonales ou arrondies, avec fissures ondulées. Réfraction simple ; toutes les sections restent donc éteintes dans toutes leurs positions entre les Nicols croisés. Incolore, jaunâtre, verdâtre, bleue. Riche en inclusions, particulièrement gazeuses, de grandes dimensions.

Composition $= 3\,Na^2\,Al^2\,Si^2\,0^8 + 2\,Na\,Cl$. Se prend en gelée avec les acides chlorhydrique et sulfurique ; par concentration de la liqueur, cubes de Na Cl ; réactions du sodium et du chlore par le phosphate de thallium suivant Behrens.

HAUYNITE & NOSITE

Cubiques. Sections carrées ou hexagonales, à contours rarement rectilignes, mais souvent irrégulièrement sinueux. Microstructure très caractéristique : à l'intérieur, hachures noires de particules pulvérulentes, disposées en ligne droite (? sulfure d'aluminium ou de sodium, comme dans l'outremer). Ces lignes, normales aux côtés de l'hexagone, laissent souvent libres les rayons partant des sommets. Fréquemment, zones alternativement plus foncées et plus claires, à éclat gras ; dans la Haüynite, la coloration bleue est seulement centrale, souvent, le bord est incolore ; souvent aussi, au contraire, le bord seul est foncé. Colorée en rouge par l'oligiste le long de fissures correspondant aux faces B^1.

Composition : $2\,(Na^2, Ca)\,Al^2\,Si^2\,0^8 + (Na^2, Ca)\,S)^4$. Les variétés bleues sont calcifères et s'appellent Haüynite ; les grises et gris brun sont sans calcium et se nomment Nosite. Beaucoup de Nosites deviennent bleues au rouge.

Solubles en gelée dans les acides ; réactions de l'acide sulfurique dans la dissolution : coloration rouge par le nitrocyanure de sodium et précipité par le chlorure de baryum. Egalement, réaction de l'hydrogène sulfuré suivant von Kobell. Portées au rouge dans la vapeur de soufre, elles donnent la coloration bleue des minéraux du groupe de la Haüynite d'après Knop.

MÉLILITE

Tétragonale. Sections carrées (basales), ou rectangulaires (verticales). Ces dernières, allongées, souvent dentelées et sinuées aux deux extrémités ; plus rarement, sections basales octogonales. Sections basales isotropes, toujours obscures entre les Nicols croisés ; les autres, faiblement biréfringentes. Très caractéristiques sont une fine fibrosité parallèle à l'axe vertical et des fissures parallèles à la base ; souvent, toutefois, elle ne présente aucun indice de structure. Couleur jaune-citron, jaunâtre ou blanc trouble, avec ponctuations grises ou verdâtres. Dichroïsme faible dans les sections verticales, le rayon vibrant parallèlement à l'axe principal est un peu plus jaune. Couleur de polarisation gris bleu. Fréq emment, inclusions, mais peu abondantes.

Composition : Silicate de calcium, magnesium, sodium, aluminium et fer $12(Ca, Mg, Na^2)0. 2(Al^2, Fe^2)0^3. 9 SiO^2$. Dissous par l'acide chlorhydrique avec précipitation de silice gélatineuse.

Scapolite. — Tétragonale. Sections octogonales, présentant la figure d'interférence uniaxe en lumière polarisée convergente (basales), ou rectangulaires et octogonales allongées, s'éteignant parallèlement aux longs côtés (verticales) ; sections généralement troubles, jaunâtres ; les verticales striées en long, jamais fissurées transversalement. Polarisation chromatique vive.

La Méjonite, la **Couzéranite** et le **Dipyre** sont fort analogues.

GROUPES DES MICAS

A toutes les espèces du groupe des micas, sont communs la forme cristalline clinorhombique, avec apparence hexagonale et le clivage parfait suivant la base, laquelle est inclinée de près de 90^0 sur l'axe vertical.

Les sections basales ou les lamelles de clivage présentent, en règle générale, un contour hexagonal, ne fournissent, au microscope, aucun indice de structure, aucun clivage ; on n'y voit que des fissures courbes et, sur les bords, la disposition en escalier des minces lamelles. Les sections parallè-

les à l'axe vertical, ou perpendiculaires au clivage,
se montrent sous forme de bandelettes étroites,
traversées, dans le sens de l'allongement, par de
fines stries de clivage, souvent ondulées par re-
foulement et déchirées.

Tous les micas donnent, dans les lamelles basales de clivage (donc toujours facilement, quelque
petits qu'ils soient), en lumière polarisée convergente, l'image des axes, tantôt à peu près uniaxe,
tantôt nettement biaxique et, parfois, avec un
angle notable des axes optiques. Souvent, on observe l'écartement inégal des pôles des axes optiques (clinorhombique) par rapport au centre de
l'image (centre du réticule).

Muscovite. — Mica potassique. Incolore ou jaune
pâle, plus rarement brun ou vert. Angle notable
des axes optiques ; donc, figure d'interférence
biaxique très nette, en lumière polarisée convergente. Polychroïsme restreint dans les sections
parallèles à l'axe vertical, plus fort dans les variétés foncées et aussi dans les lamelles basales.
Polarisation chromatique vive ; extinction des lamelles basales parallèle et perpendiculaire à un
côté ; dans les sections verticales, parallèle aux
fines lignes de clivage. Très caractéristique est le
moiré des lamelles de Muscovite éteintes entre
les Nicols croisés. De nombreuses petites écailles

brillent alors sur le fond obscur de la lamelle de
mica. L'association de Muscovite et de Biotite,
ayant leurs axes verticaux parallèles, n'est pas
rare, pas plus que leur macle. Inclusions: aiguilles
d'apatite, rutile, lamelles d'oligiste, magnétite, etc.

Composition : K^2O $(Na^2O.H^2O)$. Al^2O^3. $2SiO^2$, en
mélange isomorphe avec$(Mg,Fe,Mn)O.Al^2O^3.2SiO^2$.
Donc, composition assez variable. Réaction de
flamme du potassium selon Szabo; fluosilicate
potassique en cristaux, par l'attaque à l'aide
de l'acide hydrofluosilicique d'après Boricky.
Inattaquable par les acides chlorhydrique et sulfurique.

Lepidolite. — Mica lithique, coloré en rouge
fleur de pêcher; réaction de flamme rouge du lithium. Au point de vue optique $=$ Muscovite.
Contenant toujours du lithium et du fluor; dans la
varité **Zinnwaldite**, avec des oxydes de fer et d'autres métaux.

Paragonite. — Mica sodique, finement écailleux,
à éclat argenté; écartement notable des axes optiques; réaction de flamme du sodium d'après
Szabo et fluosilicate de sodium par le procédé
Boricky. **Damourite**, analogue.

Margarite(Mica perlé). — Biaxique; position nettement oblique de l'image des axes, de sorte que,

dans les lamelles de clivage, le pôle de l'un d'eux n'est plus dans le champ du microscope. **Fuchsite** (mica chromifère) biaxique (distinction d'avec la chlorite, etc.).

Séricite. — Fibreuse, écailleuse; polychroïsme notable; le rayon vibrant dans la direction de l'axe vertical, jaunâtre et clair; le rayon vibrant dans la direction de la base, vert et plus foncé. Polychroïsme visible aussi dans les lamelles basales. Couleurs de polarisation vives. Dans les lamelles basales, figure d'interférence, avec écartement peu considérable des axes. Attaquée par l'acide sulfurique concentré.

Biotite—(Méroxène, mica magnésien). Ordinairement fortement colorée, brun foncé, verte, presque noire et alors transparente seulement dans les lamelles très minces (lépidomélane). Polychroïsme très accentué, dans les sections parallèles à l'axe vertical. Le rayon vibrant perpendiculairement à cet axe est fortement absorbé; donc, la section est presque noire lorsque les stries de clivage sont parallèles à la section principale du Nicol inférieur; si elles lui sont perpendiculaires, coloration plus claire (distinction d'avec la tourmaline dans laquelle les rayons vibrant dans la direction de l'axe vertical sont absorbés). Extinctions parallèles et perpendiculaires aux côtés, dans toutes les sections (distinction d'avec la hornblende; dans celle-ci également, l'absorption est la plus forte pour les rayons vibrant parallèlement à l'axe vertical, ainsi donc, parallèlement aux lignes de clivage; mais elle n'est très nette que dans les sections s'éteignant obliquement, c'est-à-dire plus ou moins parallèles au clinopinacoïde ou plan de symétrie G^1 ; dans les sections de la zone de l'axe horizontal, la différence de coloration est beaucoup plus restreinte). Dans les lamelles basales de clivage de la Biotite, l'angle des axes optiques est ordinairement si petit qu'elles paraissent uniaxes. Cependant, cet angle est parfois assez grand et paraît même atteindre jusque 60°. Alors, les lamelles basales sont également polychroïques. L'association à d'autres micas (Muscovite) n'est pas rare. Interpositions de magnétite et d'Ilménite, parfois accumulées dans les joints de clivage. Altération en chlorite et transformation des Biotites très ferrifères en magnétite. Auréoles de magnétite autour de la Biotite (comme autour de la hornblende) par une refusion partielle.

Composition : mélange chimique de K^2O. (H^2O). $Al^2O^3.2SiO^2$ et de $2MgO.SiO^2$, dans le rapport de 1 : 1 à 1 : 2, habituellement. A la place de l'alumine, on trouve aussi de l'oxyde ferrique et, au lieu de la magnésie, de l'oxyde ferreux, en diverses proportions. Les Biotites foncées très riches en fer, sont

facilement fusibles. La Biotite n'est pas attaquable
par l'acide chlorhydrique, mais l'est complètement
par l'acide sulfurique concentré, à chaud, avec
formation d'un squelette de silice ; la Biotite un peu
altérée est décolorée par l'acide chlorhydrique.
Réactions de la magnésie et du fer par la formation de fluosilicates dans le procédé Boricky.
Preuve du magnesium par le phosphate sodique
suivant Behrens.

Rubellane. — C'est une Biotite devenue rouge bri-
que par altération, avec assez grand écartement
des axes optiques.

GROUPE DES AMPHIBOLES ET DES PYROXÈNES

Les minéraux de ce groupe, très importants
comme constituants des roches, peuvent se répar-
tir en trois séries :

1. Les pyroxènes orthorhom-
biques.   Prisme de clivage
2. Les pyroxènes clinorhom-   commun de 87°.
biques.

3. Les amphiboles, clinorhombiques : prisme de
clivage de 124° $\frac{1}{2}$.

1. Pyroxènes orthorhombiques. — Ils se présentent dans les roches sous forme de sections allongées ou de cristalloïdes irrégulièrement limités
(formes lobées). Toutes les sections ont une orien-

tation optique parallèle ou perpendiculaire aux
côtés. Le plan des axes optiques est, chez tous, la
protobastite exceptée, parallèle au brachypinacoïde
G^1 ; la bissectrice coïncide avec l'axe vertical c.
Donc, dans les sections basales, figure d'interférence des minéraux à deux axes, très nette ; moins
nette, mais encore visible, dans les sections parallèles au macropinacoïde H^1 ; les espèces riches en
fer sont optiquement négatives, celles qui en sont
pauvres, positives.

a) **Enstatite.** — Ordinairement de couleur claire,
non polychroïque. Caractérisée par un striage
fin, rectiligne, parallèle à l'axe vertical et une fissuration transversale irrégulière (distinction d'avec
le diallage et la bronzite). Ne devient jamais entièrement obscure entre les Nicols croisés, certaines stries interrompues restant toujours claires.
Interpositions allongées, se réunissant à de fines
stries obscures, dans plusieurs directions, mais
perpendiculaires les unes aux autres. Clivages
suivant le prisme et le brachypinacoïde G^1 (seconde face latérale). La **Bastite** et la **protobastite** ne
sont que des variétés d'enstatite. Dans la dernière,
le plan des axes optiques est le macropinacoïde H^1
(première face latérale) ; la sortie des axes peut
donc s'y constater dans les sections suivant la
base et le brachypinacoïde G^1.

b) **Bronzite.**—Brunâtre ou verdâtre. Eclat bronzé sur le brachypinacoïde G^1 ; striage très fin, légèrement ondulé ; absence de fissures transversales. Rarement entièrement obscure entre les Nicols croisés, mais bigarrée, striée et ne s'éteignant pas simultanément dans toutes ses parties. Elle n'est que très faiblement polychroïque.

c) **Hypersthène.**—Couleur rougeâtre ou verte, souvent brun foncé ; éclat rouge de cuivre sur les faces G^1. Nettement polychroïque, les rayons vibrant dans la direction de l'axe vertical, souvent vert clair ; ceux qui vibrent perpendiculairement, rougeâtres. Interpositions : lamelles brunes, violettes et abondantes aiguilles opaques, analogues à celles de l'enstatite.

Composition : les pyroxènes orthorhombiques sont des mélanges isomorphes des silicates : MgO. SiO^2 avec 40 $^0/_0$ de MgO et 60 $^0/_0$ de SiO^2 et FeO. SiO^2 avec $54\frac{1}{2}$ $^0/_0$ de FeO et $45\frac{1}{2}$ $^0/_0$ de SiO^2 ; donc, les plus riches en fer sont les plus basiques. L'enstatite consiste principalement en silicate de magnésie ; la bronzite contient jusque 15 $^0/_0$ d'oxyde ferreux et l'hypersthène davantage ; c'est le terme le plus riche en fer. Non attaquables par les acides. Réactions du magnesium d'après Boricky ou Behrens. Ceux sans fer, infusibles ; ceux riches en fer, facilement fusibles. Poids spécifique $= 3.1$ à 3.5

6

2. **Pyroxènes clinorhombiques.** — Les sections
de cristaux normales à l'axe vertical, octogonales;
parallèles à cet axe, hexagonales symétriques ou
rhomboïdales, avec des angles de $74^0 \frac{1}{2}$; ces dernières parallèles au clinopinacoïde G [1]. Le clivage
s'annonce, dans les sections basales, par des fissures rectilignes, mais courtes, interrompues, se
coupant sous des angles de 87^0. Si la section est
obliquement placée et peu inclinée sur l'axe vertical, les lignes de clivage y forment naturellement deux angles plus aigus et deux plus obtus,
ainsi donc des rhombes, et peuvent alors devenir
hornblendoïdes. Dans les sections parallèles à l'axe
vertical, toutes les lignes de clivage sont parallèles
à cet axe. Quant à la disposition des lignes de clivage, il faut faire attention si l'orientation optique
y correspond.

Les couleurs sont très variables; souvent, en
plaque mince, presque incolores, ou gris violacé,
brun, verdâtre. Le polychroïsme est souvent à
peine visible, surtout dans les teintes neutres gris
verdâtre; plus marqué et parfois assez fort chez les
augites d'un vert intense ou d'un brun violacé, mais
jamais aussi accentué que chez les hornblendes
foncées. Texture zonaire en différentes teintes;
souvent centre vert et zone marginale grise.

Les couleurs de polarisation (souvent dans les
tons bleu-rouge) sont ordinairement très vives,

moins, dans les sections basales. En lumière polarisée convergente, on voit, dans ces dernières sections, le pôle d'un **axe** optique, placé obliquement, mais encore dans le champ du microscope;
dans les sections orthopinacoïdales H[1], un autre
pôle, mais encore plus oblique. Le plan de symétrie G[1] ne montre pas d'image d'axe; il est lui-
même le plan des axes optiques. La ligne moyenne,
direction de l'une des extinctions, forme avec
l'axe vertical un angle de 36° à 44°. Dans les
sections de la zone de l'axe vertical comprises
entre le plan de symétrie G[1] et l'orthopinacoïde
H[1], l'angle d'extinction est d'autant plus petit,
que la section est plus voisine de cette dernière
face. Pour la détermination, on ne doit donc em-
ployer que la valeur maximum de plusieurs sections, notamment de celles sur la position appropriée
desquelles on est fixé par leur forme et leur clivage.
La grandeur de l'angle d'extinction dépend de la
composition chimique du pyroxène ; les variétés
les plus riches en fer possèdent l'angle le plus
faible; l'angle positif des axes optiques augmente
avec la teneur en fer. Tous les pyroxènes sont
optiquement positifs. Les zones différemment colorées, différant au point de vue du mélange
chimique isomorphe, d'une seule et même section
de pyroxène, montrent souvent des différences notables dans la direction de l'extinction.

Inclusions abondantes : vitreuses et gazeuses, magnétite, microlithes de divers minéraux.

Variétés : a) **Diopside ou Sahlite.**— Ce sont les noms réservés aux mélanges isomorphes vert clair de Ca Mg Si^2 O^6, avec 26 $^0/_0$ de CaO, 18 $\frac{1}{2}$ $^0/_0$ de MgO, 55 $\frac{1}{2}$ $^0/_0$ de SiO^2 et de CaFe Si^2 O^6, avec 22 $\frac{1}{2}$ $^0/_0$ de CaO, 29 $^0/_0$ de FeO et 48 $\frac{1}{2}$ $^0/_0$ de SiO^2. Les variétés grenues sont aussi appelées **coccolite.**

b) **Diallage.**— Ressemblant au diopside par sa composition, mais contenant souvent un peu d'alumine. Caractérisé par une désarticulation très finement écailleuse, suivant l'orthopinacoïde H^1 et équivalant à un clivage. Souvent très analogue à la bronzite, mais s'éteignant obliquement dans les sections striées, parallèles au clinopinacoïde G^1 et, dans les sections orthopinacoïdales H^1, montrant la sortie de l'un des axes optiques. Inclusions analogues à celles des pyroxènes orthorhombiques.

c) **Augite.**— Aux deux silicates du diallage s'ajoute encore un silicate d'alumine Mg O. Al^2 O^3. Si O^2. La magnésie est, en partie, remplacée par l'oxyde ferreux ; l'alumine, par l'oxyde ferrique. Le **diopside chromifère** ou **omphacite** est vivement coloré en vert par 1 à 2 $^0/_0$ d'oxyde chromique. L'augite n'est pas attaquée par les acides, l'acide fluorhydrique excepté.

Le produit d'altération le plus caractéristique de l'augite, et plus particulièrement du diallage, est la hornblende ouralitique (voir pp. 89 et 178); elle s'altère aussi d'habitude en épidote, chlorite, talc, serpentine, ordinairement avec production de calcite.

Jadéite. — C'est le nom réservé aux agrégats tenaces, finement fibreux à compactes, d'augite verdâtre; poids spécique = 3. 2 à 3. 3; facilement fusible. Souvent associée à beaucoup de magnétite (chloromélanite) et atteignant par là une densité un peu plus forte (distinction d'avec la néphrite ; voir p. 88).

3. **Amphiboles,** Hornblende. — Clinorhombique. Sections ordinairement hexagonales. Si elles sont normales à l'axe vertical, formées du prisme clinorhombique M et du clinopinacoïde G^1 (angles de $124^\circ \frac{1}{2}$ et de $117^\circ \frac{3}{4}$); si elles sont parallèles à cet axe, avec deux angles très obtus, de 145° et de 148° environ et quatre angles de 105° à 106°. Sections parallèles au plan de symétrie G^1 également, quadrangulaires, rhomboïdales, à angles de 75°. Dans les sections normales à l'axe vertical, les stries du clivage parfait suivant le prisme clinorhombique forment les angles caractéristiques de $124^\circ \frac{1}{2}$ et de $55^\circ \frac{1}{2}$. Si la section se rapproche de l'axe vertical, les angles sous lesquels les

lignes de clivage se coupent se rapprochent de
plus en plus de 90°, et alors le clivage peut pa-
raître analogue à celui de l'augite. Dans les sections verticales, le clivage se montre sous forme
de nombreuses fissures rectilignes, nettes et parallèles.

Les couleurs de la hornblende sont très différentes de celles de l'augite, ordinairement plus intenses, brun foncé, rouge brun, vert foncé; mais il
est aussi des espèces de couleur pâle, gris clair.
Disposition zonaire beaucoup plus rare que dans
l'augite. Le polychroïsne est toujours très marqué;
il est très fort dans les variétés foncées. Les rayons
vibrant dans la direction de plus petite élasticité γ,
c'est-à-dire à peu près parallèlement à l'axe vertical, présentent les tons les plus foncés et la plus
grande absorption. Le polychroïsme et l'absorption
sont le plus remarquables dans les sections suivant le plan de symétrie. L'extinction oblique de
semblables sections les distingue immédiatement
du mica et de la tourmaline.

Les couleurs de polarisation sont très vives,
mais non aussi vives que chez l'augite, fréquemment dans les tons jaunâtres, et avec bords bigarrés au contour de la section ou le long des lignes
de clivage, dans l'intérieur (parce que l'épaisseur
de la section y est plus faible).

Le plan des axes optiques est le plan de symétrie

G^1. L'une des lignes moyennes ou des directions d'extinction fait, avec l'axe vertical, un angle de 15° à 20°. C'est donc la direction d'extinction, par rapport aux lignes de clivage, pour les sections parallèles au plan de symétrie. Pour les sections par un plan parallèle à l'axe vertical, placé entre le plan de symétrie G^1 et l'orthopinacoïde H^1, par exemple, pour les sections suivant le prisme clinorhombique M, l'angle d'extinction est plus petit. Donc, pour la distinction de la hornblende et de l'augite, la valeur maximum de l'angle d'extinction est seule caractéristique. La grandeur de l'angle des axes optiques et de l'angle d'extinction varie avec la composition chimique ; les variétés ferrifères et aluminifères présentent l'angle d'extinction le plus faible. La plupart des amphiboles sont optiquement négatives; il n'y a que quelques variétés, riches en alumine, qui soient positives. En lumière polarisée convergente, on perçoit l'image d'un pôle d'axe dans les sections basales, celle d'un autre dans les préparations suivant l'orthopinacoïde H^1 ; toutes deux sont obliques; dans ces dernières coupes, cependant, le milieu de la figure d'interférence est visible.

Les associations de hornblende et d'augite (diallage), à axes verticaux parallèles, ne sont pas rares. Abondantes inclusions vitreuses, gazeuses et minérales. Fréquemment, bords foncés d'un minéral

opaque (magnétite), entourant la hornblende arron-
die et corrodée, par suite d'une refusion partielle;
souvent, la hornblende est totalement remplacée
par ce minéral; altération analogue à celle du
mica. Les produits d'altération sont : l'épidote, le
mica, la chlorite, la serpentine, etc.

Suivant la composition chimique et la couleur
on distingue notamment :

a) **Les Trémolites (Strahlstein).** — Couleur claire.
Ce sont des mélanges isomorphes des deux silicates Ca Mg^3 Si^4 O^{12}, avec 13 % de CaO, 29 %
de MgO, 58 % de SiO^2 et Ca Fe^3 Si^4 O^{12}, avec
11 % de CaO, 42 % de FeO et 47 % de SiO^2.

b) **Les Hornblendes** communes, foncées ou noires,
qui, outre ces deux silicates, contiennent encore un
silicate aluminico-sodique (existant presque pur
dans la glaucophane; voir p. 89).

La trémolite verte est aussi nommée **actinolite**;
y appartient encore la **smaragdite**, vert d'herbe, de
forme allongée. Les trémolites finement fibreuses,
capillaires, sont de l'**asbeste**.

Néphrites. — Ce sont des agrégats d'actinolite en
fines fibres enchevêtrées ou compactes, de dureté
et de ténacité notables, difficilement fusibles ou
infusibles. Poids spécifique = 2. 9 à 3 (distinction d'avec la jadéite). Contenant souvent de la
magnétite, parfois de la pyrite, du grenat, de la

Cordiérite, etc., ainsi que des restes de diallage, parce qu'elle provient, en partie, du gabbro.

Ouralite.— C'est un agrégat de fines fibres parallè_ les de hornblende, sous forme d'augite (découvert par G. Rose dans l'Oural); elle est assez répandue. La pseudomorphose n'est souvent que partielle; alors une zone de hornblende fibreuse entoure le noyau d'augite, avec position parallèle des axes verticaux. Dans les sections clinopinacoïdales G^1, la différence de direction d'extinction des deux minéraux est alors tout à fait caractéristique.

Glaucophane (Amphibole sodique).—Forme et clivage de la hornblende; de couleur bleu violacé ou bleu noirâtre; polychroïsme très vif : dans les sections parallèles au plan de symétrie G^1, le rayon vibrant dans la direction de l'axe d'élasticité γ et presque parallèlement à l'axe vertical est bleu foncé; le rayon vibrant normalement, suivant α, presqu'incolore; dans les sections suivant l'orthopinacoïde H^1, différence de coloration plus restreinte : $\gamma =$ bleu foncé; $\beta =$ bleu rougeâtre. Direction d'extinction très faible $4°$ à $7°$ dans le plan de symétrie; dans l'orthopinacoïde H^1, la figure d'interférence est entièrement visible. Optiquement positive. Le silicate aluminico-sodique $Na^2 Al^2 Si^4 O^{12}$ domine dans la composition.

CHRYSOLITE, OLIVINE OU PÉRIDOT

Orthorhombique. Sections octogonales symétriques, suivant les trois plans contenant deux axes cristallographiques ; hexagonales, suivant les plans de la zone de la macrodiagonale (axe **b**) ; au-dessus et en dessous, angle aigu de 80° 53' formé par le brachydome aigu E $\frac{1}{4}$. Dans ces sections, l'image d'interférence des cristaux à deux axes est visible en lumière polarisée convergente ; dans les sections contenant la brachydiagonale (axe **a**), on ne voit que les hyperboles. Le plan des axes optiques est la base, l'axe court **a** est la ligne moyenne. Sections irrégulières, présentant généralement un pôle d'axe placé obliquement, dans les plaques minces. Couleur vert olive clair ; presqu'incolore dans les préparations. Polychroïsme nul, ordinairement. Couleurs de polarisation vives ; dans les préparations qui ne sont pas trop minces, couleurs rouge et verte intenses, réparties sous forme de taches.

Clivage sur M, généralement invisible ; donc, sections irrégulièrement fissurées. Sa nature cassante, friable détermine une rugosité ondulée particulière de ses faces polies. Riche en interpositions : microlithes, inclusions vitreuses, gazeuses et liquides, magnétite, souvent remarquablement abondante, par un commencement de refusion ; picotite vert brun,

Le phénomène d'altération en serpentine et en produits comprenant du carbonate de magnésie et du fer est tout à fait caractéristique. Fissurée par hydratation, par suite de l'augmentation de volume. Des fissures, partent des produits fibreux, parallèles ou enchevêtrés, de couleur verte ou rouge, se transformant finalement en un agrégat rayonnant; ces produits affectent une disposition réticulaire, et laissent entre eux des noyaux d'olivine fraîche, comme remplissage des mailles. Magnétite de formation récente, surtout le long des veines réticulaires. Les olivines riches en magnésie donnent naissance à des produits d'altération blancs, en tous cas avec de la magnétite, et les ferrifères, à des produits verts ou couleur de rouille. Altération poussée fréquemment jusqu'à disparition complète de la substance de l'olivine : pseudomorphoses de serpentine, d'oligiste et de limonite en olivine. Poids spécifique $= 3. 3$ à $3. 6$.

Composition : mélange isomorphe de deux silicates fondamentaux, $Mg^2 SiO^4$ avec 57 °/₀ de MgO, 43 °/₀ de SiO^2 (existant seul sous le nom de Forstérite) et de $Fe^2 SiO^4$ avec $70 \frac{1}{2}$ °/₀ de FeO et $29 \frac{1}{2}$ °/₀ de $Si O^2$ (dominant dans la Fayalite). Seules, les variétés très ferrifères sont fusibles et ce, difficilement; au rouge, l'olivine devient rouge; elle est attaquable par l'acide chlorhydrique, plus facilement, si elle est ferrifère, avec dépôt de silice pulvérulente ou gélatineuse ; elle forme également gelée avec l'acide sulfurique.

APATITE

Hexagonale. Sections hexagonales régulières, parallèles à la base ; rectangulaires allongées (parfois terminées en pointe aux deux extrémités), parallèlement à l'axe vertical. Uniaxe et négative. Sections basales, obscures dans toutes leurs positions entre les Nicols croisés ; sections allongées, s'éteignant parallèlement et perpendiculairement aux côtés. Ordinairement incolore ; si elle est colorée, absorption faible des rayons vibrant dans la direction de l'axe vertical (distinction d'avec la néphélite). Polarisant assez vivement. Inclusions pulvérulentes, accumulées au centre ou à la périphérie. Les cristaux minces sont souvent brisés et les différents fragments, réunis comme les perles d'un collier.

Composition : mélange isomorphe de $Fl Ca^5 P^3 O^{12}$ et de $Cl Ca^5 P^3 O^{12}$ ou $3 Ca^3 P^2 O^8 + Ca (Cl, Fl)^2$. Soluble dans l'acide chlorhydrique, sans résidu siliceux (distinction d'avec la néphélite). Réaction de l'acide phosphorique, selon S t r e n g, par l'attaque de la préparation à l'aide de l'acide nitrique et la précipitation au moyen du molybdate ammonique (précipité jaune autour de la section d'apatite).

CORDIÉRITE

Orthorhombique. Analogue à un prisme hexagonal. Sections basales, hexagonales ou dodéca-
gonales (arrondies), presque régulières. Sections
parallèles à l'axe vertical, rectangulaires allongées,
carrées ou octogonales, également avec angles
arrondis (combinaison : M G^1 B^1 E^1). Clivage
marqué suivant le brachypinacoïde G^1 ; donc, dans
les sections verticales, fissures parallèles (distinc-
tinction d'avec le quartz); division transversale
également. Macles rares suivant le type de l'aragonite : dans les sections basales, six secteurs,
orientés de façon différente; dans les sections verticales, deux ou trois lamelles parallèles.

Couleurs de polarisation, vives; dans les plaques
minces, incolore ou faiblement bleuâtre, comme le
quartz. Mais, dans les sections basales, figure d'interférence à deux axes, en lumière polarisée convergente. Ces sections en lumière monochromatique (produite au moyen de verre rouge) deviennent
obscures, comme celles de quartz, par une petite
rotation du Nicol supérieur, en suite de la polarisation rotatoire. Dans les sections verticales de la
Cordiérite, les hyperboles de la figure d'interférence sont tantôt visibles (sections sur G^1); tantôt
elles ne le sont pas. Un échauffement ne dépassant
pas 200° fait déjà reconnaître de notables change-

ments de la figure d'interférence. Le polychroïsme est utilisé, avant tout, pour la distinction d'avec le quartz : les plages basales paraissent bleu foncé, les sections verticales, incolores (G¹) ou gris bleu (H¹).

Transformée souvent, à la périphérie ou à l'intérieur, en produits d'altération colorés en verdâtre ou en gris (pinite, aspasiolite, Fahlunite, etc.). Renfermant des agrégats en aigrettes, finement fibreux, feutrés ou entrelacés de Sillimanite. Interpositions de pléonaste, de pyrrhotite, de petits cristaux et granules incolores de zircon, ces deux derniers entourés d'une auréole fortement polychroïque (jaune orange et incolore). De telles zones polychroïques existent aussi le long des fissures.

Composition $= 2\,Mg\,O.\,2\,Al^2\,O^3.\,5\,Si\,O^2$. Une partie du magnesium peut être remplacée par du fer. Difficilement fusible et peu attaquable par les acides. Preuve du magnesium par l'attaque au moyen de l'acide hydrofluosilicique d'après Boricky. Réactions du magnesium, par la formation du phosphate magnésique et de l'alumine, à l'aide du chlorure de cœsium, par la production de petits cristaux d'alun cœsique selon Behrens.

ZIRCON

Tétragonal. Dans les roches, formes ordinairement très petites, arrondies, ou petits cristaux à

contours nets, pyramidaux et prismatiques courts.
Incolore ou jaune rougeâtre, non polychroïque.
Biréfraction forte et couleurs de polarisation très
vives, vertes et rouges (plus vives que celles du
rutile). Détermination éventuelle de l'indice de réfraction, d'après Thoulet et Michel Lévy. Pas
de lamelles maclées enchevêtrées et pas de macle
multiple, comme dans le rutile.

Composition = $Zr O^2$. $Si O^2$, avec $67^0/_0$ de ZrO^2
et $33 \, ^0/_0$ de $Si O^2$. Infusible; s'il est coloré, se déco-
lorant facilement au rouge (le rutile pas, voir
p. 96). Attaqué par l'acide sulfurique, à chaud;
réaction du zirconium dans la dissolution (précipité blanc difficilement soluble, par le sulfate potassique). Pour la distinction d'avec le rutile,
preuve de l'acide silicique, par fusion d'un petit
grain avec la soude et formation de petits cristaux
de fluosilicate de soude, par l'acide fluorhydrique
d'après Boricky; réaction du zirconium, par fusion
avec le carbonate sodique selon M. Lévy et
L. Bourgeois. Séparation facile des autres éléments à l'aide de la solution de borotungstate de
cadmium, par suite de son poids spécifique élevé =
4. 5 à 4. 7.

RUTILE

Tétragonal. Petits cristaux de formes souvent
très nettes $(G^1 MA^1 B^1)$, toujours prismatiques, jamais

courts ni pyramidaux, comme dans le zircon ; souvent en grains arrondis, irréguliers. Fréquemment en longues aiguilles, parfois minces comme de simples traits (aiguilles des phyllades). Caractéristique est la tendance à l'hémitropie suivant deux lois, les petits prismes formant entre eux des angles de 114° et de 126° respectivement. Macles multiples fréquentes et association d'étroites lamelles maclées. Couleur jaune rouge à brun ; polychroïsme non toujours constatable. Autour d'un centre transparent, souvent un bord opaque, à éclat métallique (Ilménite). Plus faiblement biréfringente que le zircon, encore assez vivement, cependant, mais polarisation dans les tons rouges toujours.

Composition $= Ti\,O^2$. Infusible ; il ne se décolore pas au rouge (distinction d'avec les zircons colorés), mais il prend un éclat métallique bleu superficiel. Réaction de l'acide titanique avec le bioxyde d'hydrogène suivant Schönn ; isolement par différence de densités ou par les acides d'après Cathrein et Sauer. Réaction au chalumeau avec le sel de phosphore selon G. Rose et A. Knop. Attaque de la préparation par l'acide fluorhydrique et le carbonate potassique, coloration bleue, devenant rose rouge par l'eau, aux endroits occupés par le rutile, après introduction dans l'amalgame de sodium.

Anatase ou **Octaédrite**. — Sections carrées (basales) ou rhomboïdales (verticales). Clivage marqué, parallèle aux contours de la pyramide. Coloré en bleu et en jaune mouchetés. Polychroïque, dans les sections verticales. Le rayon vibrant suivant la base, bleu foncé, généralement; celui qui vibre dans la direction de l'axe vertical, plus clair. Dans les sections basales, figure d'interférence uniaxe. Composition = rutile.

Le zircon, le rutile et l'anatase sont très répandus dans beaucoup de roches.

Brookite. — En tablettes brunes ou jaunes, polychroïques, polarisant vivement; figure d'interférence uniaxe très caractéristique; ne se présente que très rarement comme élément microscopique de roches.

SPHÈNE OU TITANITE

Clinorhombique; sections rhomboïdales, rectangulaires arrondies et trigonales, et grains irréguliers, souvent ellipsoïdaux. Macles: les joints de macle, situés dans la longue diagonale du rhombe. Incolore, jaune ou brun jaune. Polychroïsme notable: couleur rougeâtre particulière ou jaune, pour les rayons vibrant suivant la courte diagonale du petit rhombe; incolore, pour ceux qui vibrent perpendiculairement. Biréfraction faible

7

et, par suite, couleurs de polarisation peu vives, mais seulement, alternance d'obscurité et de gris bleu clair ou de jaune blanchâtre. Dans les sections à contours rhomboïdaux (zone de l'axe de symétrie **b**), si elles sont parallèles à la face A², l'image des axes, très caractéristique, avec forte dispersion ; donc, les bras hyperboliques frangés de couleur, d'un rouge vif à l'intérieur, bleus extérieurement. Dans d'autres sections de cette zone, le pôle de l'un ou l'autre axe optique, car le plan des axes est le plan de symétrie.

Composition $= Ca\ Ti\ Si\ O^5$. Réaction de l'acide titanique, comme pour le rutile. Attaqué par l'acide sulfurique (distinction d'avec la Pérowskite).

Des agrégats laiteux, troubles, jaunâtres et grenus qui se montrent autour et dans l'Ilménite et le rutile, sous forme de bords ou de liserés, se comportant comme assez indifférents entre les Nicols croisés, et ne laissant voir la figure d'interférence caractéristique de la titanite que dans quelques grains plus volumineux, en lumière polarisée convergente, ont été appelés **leucoxène** et **titano-morphite** et ont été déterminés chimiquement comme de la titanite.

Pérowskite. — Petites sections carrées brunes, noir jaunâtre, gris violet ou rougeâtres, ou bien granules octogonaux, arrondis, grenatiformes, à surface un peu rugueuse ; également, irrégulièrement déchiquetés. Faiblement biréfringente et gris bleu ou gris violacé, en lumière polarisée. Composition= Ca Ti O³, à peine attaquable par l'acide sulfurique ; réaction de l'acide titanique.

GRENATS

Cubiques. Ordinairement sous forme de rhombo- dodécaèdres et présentant donc des sections hexa- gonales ou carrées. Agrégats grenus, sans clivage apparent, donc irrégulièrement fissurés. Acciden- tellement, à fissures parallèles par pression. Colo- rés dans les tons rouges, souvent presque incolores en plaques minces ; mais alors, les grenats noirs sont encore bruns par transparence ; coloration zonaire souvent remarquable ; isotropes, mais acci- dentellement biréfringents ou striés, ou présentant la structure en secteurs. Cristaux négatifs et autres inclusions à l'intérieur. Les interpositions rarement disposées régulièrement suivant les rayons. Altérés marginalement en produits fibreux, par exemple, en chlorite et actinolite. Enveloppement des grains de grenat, en forme de coquille de noix, par du pyroxène, de l'amphibole, etc. (Kelyphite ; voir p. 203.)

Dans les roches, sont presque uniquement im- portants l'almandine Fe³ Al² Si³ O¹², le **pyrope**, rouge sang, Mg³ Al² Si³ O¹² et les variétés composées isomorphes, par exemple, la **Spessartite** Mn^3 Al^2 Si^3 O^{12} et la **mélanite** noire Ca^3 Fe^2 Si^3 O^{12}.

TOURMALINE

Hexagonale - rhomboédrique. Cristaux prismatiques allongés, fissurés transversalement ; sections basales triangulaires à angles arrondis, E^2 étant trigonal par suite de l'hémimorphisme. Couleurs brun, gris bleu et rougeâtre, souvent réparties en zones. Dichroïsme très marqué et absorption des rayons vibrant suivant l'axe vertical. Donc, si celui-ci est parallèle à la section principale du Nicol inférieur, la préparation est presque noire ; les sections basales sont souvent bleues, par transparence. Cette manière de se comporter, l'absence de clivage et l'orientation parallèle et perpendiculaire des sections verticales, la distinguent de la Biotite et de la hornblende. Les sections basales présentent l'image d'interférence uniaxe. Altération en substance pinitoïde, reconnaissable dans la décoloration zonaire, les différentes bandes donnant la polarisation d'agrégats fibreux. Inclusions de différentes sortes.

Comme élément des roches, la tourmaline commune noire est presque seule d'importance. Na H O. Bo^2 O^3. 3 Al^2 O^3. 4 Si O^2 $+$ 5 $(Mg.$ $Fe)$ O. Bo^2 O^3. Al^2 O^3. 5 Si O^2. Les tourmalines noires sont les plus riches en fer. Difficilement fusibles avec bouillonnement. Fondue avec la fluorine et le sulfate acide de potassium, coloration verte de l'acide borique. Réactions de MgO et $Al^2 O^3$ suivant Boricky et éventuellement aussi celles du silicium et du bore selon Behrens.

GROUPE DES SPINELLES

Spinelle. — Cubique, isotrope. Le spinelle noir ou **pléonaste** est brun foncé, transparent en petites sections minces carrées; la **picotite** ou spinelle chromifère est vert foncé. Souvent, contours irrégulièrement sinueux; centre de structure, comme le grenat. Infusible, se brûle et devient noire et opaque. Composition $= MgO$ (FeO). $Al^2 O^3$ $(Fe^2 O^3)$; accidentellement $Cr^2 O^3$.

Magnétite. — Cubique; sections carrées, hexagonales, souvent allongées; macles également. Souvent, beaucoup de petits cristaux sont agrégés en groupements dendritiques. Grains irréguliers. Opaque, éclat métallique bleu, par réflexion, au microscope. Franges d'altération rouge brun. Si elle est titanifère, également la titanomorphite (voir p. 98). Magnétique. Soluble dans l'acide chlorhydrique.

Chromite. — Comme la magnétite; ponctuations en violet; non magnétique.

MINÉRAUX UTILES

Oligiste. — Hexagonale-rhomboédrique. Petites

lamelles hexagonales, souvent allongées ou lenticulaires, rouges ou brunes par transparence, non
dichroïques, indifférentes en lumière polarisée, à
éclat métallique, par réflexion, quand elles sont un
peu plus grandes.

Pyrite. — Cubique. Sections opaques carrées ou
hexagonales, grains irréguliers; éclat métallique
jaune, par réflexion; bord d'altération brun rouge
et auréole de même couleur.

Ilménite. — Hexagonale-rhomboédrique. La plupart des cristaux tabulaires possèdent des sections
hexagonales ou allongées, souvent en zig-zag.
Reflet métallique, comme la magnétite. On la
distingue de celle-ci (pour autant que celle-ci ne soit
pas titanifère) par l'entourage de produits d'altération blanchâtres, appelés titanomorphite (titanite),
qui traversent souvent, sous forme de bandes, les
sections d'Ilménite, de sorte qu'à la fin, il ne
demeure plus entre eux que des restes noirs
squelettiformes. Pour sa distinction d'avec la
magnétite, on peut aussi utiliser son insolubilité ou
son attaque difficile par l'acide chlorhydrique et ses
propriétés magnétiques faibles ou nulles. Bouillie
dans l'acide sulfurique concentré, elle prend une
couleur bleue; réactions de l'acide titanique (voir
p. 96).

ÉPIDOTE

Clinorhombique : cristaux prismatiques ; sections souvent en bandelettes allongées dans la direction de l'orthodiagonale (axe **b**), fissurées en long et divisées transversalement ; souvent réunies en faisceaux. Plus souvent, sections rhomboïdales, suivant G^1. Les bandelettes présentent toutes une extinction parallèle et perpendiculaire ; dans les petits rhombes, la direction d'extinction ne s'écarte que de 3° environ de la diagonale (axe vertical **c**). Accidentellement, macles visibles au microscope, dans les sections suivant G^1, où la ligne de macle coïncide en direction avec la diagonale du rhombe ; directions d'extinction symétriques des deux côtés, sous des angles de 3°. Verdâtre, jaune ou incolore. Polychroïsme notable : les rayons vibrant dans la direction de l'axe de symétrie **b** (parallèlement à la direction d'allongement des bandelettes) sont jaunes ; les rayons vibrant perpendiculairement, incolores. Double réfraction très forte ; donc, couleurs de polarisation très vives (vert et rouge). Le plan des axes optiques est normal à l'axe de symétrie **c** ; donc, dans les sections prismatiques, le pôle de l'un des axes est souvent visible, assez souvent, même, ceux des deux axes, en lumière polarisée convergente.

Composition = mélanges isomorphes des deux

silicates H^2 Ca^4 Al^6 Si^6 O^{26}, avec 25 $^0/_0$ de Ca O
34 $^0/_0$ d'Al^2O^3, 39 $^0/_0$ de SiO^2 et H^2 Ca^4 Fe^6 Si^6 O^{26}
avec 21 $^0/_0$ de Ca O, 44 $^0/_0$ de Fe^2O^3 et 33 $^0/_0$ de
SiO^2, plus environ 2 $^0/_0$ de H^2O. Le premier de ces
deux silicates cristallise aussi, isolément, dans le
système orthorhombique, sous le nom de **zoisite**.
A peine attaquée par les acides, si elle n'a pas été
portée au rouge précédemment.

Zoisite.— Orthorhombique; se rapproche fort de
l'épidote par ses propriétés optiques. Les bandelettes fissurées en long présentent une division
transversale rectiligne marquée. Les sections rhomboïdales (basales) ont des angles de 116° $\frac{1}{2}$ et s'éteignent parallèlement aux diagonales. Non poly-
chroïque, si elle est colorée; ordinairement,
presqu'incolore. Dans les sections allongées, un
ou deux pôles d'axes, en lumière polarisée convergente. Couleurs de polarisation vives, comme dans
l'épidote.

GROUPE DU TALC ET DES CHLORITES

Talc.—Lamelles squamiformes, à contours hexagonaux ou rhombiques. Grisâtre ou incolore, sans
polychroïsme. Polarisation faible, colorée; les
lamelles de clivage montrent une figure d'interférence à deux axes, les vertes, avec un angle un peu
plus petit que les incolores. Composition = H^2O.

3 Mg O . 4 Si O², avec 63 $\%$ de Si O², 32 $\%$ de Mg O
et 5 $\%$ de H² O. Insoluble dans les acides, brillant
fortement au chalumeau.

Chlorite. —Lamelles hexagonales ; couleur ordinairement verte, avec polychroïsme exceptionnellement fort et net. Polarisation chromatique souvent
très faible. Figure d'interférence, presque ou tout
à fait uniaxe. Agrégats confus et fibro-radiés.
Composition : silicates hydratés de magnésium et
d'aluminium (fer) en différentes proportions. Les
chlorites riches en fer, remarquablement attaquées
par l'acide chlorhydrique, les autres pas ; pourtant,
elles sont complètement désagrégées par l'acide
sulfurique concentré (distinction d'avec le talc).
Réactions de l'alumine et de la magnésie d'après
Behrens.

Helminthe. —Prismes tordus, vermiformes, composés de lamelles empilées de chlorite polychroïque.

Ottrélite. —Lamelles hexagonales et étroites bandelettes de couleur verte ou jaune verdâtre. Dans
les bandelettes, indices d'un clivage basal incom-
plet, non micacé ; fissures transversales également.
Entre deux parties vertes, convexes vers l'intérieur,
limitées par les longs côtés, plages cunéiformes
jaunes aux deux extrémités. Lamelles hexagonales non polychroïques. Polychroïsme dans les

bandelettes : couleur verte, avec faible absorption
pour les rayons vibrant parallèlement à la direction
d'allongement; jaune clair, perpendiculairement.
Extinction zonaire irrégulière entre les Nicols croisés. Couleurs de polarisation ternes; image d'axes
indistincte, placée obliquement, dans les lamelles
basales.

Chloritoïde.—Analogue, mais polychroïsme plus
fort dans les lamelles basales, également; dans
celles-ci, figure d'interférence à deux axes distincte,
placée un peu obliquement.

Toutes deux sont des silicates de fer et d'aluminium hydratés, la première contenant également
Mn 0, la seconde Mg 0. Inattaquables par l'acide
chlorhydrique, attaquées complètement par l'acide
sulfurique.

Sous les noms de **viridite**, de **diabantachronnyne**
et de **chloropite**, on désigne des agrégats radiés, à
fibres parallèles ou enchevêtrées, de couleur verte,
en partie polychroïques, en partie point, plus ou
moins fortement biréfringents et polarisant, facilement attaquables par l'acide chlorhydrique (distinction d'avec la chlorite); ces agrégats existent
notamment dans les diabases, comme produits
d'altération.

Serpentine. —Masses compactes, sans texture

apparente ou fibreuses, ordinairement de couleur verdâtre, à texture réticulaire remarquable ; dans les veines constituant les mailles, souvent de la magnétite secondaire. Souvent aussi, dans l'intérieur des mailles, des noyaux de la substance minérale originelle dont la serpentine est sortie : olivine, hornblende, augite, diallage. Polychroïsme restreint ou même inappréciable. La texture fibreuse ou fibro-radiée apparaît immédiatement entre les Nicols croisés ; rarement, couleurs de polarisation vives.

Composition : silicate de magnésie hydraté. Infusible ; attaquable par l'acide chlorhydrique et plus facilement encore, par l'acide sulfurique, avec dépôt de silice gélatineuse.

Chrysotile. — Serpentine en veines à fibres parallèles, à éclat soyeux, à texture souvent analogue à celle de la calcédoine, résultant de la superposition de lits composés de fibres d'épaisseurs différentes.

Zéolites. — Agrégats fibro-radiés, dans les cavités des roches, et semblables aux précédents, au microscope. Entre les Nicols croisés, croix noire des sphérolithes. Formes rarement reconnaissables de la natrolite, par exemple, résultant de l'altération de la néphélite : longues aiguilles à section carrée et à terminaison pyramidale. **Analcite**, sections octogonales isotropes.

GROUPE DE L'ANDALOUSITE

Andalousite. — Orthorhombique. Généralement, bandelettes allongées; plus rarement sections basales presque rectangulaires. Groupements fasciculés ou fibro-radiés. Couleur grise, blanc jaunâtre ou rougeâtre. Polychroïsme fort et très remarquable : le rayon vibrant dans la direction d'allongement des bandelettes (parallèlement à l'axe vertical), rouge; perpendiculairement, incolore ou avec ponctuation en verdâtre. Les points rouges, souvent disposés en lignes droites, envahissent rarement toute la section ; souvent, plages rouges et jaune clair à côté les unes des autres. Polarisation chromatique vive. Devenant fibreuse et verdâtre par altération. Substance opaque, noire, intercalée (charbon ou graphite). Si cette substance est distribuée régulièrement en croix, dans les sections carrées, suivant leurs diagonales, avec empâtement carré au centre et aux angles, on nomme cette variété **chiastolite**.

Composition = $Al^2 O^3$. $Si O^2$ avec 63 % d'$Al^2 O^3$ et 37 % de $Si O^2$. Au chalumeau, infusible; devenant difficilement trouble au rouge et alors, ne polarisant plus si vivement; devenant bleue avec le nitrate de cobalt. Inattaquable par les acides.

Sillimanite. — Orthorhombique. Agrégats filamen-

teux, asbestiformes, incolores ou colorés. Toutes
les fibres s'éteignent parallèlement et perpendiculairement, entre les Nicols croisés. En plaques
minces, sections rhomboïdales (angles de 69°),
striées transversalement suivant la base. Dans les
variétés colorées, polychroïsme très vif; variété
bleue : rayon vibrant dans le sens de l'allongement,
bleu foncé, perpendiculairement, incolore ; variété brune ; brun de café et jaune d'or. Composition = Andalousite.

Cyanite (Disthène). — Clinoédrique. Agrégats en
fines aiguilles ou fibreux, curvilignes, ou encore
petits cristaux isolés allongés. Les bandelettes
striées dans le sens de la longueur ou fibreuses;
stries transversales faisant un angle de 4° avec
l'axe d'allongement. Dans les sections rhomboïdales
(angle de 106°, extrémités tronquées), fissures
suivant les deux directions de clivage parfait, parallèles aux côtés des rhombes. Ces sections présentent
des extinctions presque parallèles et perpendiculaires entre les Nicols croisés. Dans les sections
allongées, l'angle d'extinction atteint 30°, par rapport à l'axe d'allongement, sur les faces de clivage
M et seulement 1° à 2° sur les autres faces de clivage T. Ces dernières sections polarisent très vivement et paraissent zonaires, par suite de macles, entre
les Nicols croisés, certaines parties ne s'éteignant

pas. Sur les faces de clivage M, on voit, en lumière polarisée convergente, le pôle d'un axe, placé obliquement. Couleur dans les tons ordinairement bleuâtres, avec polychroïsme notable, mais difficilement constatable dans les lamelles très minces, au microscope : les rayons vibrant parallèlement à la direction d'allongement des sections allongées sont bleus; perpendiculairement, incolores. Très caractéristique est la différence de dureté sur M, beaucoup plus forte transversalement que longitudinalement. Très pauvre en inclusions. Composition = Andalousite.

Staurolite. — Orthorhombique. Couleur brun rouge; en sections hexagonales (basales) ou rectangulaires allongées (verticales). Polychroïsme très beau : les rayons vibrant parallèlement à l'axe vertical, brun rougeâtre; perpendiculairement, jaune clair. Polychroïsme très faible dans les sections basales. Les sections hexagonales montrent, en lumière polarisée convergente, la figure d'interférence à deux axes; branches d'hyperboles visibles également dans les sections verticales suivant G^1. Inclusions de différentes espèces ; principalement, des grains de quartz. Association régulière avec la cyanite. Composition = silicate d'alumine contenant de l'oxyde ferreux, de la magnésie et un peu d'eau basique.

CORINDON

Hexagonal-rhomboédrique. Rarement important au point de vue pétrographique et seulement, alors, sous forme de **saphir**, bleu. Cristaux hexagonaux, prismatiques ou tabulaires. Sections basales, hexagonales, de coloration variable, zonaire. Sections verticales, polychroïques : les rayons vibrant parallèlement à l'axe vertical sont bleus et, perpendiculairement, incolores ou verdâtres (le **rubis** sans polychroïsme). Les sections basales présentent des figures d'interférences tantôt à un, tantôt à deux axes, ces dernières dues en partie à des tensions zonaires et au croisement de lamelles de clivage visibles aussi dans les sections verticales. Couleurs de polarisation vives. Composition : $Al^2 O^3$. Infusible, insoluble dans les acides; dureté considérable. L'**émeril** est du corindon grenu mêlé à de la magnétite et de l'oligiste.

WOLLASTONITE

Clinorhombique. Bandelettes et lamelles allongées dans le sens de l'axe vertical ou du second axe secondaire **b**, avec fine fibrosité longitudinale; fissurées transversalement. Incolore. Les bandelettes présentent généralement l'orientation parallèle et perpendiculaire. D'autres, à extinction oblique, atteignant jusque 27° par rapport à la direction d'allongement, sont plus ou moins parallèles au plan de symétrie. Couleurs de polarisation vives. Dans les lamelles suivant le clivage parfait, on aperçoit le pôle de l'un des axes, placé obliquement; dans les lamelles obliques à la fibrosité, une branche d'hyperbole.

Composition $= CaSiO^3$. Attaquée par l'acide chlorhydrique avec dépôt de silice gélatineuse. Elle appartient au groupe des pyroxènes et est rarement importante au point de vue pétrographique (marbres de contact).

Outre ces minéraux, qui se présentent comme éléments propres des agglomérations minérales, il existe cependant aussi, dans les roches, des agrégats de minéraux qui sont étrangers aux roches dans lesquelles ils se trouvent, c'est-à-dire qui n'appartiennent pas à leur composition propre. On les appelle éléments accessoires et on les distingue, suivant leur mode de formation, sous les noms de concrétions ou de secrétions. Toutes deux sont, cependant, pour les roches dans lesquelles elles se trouvent, des éléments authigènes (page 15).

Les concrétions se sont formées à l'intérieur

d'une roche, par rapprochement des éléments et
cristallisation autour d'un ou de plusieurs centres et
se présentent sous forme de corps étrangers sphéroïdaux ou ellipsoïdaux, botryoïdes ou réniformes.
Ces concrétions sont, par exemple, des sphéroïdes
de cristaux de gypse disposés radialement, des
sphéroïdes de barytite, des rognons de pyrite ou
de sphérosidérite, les concrétions marneuses tu-
berculées du Loess (Loesskindel), les concrétions
calcaires particulières désignées sous les noms de
kunkurs dans l'Iude, de pierres de Laukas en
Bohême, de pierres d'Imatra en Finlande, de mar-
leker en Suède, de miches en Normandie, de
septaria, etc., et qui existent donc en grande
abondance.

Les secrétions sont toujours subordonnées à
la préexistence, dans la roche, d'une cavité qu'elles
ont remplie par des dépôts successifs. Le processus de formation s'est ainsi poursuivi des parois
de la cavité vers l'intérieur. A ces secrétions, appartiennent, en première ligne, les amandes,
dont il a déjà été question précédemment, dans
les cavités bulleuses des roches ; justement ici, la
matière de remplissage de ces cavités s'est produite dans la roche même, par son altération. Des
filons minéraux, des brèches, les veines, les nids
appartiennent à cette catégorie.

Comme éléments accessoires allogènes des

8

roches, on doit citer encore les inclusions d'autres roches, fragments d'origine clastique, ainsi que les restes de corps organisés, à l'état pétrifié ou minéralisé, qui y sont parfois accumulés en grande abondance.

CHAPITRE V

CLASSIFICATION ET DESCRIPTION DES ROCHES

De même qu'on classe systématiquement, suivant certains fondements, les animaux, les plantes et les minéraux, en classes, familles, genres et espèces, il semble nécessaire aussi de faire la même chose pour les roches, afin de faciliter leur exposition et d'exprimer leurs liaisons. Pourtant, une classification des roches n'est possible que dans un sens beaucoup plus restreint, et il est encore plus impraticable d'y établir des limites stables et consistantes pour les différents termes, que chez les autres corps naturels. Il n'existe que quelques types particulièrement bien caractérisés, auxquels les différentes autres espèces de roches sont

subordonnées, comme termes intermédiaires. Nous
trouvons ainsi, dans la systématique des roches,
des séries dont les termes extrêmes présentent, il
est vrai, de notables différences, mais dont les termes moyens passent de l'un à l'autre sans séparation nette d'aucune espèce. Cela tient non seulement aux proportions des éléments chimiques et
minéraux, mais encore, comme nous l'avons déjà
vu précédemment, aux relations de texture.

Si le nombre des minéraux indiqués comme
entrant dans la composition des roches n'est déjà
pas bien considérable ; si le nombre de ceux qui
jouent un rôle comme éléments essentiels est encore plus restreint, il n'en est pas moins vrai
qu'ils peuvent déjà fournir, par leurs combinaisons, un très grand nombre de variations. Mais ces
minéraux sont loin d'avoir tous une égale valeur
au point de vue de leur fréquence et de leurs associations. Quelques-uns sont très abondants, presqu'universellement répandus ; d'autres, plus rares.
Certains d'entre eux se retrouvent toujours dans
la même compagnie, d'autres sont plutôt indépendants. Ainsi, le quartz se rencontre toujours réuni
à l'orthose et à la sanidine, à l'oligoclase également,
mais rarement aux plagioclases riches en calcium,
de composition basique. La hornblende a, indubitablement, une tendance plus grande à se mélanger
aux feldspaths acides et au quartz, que l'augite,

Si donc l'importance de lois sévères régissant les associations minérales et donnant à certains constituants des caractères exclusifs, comme on en avait établi autrefois, s'est considérablement limitée par la connaissance plus approfondie des éléments des roches, due au microscope, certaines relations sont certes restées établies et trouvent aussi leur interprétation dans la composition chimique des roches cristallines composées. Une classification des roches doit donc, à plus forte raison, être basée, à la fois, sur l'espèce des composants et sur les différences de texture énumérées précédemment; elle ne peut, non plus, être entièrement indépendante des relations géologiques; chez les roches silicatées, particulièrement, les plus anciennes se distinguent des plus récentes par des types de texture très différents.

Les tableaux suivants donnent un aperçu synoptique des roches.

1. — ROCHES SIMPLES

Glace, sel gemme (halite), anhydrite, gypse, calcaire, dolomie, argiles, phosphorite, quartzite, psammite, minerais utiles, charbons, graphite, soufre.

II. — ROCHES COMPOSÉES.

A. — ROCHES SILICATÉES CRISTALLINES MASSIVES

a) Série ancienne

α. — Série acide (Si $O^2 = 80$ à $60\ ^o/_o$ environ (1).
Mica-Amphibole-Augite).

Texture granitique.	Texture porphyrique.	Texture vitreuse.
1. Roches à orthose et quartz.		
Granite	Porphyre quar-tzifère	Rétinite
2. Roches à orthose sans quartz.		
Syénite	Porphyre (sans quartz)	—
3. Roches à orthose et néphélite.		
Syénite éléo-, litique	Porphyre éléo-litique	—

(1) Les valeurs limites indiquées pour Si O^2 ne comprennent pas réellement les valeurs maximum et minimum observées ; elles n'indiquent que les variations de la composition en général, ainsi que les amplitudes des groupes qui s'y rattachent. Les noms de minéraux qui suivent indiquent les éléments des variétés de chaque roche ; ils se combinent, dans la nomenclature, aux noms de roches du tableau. Les premiers sont toujours les plus abondants, les plus importants et les plus caractéristiques pour tout le groupe.

β. — **Série moyenne** (Si $O^2 = 70$ à 50 %. Amphibole-
Mica-Augite).

Texture granitique avec
  tendance au dévelop-
  pement microlithique   Texture porphyrique.   Texture vitreuse.
  (granito-trachytique).

1. Roches à quartz et plagioclases.

Diorite quar-tzifère	Porphyrite quartzifère	Rétinite diori-tique

2. Roches à plagioclases sans quartz.

Diorite	Porphyrite dio-ritique	—

3. Roches à plagioclases et néphélite.

Teschénite

γ. — **Série basique** (Si $O^2 = 60$ à 40 %. Augite-Olivine).

1. Roches à quartz et plagioclases.

Diabase quar-tzifère	Porphyrite dia-basique quar-tzifère	Diabase vi-treuse '

2. Roches à plagioclases sans quartz.

Diabase ⎫	Porphyrite dia-basique	—
Gabbro ⎬ à ou sans olivine	—	—
Norite ⎭	Porphyrite no-ritique	

Texture granitique avec
 tendance au dévelop-
 pement microlithique Texture porphyrique.   Texture vitreuse.
 (granito-trachytique).

3. Roches à plagioclases et olivine.

Mélaphyre   Rétinite méla-

phyrique

4. Roches sans feldspath.

Roche à olivine Porphyrite pi-   —
  ou péridotite   critique
Eclogite

b) Série récente.

α. — **Série acide** (Si O² = 80 à 60 %. Amphibole-

Biotite-Augite).

Textures granito-trachy-
  tique et trachytique. Texture porphyrique.   Texture vitreuse.

1. Roches à quartz et orthose (sanidine).

Rétinite tra-

Trachyte quar-   Lithoïdite   et   chytique

tzifère (Lipa-   Spharolith -   Perlite

rite)   fels   Obsidienne

Ponce

2. Roches à orthose sans quartz.

Trachyte

3. Roches à orthose et néphélite (et leucite).

Phonolite,

Leucitophyre.

β. — **Série moyenne** (Si $O^2 = 70$ à 50%. Amphibole-Mica-Augite).

Texture trachytique.	Texture porphyrique.	Texture vitreuse.

1. Roches à plagioclases et quartz.

Andésite quartzifère	Porphyrite andésitique quartzifère	Rétinite, Perlite, etc., p. p.

2. Roches à plagioclases sans quartz.

Andésite	Porphyrite andésitique	—

3. Roches à plagioclases et néphélite (avec leucite).

Téphrite, Néphélinite, Leucitite,	—	—

γ. — **Série basique** (Si $O^2 = 60$ à 40%. Augite-Olivine).

1. Roches à plagioclases et quartz.

Andésite augitique quartzifère	—	—

2. Roches à plagioclases sans quartz.

Andésite augitique (Andésite à diallage, Andésite à enstatite), sans olivine	—	—

Basalte, Ba-   Dolérite   Verre basal-
salte à dial-   tique
lage, avec   Hyalomélane
olivine   Tachylite

3. Roches à plagioclases et néphélite (avec leucite).

Basalte né-   —   Hydrotachylite
phélitique

Basalte leuci-   —   —
tique

4. Roches sans feldspath.

Magma basal-   —   —
tique, Picrite

B. — ROCHES SCHISTO-CRISTALLINES

a) **Roches à orthose et quartz. Composition
du granite et de la syénite.**

1. Texture grenue,   3. Texture euritique.
granitique.

Gneiss proprement dit   Halleflinta

2. Texture microgra-   4. Texture porphy-
nitique.   rique.

Granulite (Leptynite)   Porphyroïde à or
                          those

b) **Roches à plagioclases et quartz. Composition
de la diorite et de la diabase.**

1. Texture grenue.   3. Texture euritique.

a. Amphibolite ou   Schiste aphanitique
Schiste dioritique

b. Pyroxénite   ou
  Schiste diabasique
  (Gabbro schistoïde)

2. Texture micrograni-
   tique.
   Trapp granulitique

4. Texture   porphy-
   rique.
   Porphyroïde à pla-
   gioclases

c) **Roches pauvres ou dépourvues de feldspath.**

1. Micaschiste

2. Phyllade (Phyllite,
   micaschiste argi -
   leux)

III. — ROCHES CLASTIQUES

A. — SÉDIMENTS DÉPOSÉS PAR L'EAU

1. Schiste

3. Poudingue (Conglo-
   mérat)

2. Grès

4. Brèche

B. — PRODUITS VOLCANIQUES

1. Tufs

3. Brèches de friction

2. Cendres volcaniques

C. — PRODUITS D'ALTÉRATION ET DE DÉSAGRÉGATION

1. Argiles, Kaolin

2. Sables,   gravier,
   cailloux

I. — ROCHES SIMPLES

1. — GLACE

On distingue, suivant le mode de formation, la neige et la glace.

La neige est un agrégat floconneux de particules cristallines (hexagonales) d'eau congelée, qui se sont formées par le refroidissement de l'humidité atmosphérique et sont tombées sur le sol. Au-dessus de la limite des neiges perpétuelles, la neige reste accumulée en puissants amas mobiles. Par la pression de la masse elle-même, combinée à une refusion produite par l'insolation, se forme le névé, agrégat pur, consistant, de glace grenue. L'accroissement de densité qui en résulte est facilement appréciable par ce fait, qu'un mètre cube de neige floconneuse ne pèse que 85 kilos, tandis que le même volume de névé atteint le poids de 500 à 600 kilos.

La densité devient plus grande avec la profondeur de la masse de névé. La compacité des grains augmente, leur réunion devient plus intime, et, finalement, il se forme une glace presque compacte, d'aspect laiteux, renfermant de nombreuses bulles d'air : la glace des glaciers. Un mètre cube de cette glace pèse de 900 à 1,000 kilos. Le rapport des densités de la neige, du névé et de la glace est donc à peu près de 1 : 5 : 10.

Dans la profondeur du glacier, la glace est homogène, presque transparente, bleuâtre. Elle a pourtant possédé la texture grenue, comme on peut le constater par l'observation optique et par la coloration artificielle de la masse. Les courants de glace qui se développent, sous forme de manteau, dans les vallées des hautes montagnes du continent et, au voisinage des pôles, sur les montagnes et dans les plaines, proviennent de névé.

Les glaciers possèdent un mouvement d'espèce particulière qui détermine une progression et une rétrocession de la masse neigeuse. La cause du mouvement est la pesanteur même de la masse de glace. Le mouvement est rendu possible par une certaine plasticité, faible cependant, de la glace, par la fissuration et la recongélation continuelle de ses petits fragments (regel), par la fluidité et la porosité due à la fusion, sous l'influence de la chaleur solaire et, enfin, par la production de la texture glaciaire et de fissures capillaires en relation intime avec ce phénomène.

Le mouvement donne naissance, dans le glacier, à de nombreuses cassures transversales et longitudinales. Il produit le transport d'importantes masses de roches et leur accumulation régulière

en moraines nommées latérales, médianes, termi-
nales ou frontales et profondes, suivant leur position dans le glacier.

Sur les flancs de la vallée dans laquelle il se
meut, le glacier produit une action polissante,
égalisante (moutonnement) ; il affouille son lit et
entraîne avec lui les matériaux détritiques.

Les extrémités des glaciers polaires descendent
jusqu'au niveau de la mer et s'y détachent en
montagnes de glace flottantes.

Les glaciers sont l'un des instruments les plus
remarquables des forces géo-dynamiques contri-
buant à la transformation de la surface du globe.

La glace résultant du refroidissement immédiat
de l'eau à sa surface (glace du fond des eaux dou-
ces, glace marine) est plus ou moins limpide et
compacte. On doit la considérer comme un agrégat
intime de cristaux de glace ; ce qui le prouve, entre
autres, c'est que des cristaux hexagonaux prismatiques prennent souvent naissance dans les cavités
produites par les bulles d'air enclavées dans la
glace.

2. — SEL GEMME

Le sel gemme, comme roche, est un agrégat
d'individus cristallins du minéral cubique de
même nom (halite), composé de chlorure sodique.
Le clivage remarquable suivant les faces du cube,

la saveur salée et la facile solubilité dans l'eau en sont de bons caractères.

Le mode d'agrégation des divers individus de halite et leur forme déterminent les variétés de texture grenue, laminaire et fibreuse. Il arrive souvent que, dans la masse à gros grains, les divers individus, reconnaissables au clivage, ont plusieurs pieds de grosseur ; dans d'autres cas la roche est saccharoïde. La variété fibreuse résulte de l'allongement des divers individus cristallins dans la direction d'un de leurs axes.

Le sel gemme renferme presque toujours des restes de la liqueur mère : inclusions liquides à contours cubiques et à bulle mobile, inclusions gazeuses et minérales : quartz, pyrite, gypse, boracite, argile, oligiste. Ce dernier minéral donne une couleur rouge à beaucoup de sels gemmes. Les couleurs bleu et bleu violacé sont produites par des hydrocarbures, le bleu aussi par de l'oxyde de cuivre, le gris, par des substances bitumineuses. Les inclusions gazeuses déterminent, par décrépitation, un bruissement pendant la dissolution (sel décrépitant).

D'autres sels congénères sont associés aux amas de sel gemme, tels, entre autres, les chlorures de potassium, de magnesium, de calcium, la Carnallite (chlorure double de potassium et de magnesium hydraté), des sulfates : la Kiesérite (sulfate de magnesium), la Kaïnite (sulfate de magnesium + chlorure de potassium + 3 molécules d'eau) et la polyhalite (sulfate de calcium, de potassium et de magnesium hydraté).

Le sel gemme est, en général, peu distinctement stratifié ; il forme ordinairement des dépôts massifs très puissants, dans lesquels la stratification et la division en bancs n'apparaît que par l'intercalation d'anhydrite, d'argile, etc. Leur puissance est souvent considérable ; sous les plaines du nord de l'Allemagne, au delà de 1.000 mètres ; à Wieliczka jusque 1.500 mètres.

Il paraît exister dans toutes les formations géologiques, mais les formations mésozoïques en paraissent particulièrement riches. Il se trouve dans le silurien et le dévonien des États-Unis et du Canada dans l'Amérique du Nord, dans le houiller de l'Angleterre, dans le permien de la Thuringe, du Holstein, de la Saxe, de Posen, dans le trias du Hanovre, du Wurtemberg, de la Lorraine, de Salzburg, dans le tertiaire de Wieliczka, de la Sicile, de la Catalogne et, comme formation moderne, dans la Mer Morte, les lacs salés de l'Asie-Mineure, les lacs de l'Utah et le sol de steppes désertes.

3. — GYPSE

Le gypse en roche est un agrégat d'individus de

gypse cristallisant dans le système clinorhombique et consiste donc, comme ce minéral, en sulfate de calcium hydraté : $CaO.SO^3 + 2H^2O$. La dureté très faible (rayable à l'ongle), la solubilité dans l'eau, l'absence d'effervescence avec les acides, le clivage parfait dans une direction et la désarticulation oblique en fibres en sont de bons caractères. Au microscope, entre les Nicols croisés, le gypse présente des couleurs de polarisation très vives. La direction d'extinction par rapport aux fibres, dans les lamelles de clivage, atteint 6° par rapport à A^1 et, par rapport à l'axe vertical, 30° $\frac{1}{2}$. L'angle des axes optiques varie d'une façon très notable par une faible élévation de température.

Le mode d'agrégation des divers individus et leur forme déterminent les variétés grenue, laminaire, fibreuse et compacte de la roche. La variété finement saccharoïde, blanche et pure, est nommée albâtre. Il existe souvent des cristaux isolés extraordinairement grands, dans les roches, en Sicile, par exemple, comme de grandes vitres.

La couleur blanche originelle devient grise par l'adjonction de bitume, rouge par le mélange d'oligiste, brune et jaune par l'addition de limonite. Fréquemment accompagné de particules de soufre compacte, ainsi que de quartz, de boracite, d'aragonite, de célestite et de pyrite, assez souvent bien cristallisés, dans le gypse en roche. Par suite de sa facile solubilité dans l'eau, il n'est pas rare que le gypse en roche soit rempli de cavités ou de canaux. Les couches reposant sur les dépôts de gypse sont souvent, par le départ de celui-ci, disloquées, refoulées, divisées ; ainsi, par exemple, dans le Thüringerwald.

Le gypse est surtout répandu, associé au sel gemme et au calcaire, dans le permien, le trias et le système tertiaire : au Hartz, en Thuringe, en France, en Sicile. L'albâtre blanc le plus beau provient des mines de la vallée de Marmolago, près de Volterra, en Toscane ; il y forme des amas sphéroïdaux ou ellipsoïdaux, dans un gypse grossièrement grenu, du miocène supérieur, qui est, ici, une formation d'eau douce.

4. — ANHYDRITE

L'anhydrite en roche est un agrégat blanc, grossièrement grenu à compacte, d'individus d'anhydrite et est donc, comme ce minéral, du sulfate de calcium anhydre. Le clivage cubique (les trois sortes de clivages, inégalement nettes, correspondent aux trois plans principaux des cristaux prismatiques rectangulaires droits), l'absence d'effervescence avec les acides (par opposition au calcaire), la dureté assez grande (contrairement à celle du gypse) sont ses caractères principaux. Les couleurs sont les mêmes que celles du gypse. Il est rarement et peu nettement stratifié.

L'anhydrite est avide d'eau et passe alors au gypse. Il en résulte un gonflement par accroissement de volume. Par là, s'explique son action soulevante et disloquante sur les couches superposées. Les gîtes d'anhydrite sont, généralement, transformés en gypse à leur partie supérieure.

L'anhydrite se présente exclusivement associée au gypse et au sel gemme dans les mêmes formations que ceux-ci. La présence de chlorure sodique dans une solution semble être la condition du dépôt du sulfate anhydre ; dans les cas ordinaires, il se forme toujours du sulfate hydraté, du gypse.

5. — CALCAIRE

Les calcaires sont des agrégats, grenus à compactes, d'individus de calcite cristalline ou de petites particules, indistinctement cristallines, du même minéral et consistent donc en carbonate de calcium.

La dissolution complète, avec effervescence, dans les acides est son caractère le plus net ; sa faible dureté (rayable à la pointe du couteau) et, dans les calcaires cristallins, le clivage parfait suivant les faces du rhomboèdre primitif, servent à sa facile reconnaissance.

Le rapport des éléments possédant l'individualisation cristalline et des éléments compactes, en
partie déposés par des organismes, détermine les
différences de texture les plus importantes, qui, du
reste, sont également fondées sur le mode de formation.

On distingue : les calcaires grenus, tout à fait
cristallins ou marbres proprement dits, —
les calcaires composés cristallins-compactes
ou marbres commmuns, — les calcaires compactes et terreux, appelés respectivement calcaire commun et craie.

Tous les calcaires contiennent plus ou moins
d'éléments étrangers, partie en combinaison chimique, comme, par exemple, la magnésie et l'oxyde
ferreux à l'état de carbonates, partie mélangés mé-
caniquement, comme le quartz, l'argile, le graphite, des substances charbonneuses et bitumineuses.

La couleur du carbonate de calcium est donc
aussi le blanc; pourtant, il n'y a que peu de calcaires assez purs pour la présenter; ils sont
d'ordinaire jaunâtres, gris, bleuâtres, noirs, multi-
colores, striés, tachetés, rubanés, etc. On désigne
sous le nom de marbres bigarrés les calcaires mul-
ticolores. La répartition des couleurs y est presque
toujours en rapport avec les relations de texture :
les roches bréchiformes, traversées en tous sens

de fissures remplies et de veines, présentent des dessins en couleur particulièrement beaux.

a) Les calcaires cristallins ou marbres sont des agrégats, grossiers à finement saccharoïdes, composés exclusivement d'individus de calcite nettement cristallins. Le clivage rhomboédrique parfait, dont les faces lisses se rencontrent dans toutes les directions, par suite de l'arrangement irrégulier des grains cristallins, produit le scintillement des surfaces de cassure de la roche.

En plaque mince, au microscope, les grains de la roche montrent des lamelles maclées polysynthétiques, que l'on peut même constater à l'œil nu, par le striage des faces du rhomboèdre dans le sens de la longue diagonale. Le plan d'hémitropie est la face du premier rhomboèdre obtus du primitif. Tandis que ce striage hémitropique existe, presque sans exception, dans les grains d'une certaine grosseur, comme, par exemple, dans ceux du marbre à gros grains de Carrare, du Pentélique et de Wunsiedel, il est loin d'être aussi marqué, ou fait absolument défaut dans les marbres à grains très fins. Dans les calcaires cristallins, les traces d'organismes (coccolithes, etc.) manquent complètement.

Le marbre est presque blanc dans ses variétés les plus pures, comme la belle roche de Carrare, incomparable pour la statuaire.

Le marbre proprement dit diffère également de tous les autres calcaires par sa richesse en éléments accessoires : le mica détermine souvent une apparence schistoïde; un calcaire parsemé de mica et de talc est le cipolin, très apprécié des Romains. Traversé de veines de serpentine, il porte le nom d'ophicalcite (verde antico); coloré en noir par des substances charbonneuses, il s'appelle anthraconite; par des grains chloriteux verts, c'est l'hislopite; par des grenats, c'est le calciphyre porphyroïde; enfin, l'augite et la hornblende existent à l'état porphyrique dans le calcaire de Pargas (Finlande). Comme éléments accessoires fréquents, on doit encore citer : le quartz, le corindon, la Vésuvianite, l'apatite, la fluorite, la pyrite, le graphite, etc.

Les calcaires cristallins sont ou massifs, ou nettement stratifiés, et ils sont ordinairement interstratifiés de roches schisteuses cristallines, avec lesquelles ils se trouvent en relations génétiques, comme le montre la communauté de tant de minéraux. Ils ont reçu également le nom de calcaire primitif. On désigne sous le nom de marbre de contact les calcaires cristallins provenant de la transformation moléculaire de calcaires communs compactes, au voisinage de roches éruptives. C'est tout particulièrement dans ces calcaires qu'ont pris naissance également certains minéraux caractéristiques : grenat, Vésuvianite, Wollas-

tonite, etc. De semblables calcaires cristallins
métamorphiques existent, par exemple; au contact
du granite, de la diorite, du mélaphyre et du
basalte et sont, habituellement, de remarquables
gîtes à minéraux, comme à Monzoni au Tyrol,
Auerbach à la Bergstrasse, Oravicza, Dognacska,
etc., dans le Banat.

b) **Calcaires communs** ou **compactes.** — Ce sont,
en règle générale, des assemblages de restes
organiques calcaires et d'individus calcaires cristallins d'origine inorganique, en proportions très
variables et de différentes sortes de texture.

Les restes organiques consistent, ou en coquilles
de mollusques, ou en petites carapaces microscopiques de foraminifères et de genres voisins, dont il
sera encore question plus loin, à propos de la craie.
Il s'y associe aussi des débris d'autres roches non
calcaires, et le tout constitue un ensemble d'apparence simple, plus ou moins homogène. Mais, ordinairement, la constitution originelle d'un semblable
dépôt n'a pas été conservée.

Par l'action mécanique de la pression, combinée
à la dissolution chimique et à la reprécipitation,
ces roches ont fréquemment été déformées. Les
restes fossiles ont été gauchis dans leurs formes
ou dissouts partiellement ou totalement; la substance calcaire des organismes est devenue cris-

talline, par transformation moléculaire. Les cassures
produites par la pression et par le mouvement
résultant du plissement de la formation se sont
remplies de calcaire cristallin plus récent. Souvent, un calcaire *in situ* est transformé en une
roche bréchiforme, dont les divers fragments sont
ressoudés par un ciment plus ou moins abondant
de calcaire cristallin.

Plus le calcaire cristallin de formation récente
est développé, plus sont disparus les restes organiques originels. Ainsi, dans les calcaires
les plus anciens, surtout, on ne rencontre plus
de trace des organismes calcaires minuscules ;
les coquilles de mollusques les plus grandes ont
seules résisté. Mais on retrouve souvent les petits
organismes, en grande abondance, dans les calcaires plus récents, appartenant, par exemple, aux
systèmes jurassique, crétacé et tertiaire.

Dans presque tous les calcaires compactes, par
exemple du silurien, du devonien et du carbonifère, on constate nettement le caractère veiné.
Ils sont traversés de veines blanches ou colorées
et utilisés alors comme marbres. Ces discontinuités,
produites par des perturbations, vont des plus
larges veines, atteignant souvent plusieurs pieds,
aux fissures les plus minimes, visibles seulement
au microscope. La pénétration d'un calcaire par de
la calcite cristalline plus récente devient parfois

si complète, qu'il en résulte une roche équivalant à un véritable marbre cristallin, mais dont la formation est toute différente. On peut suivre toutes les transitions, depuis le stade originel du calcaire, tel qu'il se présente dant la craie, les récifs coralliens, les calcaires coralliens, les bancs d'huîtres, les conglomérats coquilliers, etc., jusqu'au calcaire tout'à fait cristallin.

Par suite de mélanges en fortes proportions, on distingue : le calcaire siliceux (avec silice, sous forme de quartz ou d'opale); le calcaire magnésien ou dolomitique (contenant de la magnésie; presque tous les calcaires en contiennent un peu ; on peut suivre toute la transition jusqu'à la dolomie proprement dite); le calcaire argileux ou marneux (rendu impur par de l'argile); le calcaire glauconifère (glauconite en granules, noir verdâtre et en très fines particules, entre les grains calcaires); le calcaire bitumineux ou fétide (rempli de matières bitumineuses volatiles et répandant une odeur fétide par l'échauffement).

Suivant leur texture, on distingue: les calcaires massifs (en bancs compactes puissants), le calcaire schistoïde, le calcaire grossier, etc. Tous les calcaires sont nettement stratifiés et se présentent dans toutes les formations sédimentaires, en puissantes assises. Les oolithes (pisolithes,

Rogenstein, Erbsenstein) montrent une structure toute particulière. Ils consistent en concrétions
calcaires sphériques, réunies par un ciment cristallin
ou compacte, plus ou moins abondant. Les concrétions calcaires sphériques (voir page 19) sont de
grosseurs très différentes, comme l'indiquent les
noms cités déjà précédemment. A la base du système
carbonifère apparaissent, en certains points, au
contact du devonien, par exemple dans le Palati-
nat, en Écosse au nord de Glasgow, des calcaires
à sphéroïdes d'un pied et au delà, à texture concentrique remarquable, s'accusant particulièrement par une coloration rouge de fer, zonaire;
ces sphéroïdes forment, par places, la partie dominante de la roche.

L'union des sphéroïdes calcaires à la roche est
souvent si intime, qu'ils ne se remarquent pas extérieurement, mais qu'ils ne sont visibles qu'en
plaques minces, comme, par exemple, beaucoup
d'oolithes du jurassique du nord de la France
(Caen, Rochefort, Bar-le-Duc) si recherchés comme
pierres de construction.

Les calcaires oolithiques sont largement répandus, surtout dans le jurassique de la partie occidentale de la Forêt Noire, au voisinage de Hanovre,
en Angleterre, dans les Alpes (oolithe du Riesen-
gebirge; les sphéroïdes atteignent plusieurs pieds
au Val di Sclave et au Val Brembana en Suisse).

c) **Craie** ou **calcaire terreux.** Ils sont le produit, encore inaltéré, de dépôts de calcaire organique marin, et ils concordent absolument, par leur composition, avec les boues calcaires se formant encore actuellement au sein des mers profondes (1). Les carapaces de divers genres de foraminifères : *Globigerina*, *Orbulina*, etc., recouvrent en quantités innombrables le fond de l'Océan Atlantique et y forment un dépôt d'une grande puissance, tout à fait analogue à la craie. Le fond de la mer est surtout recouvert, aux profondeurs qui ne dépassent pas 2300 brasses environ, de cette boue à globigérines, dans laquelle se trouvent, outre les foraminifères, une forte proportion de coccolithes — petits disques calcaires plats, coniques d'un côté, qui se présentent isolés, ou par deux (discolithes), ou en agrégats sphériques (coccosphères) et dont la nature n'est pas encore sûrement établie, — des débris de coquilles calcaires ou siliceuses, ou des

(1) Ceci n'est pas tout à fait exact. Les boues calcaires des grandes profondeurs de l'océan (o o z e) ont une composition différente de celle de la craie qui contient habituellement de 90 à 99 %/o de $Ca CO^3$. Elles sont notablement moins riches en carbonate de calcium et renferment jusqu'à 30 à 40 %/o de silice et d'alumine, comme il est dit plus loin. Au point de vue des organismes, il existe également des dissemblances considérables entre les deux dépôts. Les fossiles de la craie décèlent des eaux beaucoup moins profondes. Cf. A. R. Wallace. I s l a n d L i f e, pp. 87 et suiv. (N. d. T.)

parties du squelette de mollusques, coraux, bryo-
zoaires, radiolaires, spongiaires , diatomées et,
fréquemment, de petits fragments charriés, d'origine
minérale. L'analyse chimique de cette boue des
mers profondes séchée donne 50 à 60 °/₀ de carbonate calcique, 20 à 30 °/₀ de silice et 10 à 20 °/₀ d'a-
lumine et d'oxyde ferrique, constituant ainsi, en
quelque sorte, la composition d'un calcaire impur.
Beaucoup de prises d'essai de cette boue des mers
profondes consistent, cependant, presqu'uniquement
en carapaces organiques et équivalent à la craie.

La craie est souvent un peu consolidée par un
processus ultérieur, pénétrée aussi d'acide silicique
et, par places, transformée en calcaire cristallin,
par un changement moléculaire.

Les rognons et les couches de silex intercalés
sont caractéristiques pour la craie. La craie et le
sable glauconifère sont, en tous cas, fréquents et
ont également été découverts sous forme de formations marines modernes.

d) **Calcaire incrustant ou calcaire d'eau douce.**
Les produits cristallins remarquables dus au dépôt
de sources calcaires sont appelés calcaire incrustant. Les stalactites ou stalagmites, dont
l'aspect trahit la provenance d'une solution diluée
tombant sous forme de gouttes, sont souvent composées de très grands rhomboèdres de calcite; elles sont

fréquemment à considérer comme formées d'un seul individu, à cause de leur texture cristalline (clivage). Mais il en existe aussi de finement grenues, fistulaires et fibreuses.

Les dépôts terreux ou compactes, ordinairement poreux et celluleux, des sources ou des ruisseaux d'eau douce sont désignés aussi sous les noms de tuf calcaire ou de travertin. Les incrustations de mousses et de characées permettent de reconnaître l'influence de ces plantes sur le dépôt calcaire. Elles absorbent l'acide carbonique de l'eau et alors le carbonate calcique se dépose. Les extrémités des plantes continuent à croître sur le dépôt calcaire et, ainsi, peuvent prendre naissance de puissantes couches, comme, par exemple, à Cannstadt dans le Wurtemberg, à Sutto et Almasch sur le Danube, dans le Gran-Ofener Gebirge, au voisinage de Tivoli sur le versant occidental du mont Sabin, à Rome, etc. En règle générale, les tufs calcaires contiennent des coquilles terrestres et d'eau douce.

Les calcaires d'eau douce possèdent souvent aussi une texture tout à fait granulo-cristalline; pourtant, ils sont ordinairement poreux, celluleux et traversés de canalicules (calcaire celluleux).

6. — DOLOMIE

On comprend sous le nom de dolomie, dans son acception la plus étendue, toutes les roches qui, par

leur composition chimique, présentent une combinaison de carbonate de calcium et de carbonate de
magnesium. Depuis le calcaire magnésien à 4 à 5 $\%$
de carbonate magnésique, jusqu'à la dolomie
normale, qui comporte la composition du sel
double, 54.4 $\%$ de carbonate de calcium et 45.6 $\%$
de carbonate de magnesium, il existe toute une
série de roches, où les deux éléments entrent dans
des proportions variables. Il n'est pas toujours
facile de distinguer jusqu'à quel point la roche
doit être considérée comme un agrégat d'individus
de dolomite ou comme un mélange d'individus de
dolomite et de calcite, ou encore d'individus de
calcite et de magnésite (giobertite).

Les dolomies présentent fréquemment une texture nettement cristalline, même là où des calcaires
compactes alternent avec elles, comme, par exemple, dans le système jurassique. En règle générale,
elles sont irrégulièrement grenues, des grains cristallins, gros et petits, reposant les uns à côté des
autres. Par contre, d'autres dolomies sont très
finement grenues et même compactes comme des
calcaires.

Dans les variétés à gros grains, une différence
essentielle d'avec les calcaires réside en ce que les
grains ne présentent que très rarement, ou pas du
tout, les stries d'hémitropie qui ont été indiquées
dans ces derniers (p. 133). Tandis, par exemple,

que le calcaire saccharoïde blanc de Carrare montre ce striage sur presque tous ses grains, dans
les dolomies de Campo-Longo au Saint-Gothard
et du Binnenthal, présentant avec lui de grandes
analogies extérieures, il existe, à peine, un
grain strié sur cent. Pour les dolomies à grains
fins, ce caractère fait cependant défaut, car les
calcaires finement grenus ne présentent plus
le striage. Donc, le rapport des grains striés et
non striés ne donne pas de conclusion certaine sur
les relations quantitatives des grains de calcite et
de dolomite. Dans beaucoup de cas, les grains
eux-mêmes ont déjà la composition de toute la
roche, et celle-ci ne consiste donc pas en grains de
calcite pure et de dolomite normale. Même les
grains d'une seule et même roche sont à peine
tous de la même composition.

Outre les deux éléments précédents, on trouve,
dans presque toutes les dolomies, du carbonate de
fer, de la silice, des substances charbonneuses et
bitumineuses. La dolomie est plus dure que le calcaire et d'un poids spécifique plus élevé. Elle est
moins facilement soluble; attaquée en fragments
par les acides, elle ne fait que faiblement ou presque pas effervescence et se dissout beaucoup plus
lentement que le calcaire, même à chaud. Les
couleurs sont ordinairement le blanc, le jaune
sale, le brun et le gris.

Les dolomies compactes, celluleuses et poreuses ont été nommées Rauchwacke. La dolomie arénacée est un agrégat peu cohérent, pulvérulent, de particules dolomitiques cristallines, résultant de la désagrégation de dolomie compacte.

Les cavités des dolomies sont tapissées de cristaux de dolomite; peu de dolomies sont riches en minéraux accessoires et équivalent, au point de vue de la genèse, aux calcaires grenus. De telles dolomies sont, par exemple, celles de Campo-Longo, avec trémolite, tourmaline verte, corindon rouge, réalgar, pyrite, etc., et celles du Binnenthal avec divers minéraux métalliques : blende, pyrite, réalgar, etc.

Toutes les dolomies sont fissurées et leurs rochers affectent de préférence des formes celluleuses : les allures étranges des parois rocheuses dans le Jura franconien et dans les Alpes de la Souabe, avec leurs nombreuses cavités, les rochers abrupts, ruiniformes de la Rauchwacke de la Thuringe, de Gérolstein dans l'Eifel et de la Lahn, les piliers rocheux et les pointes de dolomie du Tyrol méridional en fournissent des exemples.

7. — MARNE

On comprend, sous cette désignation, des mélanges de calcaire, de dolomie et d'argile, de composition très variable, ordinairement entremêlés de grains de sable quartzeux et de lamelles de mica. Les marnes ont une texture compacte ou terreuse et sont de couleur gris sale, brun foncé, rougeâtre ou noire. Leur fissuration en baguettes ou en cubes grossiers est caractéristique. D'après la prédominance de certains éléments, on distingue les **marnes calcaires, dolomitiques et argileuses**; par suite d'autres associations, on a aussi les **marnes gypsifères et glauconifères**. Aux marnes feuilletées appartiennent les **schistes bitumineux ou papyracés**, colorés en noir par des substances bitumineuses, et les **schistes cuivreux (Kupferschiefer)**, imprégnés de minéraux cuprifères, par exemple, ceux du Mansfeld en Thuringe.

8. — PHOSPHORITE

C'est un produit résultant de l'altération de roches phosphatées d'origines très différentes. Cette roche, de texture fibreuse à compacte, est un mélange de phosphate calcique (de la composition et de la forme cristalline de l'apatite), avec du calcaire, du schiste, du Schaalstein, etc. Là où elle se présente au sommet et comme remplissage des fissures du calcaire, comme sur la Lahn et au voisinage de Stolberg, près d'Aix-la-Chapelle, c'est un résidu du lavage de cette dernière roche; dans les Schaalstein ou tufs diabasiques (voir p. 272),

10

elle résulte de l'altération complète des fragments
de diabase contenant l'apatite comme élément originel, altération qui a donné naissance également à
du carbonate de calcium. Elle tire aussi son origine
des basaltes altérés, comme, par exemple, au
Steinrotherkopf près Betzdorf sur la Sieg. On la
rencontre sous forme de couches intercalées entre
des schistes, dans l'Estramadure en Espagne.

9. — QUARTZITE

Les quartzites consistent en une masse quartzeuse
presque pure, de couleur claire ou foncée. Leur
dureté considérable, l'absence de tout clivage et
leur cassure conchoïde les caractérisent. Leur texture
est très variable. Quelques-uns sont des agrégats
tout à fait compactes de très gros grains de quartz
que l'on peut à peine séparer les uns des autres ;
d'autres semblent être des grès devenus compactes
par fusion et dont les grains se fondent les uns
dans les autres. Ces derniers sont aussi des
roches d'origine clastique et n'appartiennent donc
pas aux quartzites proprement dits, dans le sens
étroit du mot. Mais c'est souvent difficile à distinguer. Chez les grès originairement clastiques, une
pénétration postérieure par du quartz de formation
secondaire a eu lieu également, particulièrement
dans toutes les cassures et fissures formées par
des perturbations mécaniques et, souvent, en pro-

portion telle, que l'origine fragmentaire n'est plus guère reconnaissable. Ainsi prennent naissance aussi des quartzites d'apparence veinée, mais qui se sont formés *in situ*, comme, par exemple, les quartzites du cambrien de l'Ardenne, dont la masse, d'origine sédimentaire, de couleur noir bleuâtre, est parcourue en tous sens par des filonnets, des veines, des cordons et des fils de quartz blanc compacte. Les quartzites tertiaires des environs de Bonn paraissent souvent tout à fait compactes et homogènes, mais sont traversés par des lits irréguliers, à gros grains, d'apparence poudingiforme. Mais les parties compactes elles-mêmes se présentent au microscope comme un mélange de granules très petits, entourés et cimentés par un ciment quartzeux et opalifère. Tous les quartzites d'eau douce, employés également comme quartzites meuliers, à cause de leur porosité et de leur dureté considérable, possèdent une composition analogue. Le grès cristallisé a été formé, à l'origine, de granules clastiques, qui ont repris une forme cristalline par un accroissement postérieur et qui ont été soudés par un ciment également cristallin.

D'autres quartzites appartiennent aux schistes cristallins et alternent avec eux. Ils ont ordinairement aussi une texture schistoïde : quartzophyllades (voir pp. 260 et 261). Il y entre comme éléments accessoires du mica, de la magnétite, de la tourmaline, de l'Andalousite, de la staurolite, etc.

Les quartzites, résistant mieux que les autres roches à l'altération, forment ordinairement des rochers à parois abruptes, escarpées et des plateaux stériles, comme, par exemple, le Pfahl de la forêt de Bavière, la haute selle du Scheifel, etc.

Les tufs siliceux ou geyserites sont des dépôts de sources thermales, partie cristallins, partie amorphes, ordinairement pas très compactes et poreux. Islande, Toscane.

10. — PHTANITE, LYDITE

Roche siliceuse compacte, très dure, à cassure esquilleuse, colorée en noir par imprégnation de substances charbonneuses, souvent striée en clair et en foncé et contenant de petites quantités d'alumine et d'oxyde de fer ; se divisant en dalles ou en feuillets, recoupés également par des fissures transversales ; donc souvent bacillaire et polyédrique. Les fissures sont remplies de quartz blanc plus récent, ce qui donne à la roche un aspect veiné. On distingue le phtanite des eurites compactes noires auxquelles il ressemble, par son infusibilité. Au microscope, il consiste en une masse fondamentale, formée de parties cristallines et amorphes intimement unies, contenant souvent des paillettes charbonneuses disposées en séries et des points clairs de restes organiques minuscules

(foraminifères). Il est abondant dans les formations
très anciennes, par exemple, dans le silurien et le
carbonifère, et il y équivaut aux quartzites compactes des formations plus récentes.

Le silex corné (Hornstein), le silex, le
jaspe sont des roches siliceuses voisines, mais
d'une importance plus restreinte.

II. — MINÉRAUX UTILES

Nous ne nous occuperons que des minéraux
formant des dépôts assez importants et assez
distincts, pour pouvoir être considérés comme des
roches. Les plus importants d'entre eux sont le
carbonate ferreux ou sidérite, l'oxyde et l'hydroxyde de fer (oligiste et limonite), l'oxyde ferroso-
ferrique ou magnétite.

Sidérite ou Sidérose. — Agrégat à gros grains,
cristallin à compacte, d'individus de sidérite à clivage rhomboédrique parfait et d'une couleur blanc
jaunâtre à reflets bruns, particulière. Passant, par
oxydation, à la limonite brune ou noire, par une
certaine teneur en manganèse. Elle contient ordinairement du carbonate de calcium et de magnesium. On y rencontre d'autres minéraux accessoires : pyrite, chalcopyrite, galène, blende, oligiste.
Elle forme de puissants amas, couches et filons,
par exemple, à Eisenberg en Styrie, à Hütten-

berg en Cariuthie, à Müsen près Siegen en West-
phalie.

Associées à l'argile, les sidérites compactes deviennent des argilosidérites et, à cause de
leur gisement en nodules arrondis, elles sont
aussi appelées sphérosidérites. Quand elles
sont colorées en noir par des substances charbonneuses, elles sont appelées blackband ou an-
thracosidérites.

Oligiste. — L'oligiste est, sous forme spéculaire
ou micacée, un élément plus ou moins abondant
de beaucoup de roches, par exemple, des schistes
cristallins. En masses compactes, terreuses, souvent argileuses et traversées par du quartz, elle
forme les hématites rouges. Sa poussière
rouge sang est caractéristique. Les agrégats réniformes, fibro-radiés sont appelés par les Allemands Glaskopf rouge. Les grains oolithiques
des grès argilo-calcaires sont l'oligiste oolithique. L'oligiste forme de puissants dépôts dans
diverses formations.

Limonite. — L'hydroxyde ferrique forme des
roches fibreuses, compactes ou terreuses, de couleur
ordinairement noir brun à jaune d'ocre, à raclure
jaune brun. Rendue impure par l'argile, le manganèse et la silice. Elle prend fréquemment naissance par oxydation de la sidérite ou par transfor-

mation du fer sulfuré (pyrite). On appelle limonite
pisolithique (Bohnerz) une espèce de limonite
à gros oolithes reliés par un ciment brun argileux.
Dans le Luxembourg, on désigne sous le nom de
minette brune, une limonite oolithique fine à
ciment calcaire. Les limonites des prairies
sont des hydrates de fer qui se sont déposés, pour
la plus grande partie, d'eaux stagnantes et maré-
cageuses, sous l'influence d'organismes (foraminifères et racines de plantes). Elles sont donc souvent pulvérulentes, poreuses et phosphatées.
L'ocre est une limonite terreuse, jaune clair et
argileuse.

Magnétite. — Elle forme des masses grenues ou
compactes, intercalées sous forme de lentilles, d'a-
mas ou de couches au milieu des roches schisteuses cristallines. Le minéral magnétite est fréquemment cité, comme élément de roches nombreuses
et différentes.

12. — CHARBONS MINÉRAUX

Tous les matériaux constitués essentiellement
de carbone et qui ont pris naissance, principalement, par l'altération de végétaux, forment une
série continue, dans laquelle aucune limite bien
nette ne sépare les différents termes, une transition insensible faisant passer l'une à l'autre

les espèces de charbon distinguées. Les distinctions admises concordent, dans leurs parties
essentielles, avec le processus de développement, consistant surtout en ce que les matières végétales sont réduites à leur carbone
par une combustion très lente, mais variable
suivant les conditions d'arrivée de l'air, de
température et de pression. Parmi les charbons
les plus riches en carbone, nous voyons les termes qui ont été le plus loin dans ce processus ;
parmi les plus riches en matières volatiles, ceux
qui ont été le moins altérés. Les caractères distinctifs des différentes espèces de charbons reposent,
en général, sur trois sortes de conditions : 1° sur
la proportion des éléments volatils, d'une part, des
matières minérales, d'autre part, que les charbons
contiennent ; 2° sur la nature de ces éléments volatils ; 3° sur les caractères physiques, conséquence de la composition chimique : texture,
éclat, fusibilité, etc.

Tourbe. — Elle est très voisine, par ses propriétés, des substances végétales dont elle provient.
C'est un agrégat brun de parties de végétaux car-
bonisées, comprimées et feutrées, ne contenant
que 50 °/₀ de carbone, environ, avec une très forte
proportion de cendres et de substances bitumineuses ; elle est imprégnée de celles-ci, en partie, sous

forme de résine et d'acides ulmique et humique.
Elle contient environ 20 % d'eau et est plus légère
que celle-ci. Elle brûle à l'air avec une flamme fuligineuse et une odeur forte, désagréable ; elle donne,
par distillation sèche : carbone, acide pyroligneux,
goudron, gaz d'éclairage ; elle colore en brun foncé
la solution de potasse caustique. On distingue :
la tourbe feuilletée en minces couches, la tourbe
herbacée, la tourbe limoneuse, la tourbe sulfatée,
la tourbe terreuse et, suivant les espèces de plantes qui la constituent : la tourbe de mousses, composée de *Sphagnum*, la tourbe de bruyères, d'*Erica
tetralix*, la tourbe herbacée, de graminées, la
tourbe xyloïde, de racines et de troncs de saules,
d'aulnes, etc., la tourbe de conferves, provenant
de plantes aquatiques flottantes et la tourbe marine, de fucoïdes.

Accessoirement, on trouve dans la tourbe : la
marcassite, la mélanthérite, la limonite, des phosphates de fer, de la résinite, des restes d'animaux
et des produits du travail de l'homme.

Les marais tourbeux se trouvent dans tous les
pays, sur les plateaux élevés et dans les plaines
basses.

Lignite. — Masses compactes, montrant encore
fréquemment la texture ligneuse (lignite proprement dit), mais souvent aussi analogues à la

houille, à raclure toujours brune, à éclat faible ou mat, souvent terreuses. Poids spécifique 0.5 à 1.5. Infusible, mais facilement inflammable, brûlant avec une flamme fuligineuse et une odeur empyreumatique. Il colore en brun la solution de potasse caustique. Sa teneur en carbone varie de 50 à 70 %, la teneur en eau entre 5 et 8 %, la quantité d'oxygène et d'azote entre 14 et 35 %, les cendres atteignent jusque 15 %.

On y distingue les espèces suivantes : le j a y e t (Pechkohle), noir, à éclat cireux, le plus dur des lignites (anthracitoïde au contact des roches éruptives) ; les l i g n i t e s t e r r e u x et x y l o ï d e s (Bastkohle et Nadelkohle) : les l i g n i t e s c i r e u x ou p y r o p i s s i t e s contenant jusque 60 % de paraffine ; le d y s o d y l e (Papierkohle), terre à infusoires siliceux, imprégnée de bitume.

Accessoirement, dans le lignite : pyrite et marcassite, mélanthérite, alunite, gypse, soufre, diverses résines, oxalite (oxalate ferreux) et mellite (mellate d'alumine).

Les lignites forment de puissants amas et des couches d'une grande étendue, dans les assises tertiaires de beaucoup de pays.

Houille. — Masse charbonneuse compacte, laminaire ou schistoïde, à cassure conchoïde et esquilleuse, à éclat vif, noire ou noir grisâtre, à raclure

noire ou noir brun, accidentellement fibreuse ou
pulvérulente. Plus dure que le lignite; poids spécifique 1.15 à 1.5. La teneur en carbone varie, en
général, entre 75 et 90 %. Elle brûle plus ou
moins facilement avec flamme; les houilles qui
se ramollissent au rouge ou fondent dans le feu à
l'état pâteux, puis se prennent en une masse compacte, s'appellent houilles à coke (Backkohle
ou Sinterkohle); celles qui ne fondent pas, mais
tombent en poussière ont reçu le nom de houilles
anthraciteuses (Sandkohle). La solution de
potasse caustique n'est pas ou n'est que peu in-
fluencée par la houille; à chaud, elle se colore
légèrement en jaune. Les houilles qui contiennent
une plus forte proportion d'hydrocarbures oléagi-
neux et donnent du gaz d'éclairage à la distillation,
s'appellent houilles à gaz. Les charbons riches
en substances bitumineuses sont aussi nommés
houilles grasses; les autres houilles mai-
gres.

Chez les houilles d'apparence amorphe et sans
texture visible, on arrive pourtant encore à distinguer les éléments végétaux originels. Cela est possible par l'attaque avec le chlorure de potassium
et l'acide nitrique, ou par la confection de plaques
très minces, ou encore, par une soigneuse inciné-
ration et l'observation microscopique des cendres.
L'étude des plaques minces au microscope montre,

dans les diverses houilles, des formations particulières (1), tenues, en partie, pour des restes de
plantes, mais qui n'ont été produites, pour la majeure partie, que par l'association d'une masse
fondamentale de schiste charbonneux ou d'une substance charbonneuse, avec des particules résineuses jaunâtres, brunes ou brun rouge, qui peuvent
posséder, en partie, une apparence très foliacée.
Il existe aussi des corpuscules minéraux organoï-
des, comme, par exemple, la sphérosidérite étoi-
lée (2) de la houille de Zwickau. La houille de la
Saar est riche en semblables résines, celle de la
Ruhr en est peu pourvue, et le Cannelkohl anglais,
par contre, en est très fourni.

Les variétés suivantes de houilles, outre celles
déjà citées, ont encore été distingées : le C a n n e l-
k o h l e ou houille à l o n g u e f l a m m e, très compacte, à éclat cireux, susceptible de recevoir le
poli, du Lancashire en Angleterre ; les h o u i l l e s
f e u i l l e t é e (Schieferkohle), b r i l l a n t e (Glanz-
kohle), g r o s s i è r e (Grobkohle), f i b r e u s e (Faserkohle, composée essentiellement, suivant Göp-

---

(1) Reinsch, P. F. — Neue Untersuchungen über die
Mikrostruktur der Steinkohle, etc. Leipzig, 1881.

(2) Fischer und Rüst. — Ueber das mikroskopische
Verhalten verschiedener Kohlenwassertoffe, Harze und
Kohlen. Zeitschrift für Kristallographie, 1883, VII, p. 209.

pert et Schimper, de bois d'*Araucaria*), et le jais, jayet ou gayet (Pechkohle) (1).

On rencontre, dans la houille, beaucoup de minéraux accessoires : pyrite, marcassite et autres sulfures métalliques, par exemple : blende, galène, chalcopyrite, Millérite ; des carbonates : calcite, dolomite sidéritifère, sidérite ; en outre, quartz, gypse, barytite, etc.

La houille se rencontre en couches ou en bancs régulièrement stratifiés, principalement dans le système carbonifère de beaucoup de pays, puis, en outre, dans des terrains plus anciens et plus récents : dans le silurien de l'Ecosse, dans le wealdien de l'Allemagne nord-occidentale, dans les couches mésozoïques du Queensland et de l'Australie septentrionale.

Anthracite. — Charbon de terre très riche en carbone (90 à 95 %), avec très petite proportion d'hydrogène, d'oxygène, d'azote et de cendres. Infusible au feu et ne brûlant que par une forte venue d'air, en laissant un résidu faible. Ne colorant pas la solution de potasse caustique. Amorphe, compacte, noire et à éclat presque métallique, à cassure conchoïde.

L'observation microscopique de plaques minces

(1) Voir page 154,

d'anthracite proprement dite n'indique plus de traces
de la texture végétale; les interpositions résineuses
de la houille (voir p. 156) y font complètement
défaut, ce qui correspond avec l'hypothèse que
l'anthracite représente le plus haut degré de car-
bonisation et ce qui confirme les résultats des recherches chimiques, concluant à ce que l'anthracite
est dépourvue d'éléments volatils, c'est-à-dire,
d'hydrocarbures.

Elle se rencontre, en couches et en amas, dans
les formations les plus anciennes seulement. Un
charbon anthracitoïde se présente à un état de
dissémination très ténu, souvent imprégné de
silice, et alors à peine combustible, comme matière colorante des schistes, des psammites, des
calcaires, etc., foncés.

Le lignite et la houille subissent, par l'influence
de roches éruptives, une transformation anthraci-
teuse ; pourtant, ils restent plus riches en cendres
et en bitumes que la véritable anthracite.

Graphite. — Le graphite est, incontestablement,
le dernier terme de la série; c'est du carbone pur,
cristallin, mais résultant, en tous cas, de substances charbonneuses d'origine organique. Il se rapproche donc encore de l'anthracite par son poids
spécifique et la difficulté de sa combustion ; il le dépasse même. Sa consistance molle, sa graphicité

l'en distinguent ; mais il perd cette propriété lorsqu'il est imprégné d'acide silicique.

Comme élément des roches, par exemple, des
schistes cristallins et des calcaires y subordonnés,
il se présente sous forme de minces lamelles hexagonales ou d'agrégats écailleux, qui forment souvent des lits tout entiers (phyllades graphiteux). Il constitue parfois des masses compactes
ou feuilletées d'une puissance considérable, ainsi,
entre autres, en Sibérie et à Ceylan.

13. — SOUFRE

Ce minéral jaune, à cassure conchoïde, brûlant
facilement en donnant naissance à de l'anhydride sul-
fureux, forme, avec le calcaire et le gypse en roche,
les imprégnant ou intercalé entre eux sous forme
de couches ou de nids irréguliers, des dépôts importants, appartenant principalement au système
tertiaire, comme en Sicile, en Galicie et dans la
Haute-Silésie. Ce soufre est de même origine que
les roches qu'il accompagne ; c'est donc une précipitation d'eaux de sources chargées d'hydrogène
sulfuré. D'autres gîtes proviennent du dépôt de
soufre sublimé des volcans.

II. — ROCHES COMPOSÉES

A. — ROCHES SILICATÉES CRISTALLINES MASSIVES.

L'ordre suivi dans la description détaillée des roches est celui qui est indiqué dans le tableau des pages 118 et suivantes.

I. — GRANITE

Les granites sont des roches entièrement cristallines, composées de quartz, d'orthose et de plagioclases, avec une ou deux variétés de mica, de la hornblende, ou de l'augite. Les éléments cités d'abord sont communs à tous les granites ; on distingue ceux-ci, suivant les derniers, en : 1. **Granite à Muscovite** contenant, outre le quartz et l'orthose, du mica potassique de couleur ordinairement claire ; 2. **Granite à Biotite**, nommé aussi **Granitite**, avec mica magnésien, généralement foncé ; 3. **Granite proprement dit** (1), contenant simultanément ces deux sortes de micas ; 4. **Granite à amphibole** (2), contenant de la hornblende, au lieu ou

---

(1). Appelé granulite et microgranulite par les auteurs français. Les pétrographes allemands réservent à ce mot une autre signification. (N. d. T.)

(2) Appelé aussi granite égyptien et même, improprement, Syénite. (N. d. T.)

à côté du mica ; 5. **Granite à pyroxène** (1), contenant de l'augite à côté de la Biotite. Les granites à Biotite semblent les plus répandus ; les plus rares sont les granites à Muscovite, dans lesquels l'amphibole n'entre qu'en faible proportion.

L'association des éléments est, en règle générale, tout à fait régulière, mais la grosseur du grain est très différente chez les différents granites. Les éléments essentiels sont toujours reconnaissables à l'œil nu : le quartz, par son éclat vitreux, sa cassure conchoïde, l'absence de clivage et sa couleur souvent gris de fumée ; l'orthose, ordinairement dominante, se distingue du quartz par son clivage parfait et des plagioclases par son éclat plus vif, l'absence de stries de macles polysynthétiques sur l'une des deux sortes de clivage (macle suivant la loi connue, consistant souvent uniquement en deux demi-cristaux accouplés ; (voir p. 61) et par son état généralement plus frais. Dans beaucoup de granites, apparaît aussi, comme élément, le feldspath potassique triclinique ou microcline, remarquable par sa texture lamellaire treillissée, ayant son origine dans les macles multiples de ses cristaux. Les associations de feldspaths tricliniques et d'orthose ont une apparence analogue ;

(1) Microgranulite à pyroxène des auteurs français. (N. d. T.)

11

lorsqu'elles se présentent en petites plages visibles seulement au microscope, elles sont désignées sous le nom de **microperthite**. Les **plagioclases** sont reconnaissables à leurs stries de macles répétées, surtout au microscope, entre les Nicols croisés. Les **micas** sont tout particulièrement caractérisés par leur clivage et leurs propriétés optiques; la **hornblende**, souvent associée à la Biotite, se distingue par son clivage suivant les faces d'un prisme de 124° et par ses caractères optiques. Au microscope, nombreuses inclusions liquides (solutions aqueuses de chlorures et de sulfates et acide carbonique liquide) dans le quartz limpide; l'orthose, ordinairement trouble, présente une disposition zonaire; produits d'altération souvent abondants. Les inclusions vitreuses ou les restes du magma vitreux n'ont été observés que très exceptionnellement dans les granites.

Le granite est assez riche en minéraux accessoires; pourtant, il n'y a guère que l'apatite, l'augite, les grenats, la tourmaline, le zircon, la chlorite, le talc, etc., qui soient d'une importance générale.

La composition chimique des granites varie, naturellement, suivant les quantités relatives des minéraux constituants; en moyenne, elle peut être exprimée par : $SiO^2 = 72 \%$; $Al^2O^3 = 16 \%$; $FeO + Fe^2O^3 = 1.5 \%$; $CaO = 1.5 \%$; $MgO = 0.5 \%$;

$K^2 O = 6.5 \%$; $Na^2 O = 2.5 \%$, un peu de H^2O. Poids spécifique $= 2.59$ à 2.75.

Les minéraux accessoires existent souvent en très forte proportion dans les granites, et leurs noms sont alors joints aux désignations principales, pour constituer les noms des variétés.

On désigne sous le nom de **protogyne** un granite abondant dans les Alpes (granite alpin), qui contient, outre un mica vert foncé, du talc également vert.

Le **granite à tourmaline** contient beaucoup de tourmaline noire, à la place de tout ou d'une partie du mica (blanc).

L'**aplite** est un granite à grains fins, très pauvre en mica et consistant donc, presqu'uniquement, en quartz et en feldspath.

Le **granite à Cordiérite** contient de la Cordiérite, à côté du quartz, qu'elle remplace dans une certaine mesure.

Sont caractérisées par une texture particulière :

La **pegmatite graphique ou hébraïque**(Schriftgranit), dans laquelle le feldspath, à très gros grains généralement, est si régulièrement associé aux individus aplatis de quartz, que cet enchevêtrement ressemble, sur une face polie, à des caractères hébraïques (p. 33).

La **pegmatite** est un granite à très gros éléments, composé de cristaux de feldspath, atteignant sou-

vent un pied de diamètre , de grands nodules
quartzeux et de lamelles de mica. Le feldspath est
souvent entouré des autres éléments, qui lui forment
comme une auréole à enchevêtrement pegmatoïde
(p. 33) (1).

Les granites riches en hornblende et, par contre,
pauvres en quartz, forment le passage aux Syénites;
ils ont donc été appelés **granites syénitiques**.

Si, au lieu de la texture grenue, dépourvue d'o-
rientation, il existe un arrangement parallèle des
éléments, la transition au gneiss se manifeste et
l'on a, alors, des **granites gneissiques**.

Si la grosseur des feldspaths dépasse celle de
tous les autres éléments, de manière à trancher,
comme les cristaux du porphyre, sur une masse
fondamentale grenue, entièrement cristalline, on
nomme alors la roche **granite porphyroïde** (2).

Les granites se présentent, dans les formations,
sous deux formes de gisement absolument différentes. D'un côté, ils constituent des termes appartenant à la série des schistes cristallins et ils

(1) On appelle R a p p a k i v i un granite à Biotite
de Scandinavie, ayant un aspect globulaire, par suite
de la présence d'une enveloppe grise de plagioclase
(oligoclase) autour des grains rougeâtres d'orthose.
(N. d. T.)

(2) La dimension des constituants est parfois assez
notable pour justifier la désignation de g r a n i t e à
g r a n d s é l é m e n t s (Riesengranit). (N. d. T.)

alternent avec des couches stratifiées. Par leur texture, ils se rapprochent alors, d'habitude, des
gneiss; ce sont des granites gneissiques. On les désigne aussi sous le nom de granites en couches.

Mais, d'un autre côté, ils forment des dépôts en
amas ou en filons, traversant les terrains stratifiés,
et on les désigne alors sous le nom de granites
éruptifs.

Tandis que les granites en couches appartiennent
aux formations géologiques les plus anciennes
connues, la pénétration des granites éruptifs ne
s'est produite qu'à une époque postérieure, au
travers de couches, en partie, sensiblement plus
récentes.

Des montagnes régulièrement arrondies, ordinairement recouvertes de blocs affectant des formes
analogues à celles de sacs de laine (mers de rochers),
sont particulières au granite. Rarement, elles montrent une division colonnaire, comme, par exemple, au cap Lands-End dans les Cornouailles ;
elles présentent généralement une fissuration
grossièrement cubique.

Chez les granites, un phénomène d'un intérêt
tout particulier est la transformation, souvent très
considérable, qu'ont subie les roches avoisinantes;
c'est ce que l'on appelle le métamorphisme de
contact. Les massifs et les filons de granite sont,
d'habitude, dans les couches sédimentaires qu'ils

traversent, entourés d'une zone de roches métamorphiques.   •

. Au contact immédiat du granite, se trouvent les
roches les plus métamorphisées; en s'éloignant,
elles passent, par une transition insensible, à la
composition ordinaire des couches dont le granite
est enveloppé.

Les calcaires communs, compactes, sont, au
contact, transformés en un marbre grenu, cristallin,
rempli d'une foule de minéraux qui comprennent essentiellement le silicate de calcium dans
leur composition, par exemple, la Wollastonite
les grenats, la Vésuvianite, le diopside, etc. Ces
minéraux ont donc aussi été nommés minéraux
de contact.

Les schistes présentent une autre espèce de métamorphisme, très caractéristique en tous cas, et
constamment répétée. Au voisinage du granite, ils
ont perdu leur schistosité et se sont transformés
en une cornéenne compacte, dans laquelle on
rencontre l'Andalousite comme élément et, dans
certains cas, également la tourmaline, la Cordiérite
et les grenats. A cette zone de cornéenne, succède
une zone de schistes à nombreux micas de formation récente, dont la masse fondamentale cristalline
contient de petits nodules et qui ont été désignés
sous le nom de schistes micacés noduleux
(Knotenglimmerschiefer). Enfin, vient une troisième

zone d'une roche schisteuse dont la masse fondamentale est restée inaltérée, mais dans laquelle se
sont aussi développés de petits nodules , les
schistes noduleux (Knotenschiefer),qui forment
le passage aux schistes ordinaires, inaltérés (voir
p. 266). Le métamorphisme suit plus ou moins
exactement ce schema, dans beaucoup de zones de
contact du granite. Les quartzites restent, d'habitude, intacts au voisinage immédiat du granite.

Si les circonstances propres et les causes du
processus métamorphique ne sont pas encore bien
connues, ce processus consiste, dans son essence,
en un simple déplacement moléculaire, une re-
cristallisation, sans changement essentiel dans la
composition chimique, c'est-à-dire, sans apport et
sans enlèvement réels d'éléments chimiques, dans
les roches métamorphisées.

2.—PORPHYRE QUARTZIFÈRE

On comprend, sous cette désignation, le développement purement porphyrique (p. 29) de mélanges
granitiques. Dans une masse fondamentale d'apparence compacte, euritique, résoluble au microscope, reposent des cristaux distincts de
quartz et d'orthose, en outre, de plagioclases et
de mica.

A l'œil nu, la masse fondamentale a souvent une

apparence très dure, esquilleuse, analogue à celle
du silex; dans d'autres cas, elle est argiloïde et
terreuse, par suite de l'altération. Souvent elle est
abondamment parsemée de silice d'origine récente, sous forme de calcédoine et de quartz. Ces
roches montrent souvent une structure fluidale très
nette. Les diverses modifications de la masse fondamentale, telle que nous la montre l'observation
microscopique, ont été énumérées précédemment
(pp. 33 et suivantes).

Le q u a r t z y présente des formes dihexaédriques,
ordinairement très nettes, mais irrégulièrement
déformées par des pénétrations et des enclaves
de la masse fondamentale. Des inclusions liquides
et vitreuses s'y remarquent. Ces inclusions présentent généralement la forme du quartz lui-même
(cristaux négatifs). L'o r t h o s e, ordinairement laiteux par altération, montre, suivant la position de
ses sections, des formes carrées, rectangulaires ou
hexagonales. Les p l a g i o c l a s e s sont plus rares
et souvent tellement altérés que le striage de macle
qui les caractérise est à peine encore perceptible.
Le mica, la hornblende et l'augite n'y existent ordinairement qu'en petite quantité. Les porphyres
quartzifères sont surtout pauvres en minéraux
accessoires. La texture sphéroïdale et sphérolithique est très caractéristique (p. 34) pour certains
porphyres. Les couleurs rouge et verte sont parti-

culièrement fréquentes chez ces roches, ordinairement claires.

On distingue, suivant la texture :

Le porphyre granitique, intermédiaire avec le
granite ; le microgranite (auquel appartiennent aussi
en partie, des roches désignées autrefois sous les
noms d'eurite, d'elvan, de pétrosilex) ; le
granophyre ou granulophyre et le felsophyre(1). Leur
signification résulte de ce qui a été dit page 30.

La composition des porphyres quartzifères correspond, en général, à celle des granites. Comme
moyenne, on peut indiquer : $Si\,O^2 = 74\,\%$; $Al^2\,O^3$
$= 12$ à $14\,\%$; $Fe^2\,O^3$, $Fe\,O = 2$ à $3\,\%$; $Ca\,O$, $Mg\,O$
$= 2\,\%$; $K^2\,O$, $Na^2\,O = 7$ à $9\,\%$, un peu de H^2O.
Poids spécifique $= 2.\,5$ à $2.\,7$.

On doit rattacher également aux porphyres
quartzifères les roches particulières à masse fondamentale microgranitique ou compacte, euritique,
analogue au silex, que Guembel a nommées
cératophyres. Ils se présentent avec une texture
aussi bien grenue, granitique ou porphyrique que
compacte, et sont des roches à orthose et plagioclases avec quartz, mica brun, hornblende altérée
et magnétite. Il paraît vraisemblable qu'ils ap-

(1) On donne également à cette dernière roche les noms
de : porphyre globulaire, pyroméride, porphyre pétrosiliceux, et rhyolite ancienne.
(N. d. T.)

partiennent à la série granitique, à cause de leur
association micropegmatitique de quartz et de
feldspath. Ils se rencontrent sous forme d'importants filons couchés dans le Fichtelgbirge.

Les porphyres quartzifères sont toujours des
roches éruptives bien caractérisées, d'âge plus
récent, ordinairement, que les granites. La période
principale de leurs éruptions est le permien et le
trias ancien.

3. — RÉTINITE FELSITIQUE

Cette roche (Felsitpechstein) est la forme vitreuse dominante de solidification d'un magma qui
eût pu fournir du porphyre quartzifère ou du granite, par son développement complètement cristallin. Elle est donc déjà caractérisée extérieurement
par son aspect vitreux ou résineux, par sa cassure
conchoïde et par la répartition striée ou nébuleuse
des couleurs (vert, brun rouge, noir).

Au microscope, dans une masse vitreuse amorphe, se montrent des individualisations microfelsitiques et cristallitiques (pp. 27 et 28), souvent en
délicats groupements étoilés, pennés, filiciformes.

Les formations sphérolithiques y abondent aussi.
Lorsque, d'une masse fondamentale vitreuse, se séparent des cristaux ou des grains assez grands de
quartz, d'orthose, de plagioclases, de mica, de
hornblende, on nomme cette roche **vitrophyre**

(Pechsteinporphyr).Elle passe alors, en partie, à la forme vitrophyrique des porphyres quartzifères.

La composition chimique des rétinites felsitiques concorde essentiellement avec celle de la masse fondamentale des felsophyres. Toutes présentent cependant une teneur en eau plus considérable, atteignant 6 à 8 %. Le gîte de rétinite de Meissen, en Saxe, où cette roche forme des filons dans le felsophyre, et les filons de rétinite de l'île d'Arran (Écosse) sont classiques.

4. — SYÉNITE

Cette roche est un composé, sans quartz (ou pauvre en quartz), d'éléments granitiques à texture purement et complètement granitoïde.

On distingue donc la **Syénite à hornblende** ou **Syénite proprement dite**, la **Syénite micacée** et la **Syénite augitique.**

Les Syénites présentent parfois aussi un développement compacte, microgranitique ; les Syénites à hornblende ou proprement dites ont, en tous cas, en règle générale, une texture à grains très gros ou, tout au moins, gros. Les minéraux accessoires n'y sont pas rares ; les plus caractéristiques sont : la titanite, l'épidote, l'apatite, la magnétite et l'Ilménite.

La composition chimique des Syénites est, en moyenne : $Si\,O^2 = 58.4\,\%$; $Al^2\,O^3 = 19.2\,\%$; FeO

$= 8.3 \%$; Ca O $= 5.6 \%$; Mg O $= 2.9 \%$; K^{2}O $= 3.2 \%$; Na^2 O $= 2.4 \%$; peu d'H^{2}O. Poids spécifique $= 2.75$ à 2.9.

Les gisements sont tout à fait les mêmes que ceux du granite, que la Syénite accompagne généralement. Les Syénites présentent aussi des passages au gneiss (Syénite gneissique). Les Syénites typiques, dans le sens propre du mot, sont les roches de Plauschen Grund, près de Dresde, et celles du Sinaï.

5. — PORPYHRE (SANS QUARTZ), ORTHOPHYRE

Ils représentent le développement porphyrique de composition syénitique; on peut donc les appeler porphyres syénitiques. Suivant leurs éléments, on y distingue, comme dans les Syénites elles-mêmes, les variétés à hornblende, à mica et à augite. Les roches de cette espèce, riches en mica, c'est-à-dire les porphyres syénitiques à mica, ont été désignées aussi autrefois sous les noms de minettes et d'ortholites (Vosges). Elles doivent être considérées comme les équivalents, riches en orthose, des Kersantites (page 176) contenant, outre de beau mica, de l'augite et de la hornblende et ayant une texture porphyrique. Quelques roches en filons du Fichtelgebirge y appartiennent. Le développement dominant de la masse fondamentale est microcristallin ; ce n'est que rarement que l'on y

rencontre des restes d'une base vitreuse amorphe.
La rétinite syénitique n'est, jusqu'à présent, pas
connue ; mais, par fusi on artificielle de la Syénite,
on obtient également un verre absolument analogue à la rétinite.

6. — SYÉNITE ÉLÉOLITIQUE

Ce sont des assemblages d'orthose, de plagioclases et de néphélite (variété éléolite), dépourvus
ou peu fournis de quartz, avec mica, hornblende,
augite et, accessoirement, sodalite, zircon, titanite, etc. La texture de la roche est complètement
granitique. L'éléolite présente rarement des
formes cristallines ; le clivage imparfait, suivant
les faces du prisme, se révèle par des fissures parallèles ; ce minéral ne se détermine qu'optiquement avec sécurité ; sa faible biréfringence le distingue du quartz. Il est riche en inclusions liquides
et en microlithes de hornblende. La cancrinite
est un produit d'altération de la néphélite. L'association avec la sodalite bleue ou verdâtre est caractéristique.

A ces roches appartiennent : la **Foyaïte** des
montagnes de la Foya de Monchique dans le Portugal méridional, contenant hornblende, mica et
augite ; la **Miascite**, particulièrement riche en mica
noir, des monts Ilmen près de Miasc ; la **Ditroïte**,
belle roche grossièrement ou finement grenue, co-

lorée par de la sodalite bleue, avec hornblende et
mica, de Ditró en Transylvanie ; enfin la **Syénite**
(éléolitique) zirconienne, pegmatoïde, ordinairement à grains très volumineux, remarquable par
sa forte teneur en zircon, de la Scandinavie méridionale et des environs de Miasc. Cette dernière
roche est particulièrement connue pour sa richesse
en minéraux et en corps simples rares : le thorium,
l'yttrium, le cerium, le lanthane, le didyme, le
niobium, le tantale, etc., s'y rencontrent sous forme
de minéraux divers.

Une autre roche analogue est la **Syénite à eu-**
dyalite de la côte méridionale du Groënland.

7. — PORPHYRE ÉLÉOLITIQUE

On doit considérer comme types porphyriques
des Syénites à éléolite deux roches, qui ne contiennent, en tous cas, plus que les produits d'altération de la néphélite : le **Porphyre à Liebenérite**
(la Liebenérite et la Gieseckite sont des silicates
d'alcalis et d'aluminium hydratés de même forme
que la néphélite), de Predazzo dans le Tyrol méridional et le **Porphyre à Gieseckite** du Groënland. Dans ces deux roches, les minéraux cités et
l'orthose apparaissent, avec un développement
porphyrique, dans une masse fondamentale très
finement grenue ou compacte.

8. — DIORITE QUARTZIFÈRE

Ces roches correspondent, par leurs éléments, aux granites et aux Syénites, avec cette différence, toutefois, que, parmi les feldspaths, ce sont les plagioclases qui l'emportent de beaucoup sur l'orthose, ou même, qui y existent exclusivement. Elles consistent donc en plagioclases, orthose et quartz, minéraux auxquels s'ajoutent le mica, la hornblende et l'augite.

En ce qui concerne leur composition chimique, voir plus loin le paragraphe relatif à la diorite sans quartz (p. 183). Suivant la prédominance de l'un ou de l'autre de ces derniers minéraux, on distingue les **diorites quartzifères à mica, à hornblende et à hornblende et augite.**

Les diorites quartzifères à mica contiennent, outre les éléments essentiels : plagioclases, Biotite et quartz, de l'orthose subordonnée, de l'apatite et de la magnétite (plus rarement de l'Ilménite), et sont, ou sans hornblende, ou hornblendifères. Par une teneur plus forte en amphibole, elles passent à la diorite quartzifère à hornblende. Ce sont donc tout à fait les mêmes variations que celles des granites et des Syénites à hornblende.

Les diorites quartzifères à mica possèdent toujours une texture purement grenue. Elles sont loin d'être abondantes. Les **Kersantons** de la Bretagne

et les **Kersantites** des Vosges sont, en partie, des
diorites quartzifères à mica, sans hornblende,
mais avec augite, dans lesquelles, indépendam-
ment de cela, une partie du quartz ne doit pas être
considérée comme un élément originel, mais seulement comme de formation secondaire.

Ces Kersantites se présentent en filons, non seulement en Bretagne, mais également dans le
Nassau et surtout dans les Asturies. Ce sont ici
des roches d'une texture toute différente, Kersantites quartzifères compactes, granitoïdes et porphyriques.

Les pagioclases et le mica noir sont les éléments
les plus importants, dans une masse fondamentale
microgranitique ou compacte. A ces deux minéraux,
viennent s'adjoindre encore de l'amphibole, du pyroxène et des grains de quartz; accessoirement, de
l'orthose, de la magnétite, de l'apatite, de l'Ilménite, de la titanite, de la chlorite et de la calcite.
Suivant Barrois, ces Kersantites semblent offrir
plus d'analogie avec les Dacites (Andésites quartzifères). La plus grande partie, également, des roches désignées par Guembel sous le nom de
lamprophyres, et qui se rencontrent sur le versant
septentrional du Fichtelgebirge, sont à considérer comme des Kersantites, dans le sens indiqué
plus haut, c'est-à-dire comme des diorites quartzifères à mica; elles sont porphyroïdes, et contien-

nent, comme éléments, un mica foncé (biaxique),
des plagioclases (peu d'orthose), de l'augite (peu
de hornblende), du quartz, de la titanite, de la
magnétite, de l'Ilménite et de la calcite. Dernièrement, F. Becke a renseigné des Kersantites, peu
abondantes également, dans le Waldviertel de la
Basse-Autriche; elles sont, ou normales, avec Biotite, augite et hornblende, ou, aussi, d'une espèce
particulière remarquable, avec olivine. L'olivine
est entièrement métamorphosée en une hornblende incolore, en fines aiguilles feutrées (pilite),
et la roche a été nommée par Becke : **Kersantite pilitifère**. Une diorite quartzifère à mica,
riche en hornblende et d'un habitus granitoïde
remarquable, qui se rencontre dans le groupe de
l'Adamello dans la passe de Tonale au Tyrol
méridional, a été désignée du nom particulier de
Tonalite.

Les **diorites quartzifères à hornblende**, ou
proprement dites, consistent en plagioclases, orthose, quartz et hornblende; en outre, elles contiennent, presque toujours, mica magnésien, apatite, magnétite ou Ilménit.

La hornblende y forme, ou bien des cristaux
larges et grands, entre lesquels s'intercalent les
plagioclases, ou s'y présente sous forme de longues aiguilles mélangées à d'étroites bandelettes
de feldspath. Tandis que les roches de la première

12

sorte possèdent toujours la texture granitoïde proprement dite, ce sont celles de la dernière espèce, qui se rapprochent de la texture trachytique (diorites aiguillées).

La couleur de la hornblende est ordinairement le vert foncé, le brun ou le vert clair. Elle est assez riche en inclusions, par exemple, de mica magnésien, de granules ferrugineux opaques, d'apatite et de titanite.

Dans beaucoup de diorites, la hornblende se trouve de préférence sous forme d'agrégats fibreux ou bacillaires. Elle se rapproche, alors, de cette espèce de hornblende qui résulte de l'altération de l'augite et qui a été nommée Ouralite. Dans le cas actuel, l'état fibreux semble indiquer déjà un premier stade d'altération, si même on ne peut y reconnaître, en partie au moins, une pseudomorphose de l'augite. La chlorite, l'épidote, etc., résultent d'une altération plus active.

Dans le Banat, existent des roches éruptives plus récentes, dont l'âge n'est pas encore sûrement établi, et que Cotta a désignées sous le nom de **Banatites**. Elles appartiennent aux diorites quartzifères proprement dites et contiennent : plagioclases, quartz, hornblende, mica magnésien, un peu d'orthose, magnétite, apatite et titanite. Les **palæophyres** du Fichtelgebirge, de Guembel s'y rapportent également. Les **diorites quartzifères** à **hornblende et augite** contiennent toujours, outre de la hornblende ouralitique fibreuse, une augite brun rouge clair. On doit y rattacher les **épidiorites** de Guembel, qui traversent, dans le Fichtelgebirge, les couches cambriennes et siluriennes, ainsi que des roches analogues dans les Vosges. De telles roches existent également dans les formations paléozoïques de Catanzaro en Calabre, dans l'Herzégovine, au Monténégro, enfin à Quenast et à Lessines en Belgique (1).

9. — PORPHYRITE QUARTZIFÈRE

Elle représente le type porphyrique des roches ayant la composition des diorites quartzifères. Il n'est pas rare de rencontrer des représentants des trois subdivisions des diorites quartzifères, possédant cette texture. Pour ce qui concerne leur composition chimique, voir p. 184.

Leur masse fondamentale présente les mêmes formes de texture que celle des porphyres quartzifères. Elle est, ou microgranitique, ou microfelsitique, ou bien encore, mais en tous cas rarement, vitrophyrique. Il y existe aussi des fo. mations sphérolithiques, ainsi que la disposition des élé-

(1 Les roches exploitées pour pavés dans les deux lo-calités belges ont été désignées aussi sous les noms de : chlorophyre (Dumont), diorite quartzifère, épi-diorite, porphyrite quartzifère, etc. (N. d. T.)

ments de la masse fondamentale, désignée sous le nom de structure fluidale (p. 27).

Les porphyrites quartzifères à mica contiennent, dans une masse fondamentale compacte, des individus de plagioclases, de quartz, d'orthose en petite quantité, de mica magnésien foncé et de magnétite. Y appartiennent les roches de l'Altaï, du voisinage de Landshut, du Vicentin, etc. On peut considérer également comme porphyroïdes quartzifères à mica, typiques, la roche de Rödel, dans le Fichtelgebirge, désignée par Guembel sous le nom de lamprophyre, ainsi que quelques-unes des roches d'Auvergne connues autrefois sous le nom d'hémitrènes.

Les porphyres kersantitiques formant des filons dans l'Erzgebirge s'y rattachent également. Parmi les porphyrites quartzifères à mica, à masse fondamentale vitrophyrique, consistant, notamment, en un verre brun, nous citerons les roches de Monte Trisa et du Rasta dans le Vicentin, ainsi que les soi-disant rétinites porphyriques de Kornberge près Erbendorf en Bavière. Les rétinites dioritiques proprement dites, sans individus cristallins spéciaux, sont, en tous cas, extraordinairement rares.

10. — DIORITE (SANS QUARTZ)
ou simplement DIORITE

Parmi les roches anciennes à plagioclases

elles correspondent à la composition des Syénites, dans les roches à orthose. Comme elles, et comme les diorites quartzifères, elles se subdivisent en : **diorites à mica, à hornblende ou diorites proprement dites et à hornblende et augite (1).**

Les **diorites (sans quartz) à mica** paraissent être rares. Une partie des Kersantites et des lamprophyres (p. 176), y appartiennent, en tant qu'ils sont dépourvus de quartz.

Les **diorites proprement dites** sont, en tous cas, les plus fréquentes. Pour ce qui concerne l'élément le plus caractéristique, la hornblende, ce qui a été dit précédemment peut être répété ici; comme éléments accessoires, sont à mentionner l'apatite, la magnétite ou l'Ilménite, la titanite, et, très répandue aussi, la pyrite. L'épidote et la chlorite s'y rencontrent comme produits secondaires. Les diorites à facies aciculaire (microlithique) de la hornblende et des plagioclases, appelées parfois **diorites aciculaires** (Nadeldiorite), sont aussi abondantes dans beaucoup de régions, que les roches granitoïdes proprement dites. Les diorites deviennent schistoïdes par l'arrangement parallèle des éléments. Mais beaucoup de diorites schis-

(1) Les auteurs français les divisent en d i o r i t e s à oligoclase, diorites andésitiques et d i o r i t e s à Labrador, suivant l'espèce du feldspath dominant. (N. d. T.)

loïdes appartiennent plutôt aux schistes cristallins.

Par le groupement rayonnant d'éléments allongés autour de certains centres, prennent naissance les diorites orbiculaires (Kugeldiorite) (1). La belle roche de Sartene en Corse est le représentant le plus connu de cette variété ; des aiguilles de plagioclase (anorthite), disposées radialement et séparées les unes des autres par de la hornblende, en constituent les sphéroïdes.; dans les diorites de l'Auvergne, également, se rencontrent des formations sphéroïdales, radiées, analogues. La diorite orbiculaire de Rattlesnake, El-Dorado County, en Californie (2), dépasse encore en beauté la roche de Corse.

Les épidiorites sans quartz constituent, tout comme dans les diorites quartzifères, le troisième groupe, contenant simultanément hornblende et augite. Ces roches sont représentées dans le Fichtelgebirge, dans les Vosges, en Suède, etc.

Parmi les hémitrènes déjà citées précédemment et considérées autrefois comme des calcaires hornblendifères, se cachent aussi des diorites proprement dites. La teneur en calcite provient ici,

---

(1) Cette variété s'appelle encore Corsite ou Napoléonite. (N. d. T.)

(2). Vom Rath. Sitzb. d. niederrhein. Ges., 1884, p 206.

comme dans tant de diorites, surtout dépourvues
de quartz, de l'altération des plagioclases et de la
hornblende.

La composition chimique des diorites en général, parmi lesquelles sont comprises les diorites à
et sans quartz, est naturellement éminemment
variable suivant la teneur en silice libre, de sorte
qu'une valeur moyenne n'aurait ici aucune signification. Le degré très différent d'altération produit,
également ici, des différences notables. La teneur
varie dans les proportions suivantes : $SiO^2 = 48$ à
74 % ; $Al^2O^3 = 15$ à 22 % ; FeO, $Fe^2O^3 = 4$ à
16 % ; CaO, $MgO = 2.5$ à 15 % ; $K^2O = 1$ à 7 % ;
$Na^2O = 2.2$ à 5 % ; $H^2O = 0.8$ à 2 %. Poids spécifique $= 2.75$ à 2.95.

11. — PORPHYRITE DIORITIQUE (SANS QUARTZ)

Ces roches, appelées aussi **porphyrites** proprement dites, ne diffèrent pas essentiellement des
porphyrites quartzifères par leur texture et leur
composition. On y distingue les mêmes groupes que
dans ces dernières suivant la présence du mica
magnésien et de l'augite à côté de la hornblende.
Les roches quartzifères et sans quartz existent à
côté l'une de l'autre, dans les mêmes gisements,
par exemple, à Ilfeld au Hartz, en Saxe et dans le
devonien de la région comprise entre la Saar et la
Nahe.

En ce qui concerne la masse fondamentale, on
remarque les mêmes variations de composition.
Le porfido rosso antico (porphyre rouge
antique) de Djebel Dokhan, à 45 kilomètres
de la côte occidentale de la mer Rouge, si
fréquemment employé dans les constructions
de l'antiquité classique, est une porphyrite dioritique sans quartz, à masse fondamentale cryptocristalline, contenant des bandelettes de hornblende brune et des plagioclases altérés rougeâtres
(le produit d'altération est, en partie, de l'épidote colorée en rouge). Il s'y trouve associé, du reste aussi,
des variétés colorées en noir et en vert. Des porphyrites des Alpes méridionales, par exemple, des
environs de Recoaro dans le Vicentin, appartiennent
également à cette catégorie de roches. Les palæophyres du Fichtelgebirge de Guembel, ainsi que
les porphyrites grises à plagioclases, hornblende
et orthose du voisinage d'Ortler, appelées Suldenite
et Ortlerite, trouvent également leur place ici.

Chez les porphyrites dioritiques avec et sans
quartz, réunies, la composition chimique, répon-
dant à l'association minéralogique, est très variable : $SiO^2 = 49$ à 67%; $Al^2O^3 = 16$ à 18%;
$FeO, Fe^2O^3 = 4$ à 8%; $CaO, MgO = 3$ à 7%; K^2O
$= 1.3$ à 4.8%; $Na^2O = 2$ à 3.2%; peu d'H^2O.
Poids spécifique $= 2.6$ à 2.7.

Le fait que les porphyrites sans quartz, les

plus basiques, ne présentent pas de variété purement vitrophyrique, est en harmonie avec l'absence de rétinites de composition syénitique.

12. — ROCHES A PLAGIOCLASES ET NÉPHÉLITE (TESCHÉNITE)

Les roches du voisinage de Teschen dans la
Silésie autrichienne et de la Moravie ont été considérées, jusque dans ces derniers temps, comme les
seuls représentants de ce groupe. Ce sont des
assemblages de plagioclases, néphélite, augite,
hornblende, apatite et Ilménite, contenant aussi,
mais plus rarement, orthose, mica magnésien,
olivine, titanite et magnétite. L'analcite et d'autres
zéolites semblent résulter de l'altération de la
néphélite. La texture de ces roches est grenue et
microlithique ; il n'y existe pas de restes du
magma vitreux. Dernièrement, Mac-Pherson (1)
a annoncé aussi l'existence de la Teschénite au
Portugal, où elle traverse les couches crétacées
et où elle serait, donc, d'âge relativement récent.
Par sa composition, elle correspond assez bien à
la roche des environs de Teschen.

13. — DIABASE QUARTZIFÈRE

Parmi les roches à plagioclases et augite, les

(1) Bull. Soc. géol. de France, série 3, t. IX, p. 192.

diabases proprement dites, il s'en trouve peu de
quartzifères, à rapporter à cette division. Quelques-unes, pourtant, contiennent du quartz comme
élément originel indiscutable. Pour le reste, elles
possèdent la même composition que les diabases.
On doit aussi y rapporter le **leucophyre** de
Guembel, roche du silurien supérieur, présentant
une association de plagioclase altéré (en ce que
l'on appelle Saussurite), avec un peu d'augite, des
substances chloriteuses et assez bien d'Ilménite, et
à laquelle est propre une teneur constante en
quartz. De semblables leucophyres existent dans
le Fichtelgebirge, dans les Vosges et dans la région
de la Saar et de la Nahe.

14. — PORPHYRITE DIABASIQUE QUARTZIFÈRE

Parmi les porphyrites diabasiques mentionnées
dans la suite, il s'en trouve dont la teneur en
quartz est peu importante et qui devraient donc être
placées ici. Mais il n'existe pas de différence particulière entre leur composition et celle des porphyrites diabasiques proprement dites.

15. — DIABASE

La diabase est, essentiellement, une association
de plagioclases et d'augite, avec magnétite ou Ilménite. Parmi les éléments qui ne sont pas propres à
toutes les diabases, l'olivine est, certes, si caracté-

ristique pour un grand nombre d'entre elles, que
l'on distingue, d'après cela, les **diabases à olivine
et sans olivine**. Les diabases à olivine se rapprochent en tous cas beaucoup des mélaphyres (voir
p. 198). La hornblende, l'enstatite, le quartz (diabases quartzifères, voir pp. 185 et 186) ne doivent
être indiqués que pour certains gisements. Par
contre, l'orthose y paraît très fréquente; l'apatite
et, avant tout, un produit chloriteux secondaire,
résultant de l'altération des éléments primaires,
sont généralement répandus dans les diabases.
Cet élément chloriteux détermine aussi la coloration verte de la roche (comme chez les diorites; de
là, le nom de Grünstein, commun autrefois aux
deux). La composition chimique de ce produit
chloriteux n'est nullement constante, de sorte que
ses propriétés physiques (optiques) peuvent varier
considérablement. La désignation de viridite (et
de chloropite) lui a été réservée, quoique, souvent,
il ne soit pas convenablement définissable au
point de vue minéralogique.

Les plagioclases (1) y sont souvent déjà fortement altérérés et transformés en un agrégat finement grenu ou radié. Très caractéristique aussi

---

(1) Les auteurs français distinguent les diabases
à oligoclase, à Labrador et à anorthite,
suivant l'espèce du plagioclase dominant. (N. d. T.)

est la transformation en épidote, souvent poussée
jusqu'à la disparition complète de la substance
feldspathique. Des roches complètement épidoti-
fères, contenant en outre en abondance du quartz
et de la calcite secondaires, résultent ainsi des diabases.

L'augite se présente ordinairement sous forme
de grains irréguliers ou de bandelettes enclavés
entre les plagioclases. Elle est, en règle générale,
transformée, à partir des bords, en une substance
chloriteuse ou en une hornblende verte, fibreuse,
formant une pseudomorphose complète en augite
et désignée alors sous le nom d'Ouralite.
Les diabases riches en hornblende, dans lesquelles
ce minéral existe comme élément primitif, à côté
de l'augite, ont été nommées **protérobases** par
Guembel. On y rencontre des associations régulières d'augite et de hornblende, et les plagioclases y sont ordinairement transformés en produits
analogues à la Saussurite.

L'olivine, qui se trouve si abondamment dans
certaines diabases, montre, en règle générale, l'altération en serpentine. Elle est souvent complètement remplacée par celle-ci et ne peut plus alors
être déterminée avec certitude.

L'Ilménite est entourée, dans les diabases, d'un
produit caractéristique de formation récente, pour
lequel Guembel a employé le vocable leu-

coxène et von Lasaulx la désignation titanomorphite. Ce produit est bien le même dans
tous les cas et n'est autre chose que de la titanite,
suivant les recherches de Cathrein. On rencontre
aussi, mais plus rarement, des pseudomorphoses
de rutile sous forme d'Ilménite, comme, par exemple,
dans les schistes diabasiques des environs de Lai-
four, dans les Ardennes françaises. Par une altération plus prononcée des diabases, leur teneur
en carbonate calcique augmente d'ordinaire et devient souvent très notable.

La texture des diabases est complètement granulo-cristalline; pourtant, elle n'est que rarement
du type du granite, mais, ordinairement, trachytique
et microlithique remarquable, ou ophitique (p. 32).
Souvent ces roches paraissent presqu'absolument
compactes extérieurement; on les nommait autrefois aphanites.

La composition chimique des diabases (les diabases quartzifères inclus) est variable, ce qui dépend aussi du degré différent d'altération. Elles
sont toujours plus basiques que les diorites. Elles
contiennent, en général : $SiO^2 = 40$ à 60 °/$_0$; Al^2O^3
$= 11$ à 22 °/$_0$; Fe^2O^3, $FeO = 11$ à 22 °/$_0$; CaO,
$MgO = 4$ à 15 °/$_0$; $K^2O = 0.3$ à 6 °/$_0$; $Na^2O = 0.6$
à 6 °/$_0$; $H^2O = 1.7$ à 4 °/$_0$. Poids spécifique $=$
2.7 à 2.9.

Les diabases se rencontrent sous forme de fi-

lons(1) ou de filons-couches, qui, dans beaucoup de
cas, ont pénétré par intrusion dans des séries de couches déjà plissées, surtout, dans les systèmes silurien inférieur et devonien. Elles présentent des
phénomènes de contact très caractéristiques, à la
jonction avec les roches voisines, et elles s'y sont
aussi bien transformées elles-mêmes dans leur
masse et leur texture propre (endomorphisme),
qu'elles ont métamorphisé les roches voisines
(exomorphisme).

Comme transformation tout particulièrement
caractéristique du processus endomorphe, on doit
signaler la texture variolitique de maintes diabases.
Les globules de ces variolites sont des agrégats
sphérolithiques et présentent également, comme
ceux-ci, des variations de texture (p. 34). Dans la
plupart des cas, elles semblent composées uniquement de fibres radiales cristallines. Elles
doivent être considérées alors uniquement comme
une texture particulière de solidification de la diabase.

L'influence exomorphe de contact sur les roches
voisines se révèle par la transformation cornéenne
des schistes. Une partie des adinoles hälleflin-

(1) Tel est le cas de la belle roche de Challes près de
Stavelot en Belgique, décrite et figurée par M. A. Re-
nard. Bull. Acad de Belg., 2ᵐᵉ sér., t. XLVI, 1878.
(N. d. T.)

toïdes et les **cornes vertes** des auteurs français y
appartiennent. Le commencement du métamorphisme se décèle par la présence de petits sphéroïdes concrétionnés et de taches, dans la roche
schisteuse, comme c'est le cas dans les **spilosites** et
les **desmosites** (voir vers le bas de l'article Schiste).
Les diabases riches en cavités arrondies affectent
le caractère des mélaphyres amygdaloïdes, lorsque
ces cavités sont remplies de minéraux, notamment de calcite (**diabases amygdaloïdes**, Diabas-
mandelstein).

Une grande partie des roches des Pyrénées, que
l'on désigne sous le nom d'**ophites**, appartiennent
indubitablement aux diabases. Mais, sous ce nom,
on réunit certainement aussi des diorites et des
Andésites (voir pp. 210 à 222). Ces dernières
sont incontestablement des roches plus récentes.

116. — PORPHYRITE DIABASIQUE (DIABASOPHYRE)

Elles sont aux diabases ce que les porphyres
quartzifères sont au granite, ou les porphyres
aux Syénites. Ainsi, les minéraux sont les
mêmes que dans les diabases et y possèdent le
même faciès. La masse fondamentale des porphyrites diabasiques présente les mêmes variations
de texture que celle des porphyres euritiques
(Felsitporphyr). Elle consiste, en tout ou en partie,
en grains cristallins, en subtance microfelsitique

ou même aussi vitreuse, vitrophyrique. De même
qu'une série continue passe des rétinites, par les
porphyres quartzifères vitrophyriques, aux microgranites et aux porphyres granitiques, on rencontre
aussi, parmi les porphyrites diabasiques, des rétinites vitreuses, d'une part, des microdiabases et
des diabases purement grenues, d'autre part. Aux
roches p o r p h y r i q u e s (1), c'est-à-dire constituées
à la façon des porphyres granitiques, appartient
une très grande partie des anciens **porphyres labradoriques**, dont la masse fondamentale est complètement granulo-cristalline.

Mais d'autres porphyres labradoriques possèdent,
dans leur masse fondamentale microfelsitique ou
plus ou moins vitreuse, la matière de véritables
porphyrites diabasiques. Pourtant, une texture
complètement vitrophyrique et microfelsitique de
la masse fondamentale est rare ; en règle générale,
elle présente une combinaison de matière micro-
ou cryptocristalline dominante, avec des parties
felso ou vitrophyriques entremêlées. Les sphérolithes n'y font pas défaut, mais y sont rares. Les
petites bandelettes de plagioglases y présentent

(1) A ce groupe de roches devraient peut-être se rattacher les a u g i t o p h y r e s (Augitporphyr) du Tyrol,
qui ne sont que des porphyrites diabasiques, dont le
feldspath a presqu'entièrement disparu. (N. d. T.).

fréquemment une disposition fluidale extraordinairement belle, à l'occasion.

Les plagioclases s'y rencontrent, dans la plupart
des cas, comme éléments indivisualisés et, d'après
cela la plupart des porphyres labradoriques
appartiennent à ce groupe, comme les porphyrites
des environs d'Elbingerode au Hartz, des Vosges,
du Thuringerwald, etc. La belle roche classique des
constructions de l'antiquité, le porfido verde
antico (porphyre vert antique) de Marathon
est une porphyrite diabasique. Une roche de
l'île Lambay située devant la côte orientale d'Islande lui ressemble étonnamment. Des porphyrites diabasiques véritables, parmi lesquelles il y en a également de quartzifères, ont été
indiquées par Bittner et Tietze dans beaucoup
de localités du Monténégro et de l'Herzégovine.
Les porphyrites diabasiques sont également répandues sous le diluvium de la plaine du nord de
l'Allemagne.

Comme groupe spécial, on doit mentionner les
porphyrites diabasiques à enstatite, formant, dans
une certaine mesure, la transition avec les Norites
(p. 197). Une masse fondamentale vitreuse particulière, base vitreuse, y est ordinairement peu abondante. L'enstatite est faiblement polychroïque et
présente l'altération en Bastite fibreuse.

Les **Palatinites** des environs de Saint-Wendel,

13

décrites par Laspeyres et Streng, appartiennent
en partie à ce groupe. Beaucoup de ces roches ne
contiennent cependant que de la hornblende, ressemblant à du diallage, et doivent être placées
parmi les diorites.

On a mentionné, en outre, des roches analogues dans le Tyrol à Klausen et dans le Vicentin au voisinage de Recoaro. Dans les Cheviot
Hills, à la frontière de l'Ecosse et de l'Angleterre,
il existe des roches qui contiennent une augite
orthorhombique et qui ont été désignées comme
porphyrites à enstatite ou, également, comme
Andésites à enstatite (voir p. 227).

17. — GABBRO

Les roches de ce groupe possèdent toujours
un faciès si caractéristique, qu'il suffit pour
les séparer des diabases, dont les termes à enstatite présentent tant d'affinités avec elles.
Comme elles ont constamment une texture granulo-cristalline remarquable et comme le faciès
porphyrique y apparaît rarement, on devra chercher leurs représentants porphyriques parmi les
porphyrites diabasiques.

Les roches des Cheviot Hills, désignées déjà
précédemment comme porphyrites à enstatite,
seraient plus exactement appelées porphyrites du

gabbro, ainsi que toutes les roches chez lesquelles, à côté d'un pyroxène clinorhombique, s'en trouve un orthorhombique subordonné.

Les **gabbros** sont, essentiellement, des mélanges de plagioclases et de diallage, dans une partie desquels l'olivine entre encore comme constituant caractéristique. D'après cela, on distingue les **gabbros à olivine** et les **gabbros** simplement.

Le **plagioclase** de ces roches semble toujours voisin de la composition de l'anorthite, riche en calcium ; cela résulte également de ses propriétés optiques. Dans beaucoup de cas, il est transformé en un agrégat fibreux, enchevêtré, radié, écailleux (Saussurite). Le **diallage** se présente presque toujours sous forme de larges cristalloïdes, qui se développent entre les bandelettes de plagioglases. Son clivage suivant l'orthopinacoïde H^1, ses interpositions caractéristiques, son association régulière assez fréquente avec un pyroxène orthorhombique, par exemple, l'enstatite et aussi avec la hornblende, doivent être pris d'autant plus en considération pour sa caractéristique, que, sans cela, il ne se distingue pas de l'augite. Fréquemment, son altération donne lieu à de la hornblende fibreuse, ou smaragdite, à une substance chloriteuse et à de la serpentine. Accessoirement, la roche contient mica foncé, Ilménite, apatite, rutile et quartz.

Les gabbros à olivine présentent d'étonnantes variations dans la quantité des éléments contenus. Beaucoup sont presque complètement dépourvus de plagioclases et consistent uniquement en diallage et olivine ; dans d'autres, le diallage disparaît et alors prennent naissance les roches connues sous le nom de **forellenstein**. Les taches noires qui donnent naissance à ce nom (roche truitée) consistent ordinairement en restes d'olivine entourés de magnétite.

L'abondante formation secondaire de magnétite, résultant surtout de l'altération de l'olivine, détermine la couleur souvent tout à fait noire de cette roche. Sa composition réelle se reconnaît alors dans les plaques minces.

La composition chimique varie entre les limites suivantes : $SiO^2 = 48$ à $54. 6 \, ^0/_0$; $Al^2O^3 = 10.4$ à $28.9 \, ^0/_0$; $FeO, Fe^2O^3 = 4.8$ à $15.8 \, ^0/_0$; $CaO, MgO = 9$ à $18 \, ^0/_0$; $K^2O = 0.01$ à $2. 69 \, ^0/_0$; $Na^2O = 0.5$ à $6. 2 \, ^0/_0$. Poids spécifique $= 2.9$ à $3. 02$.

Les gabbros forment ordinairement des dépôts intrusifs, en amas, dans le granite, les schistes cristallins et les couches sédimentaires très anciennes (1). Les **gabbros schistoïdes** existent simulta-

(1) L'euphotide du Mont Genèvre, d'âge triasique, semble se rattacher au groupe des gabbros, tandis que d'autres roches du même nom (granitones) d'âge tertiaire et post-tertiaire sont les représentants récents

nément avec les gneiss et seront encore mentionnés parmi les schistes cristallins.

18. — NORITE

Sous ce nom on réunit utilement, suivant Rosenbusch, toutes les roches anciennes qui, outre
du plagioclase, contiennent un pyroxène orthorhombique comme constituant essentiel : ainsi
donc, les roches à plagioclases et enstatite et les
roches à plagioclases et hypersthène.

La détermination du pyroxène orthorhombique
doit procéder de la voie optique. Ce sont toujours
des roches grenues, granitoïdes qui, autrefois,
étaient en partie désignées sous d'autres noms;
ainsi, par exemple, sous celui d'**hypersthénite**, la
belle roche connue de l'île Saint-Paul, sur la côte
du Labrador, ou sous ceux de **schillerfels, Bastit-
fels**, comme les roches de Harzburg, ou bien déjà
aussi sous celui de Norite, comme la roche nor-
wégienne très riche en plagioclases des environs
de Hitteroë, Egersund, etc. Tout comme chez les
gabbros, on peut distinguer aussi les **Norites à olivine** et les **Norites** simples, c'est-à-dire, sans olivine.

de ces mêmes roches. Quelquefois, le diallage y est
remplacé par de la smaragdite. Tel est le cas pour la
roche appelée verde di Corsica (vert de Corse)
que l'on trouve au voisinage de Florence, près de Gênes
et en Corse. (N. d. T.)

Les Norites offrent différents types de texture, comme les diorites et les diabases ; cela résulte de recherches pétrographiques récentes sur les roches éruptives, désignées autrefois sous le nom de diorites et intercalées dans le système des micaschistes de l'Eisackthal, à la chaussée de Brixen à Klausen, dans le Tyrol (1). Elles forment une série continue, indivisible géologiquement et pétrographiquement, dont les termes extrêmes aboutissent, d'une part, aux diorites quartzifères à mica, d'autre part, aux Norites. A côté de Norites à hyperstène ou à enstatite granulo-granitoïdes proprement dites, existent ici des **Norites quartzifères** et des **porphyrites noritiques** qui se rapprochent, par certaines variétés, des porphyrites diabasiques, par suite de l'abondance d'augite clinorhombique. Tous les types se rattachent les uns aux autres par des transitions.

19. — MÉLAPHYRE

Comme les constituants essentiels, plagioclases, augite et olivine, sont justement les mêmes que ceux des diabases à olivine, on pourrait, en se fondant sur cela, réunir commodément ces deux roches et considérer, par exemple, les mélaphyres comme

(1) F. Teller et C. von John. Jahrb. d. geol. Reichsanstalt. Wien, 1882, XXXII, pp. 589 et suiv.

une variété porphyrique, par suite de l'existence
d'une base vitreuse, si deux circonstances n'indiquaient une certaine indépendance de leur part
(voir pp. 229, 230 et 233). D'un côté, leurs plagioclases paraissent constamment plus riches en
calcium et se rapprochent de la composition de
l'anorthite; d'autre part, leur texture est continuellement plus trachytique par l'état allongé des
plagioclases et correspond ainsi à celle des basaltes
plus récents. Les rapports de l'augite et de la base
vitreuse rappellent aussi ceux du basalte; plus la
substance vitreuse est abondante, plus rare paraît
l'augite. L'olivine montre particulièrement bien,
d'ordinaire, chez les mélaphyres, les différents
stades de son altération. Accessoirement se montrent toujours la magnétite et l'apatite, un peu de
hornblende et de mica magnésien.

La texture des mélaphyres (1) varie suivant
les rapports de la base vitreuse et des cristaux
individualisés, en passant par tous les degrés
entre les types porphyrique et trachytique. La
texture porphyrique typique est rare, en tous cas,
et l'augite se présente alors en plus grands individus.

Les mélaphyres sont très fréquemment amygda-

(1) La basaltite de Wildenfels en Saxe est un mélaphyre d'apparence basaltique. (N. d. T.)

loïdes (Mandelstein). Les cavités bulleuses, souvent très nombreuses, sont remplies, en tout ou en partie, par des minéraux de diverses sortes, de formation secondaire. C'est des mélaphyres que proviennent les belles amandes connues d'agate; la calcédoine, le quartz, la calcite, la Delessite, des zéolites et d'autres minéraux s'y rencontrent. La couleur des mélaphyres est ordinairement vert foncé à noir; par altération, ils deviennent couleur de rouille. Il se forme par là de l'hydroxyde de fer, de sorte que maints mélaphyres passent directement à la limonite.

Leur composition chimique est très variable : $Si\ O^2 = 48$ à $58\ ^0/_0$; $Al^2\ O^3 = 12.8$ à $22\ ^0/_0$; $Fe\ O = 6$ à $23\ ^0/_0$; $Ca\ O$, $Mg\ O = 3.7$ à $15\ ^0/_0$; $K^2\ O = 0.6$ à $4\ ^0/_0$; $Na^2\ O = 1.2$ à $5\ ^0/_0$; $H^2\ O = 0.7$ à $4\ 8\ ^0/_0$. Poids spécifiqne $= 2.55$ à 2.87.

Ils se présentent surtout très développés dans le permien, sous forme de culots, de filons, de nappes et d'amas.

Beaucoup de mélaphyres très vitrifères peuvent être désignés sous le nom de rétinite mélaphyrique; telle est, par exemple, la roche de Weisselstein près Saint-Wendel, présentant, en partie, l'aspect extérieur de l'obsidienne et qui contient, dans une base vitreuse brune dominante, de nombreuses bandelettes très grandes de plagioclases, des microlithes et des grains d'augite et de magnétite.

20. — PÉRIDOTITE

Sous ce nom, on comprend les roches dont le constituant essentiel est l'olivine, que celle-ci soit associée uniquement à la magnétite ou à la chromite, ou qu'elle se trouve réunie à un ou plusieurs minéraux du groupe des amphiboles et des pyroxènes. D'après cela, on divise les péridotites en roches à olivine et chromite, ou Dunites, roches à olivine et diopside, ou Lherzolites, roches à olivine et enstatite et, enfin, roches à olivine et augite ou picrites (palæopicrites, eu égard à leur âge géologique). Un caractère commun à toutes ces roches est qu'elles se transforment plus ou moins en serpentine. Les serpentines, partout où elles se rencontrent, sont à considérer uniquement, dans leur état actuel, comme le résultat d'altérations qui ont en partie complètement transformé les éléments originels.

Cependant, toutes les serpentines ne proviennent pas de roches à olivine, mais c'est, indubitablement, le cas pour la plupart. Il a été démontré incontestablement que la serpentine peut résulter de roches à amphibole, de gabbros et de roches riches en augite, dont il sera parlé pp. 204 à 206. Mais, en tout cas, la serpentine n'occupe pas la place d'une roche indépendante; elle doit être mentionnée naturellement comme produit d'altération, à l'occasion de toutes les roches dont elle tire son origine.

Von Hochstetter a décrit tout d'abord comme **Dunite** un agrégat d'olivine vert olive dominante, avec grains et octaèdres de chromite, provenant de la Nouvelle-Zélande. De semblables roches se retrouvent dans la Serrania di Ronda au midi de l'Espagne, où elles sont cependant transformées en serpentine. Accessoirement, on y rencontre d'ordinaire du grenat, transformé totalement, dans certains cas, en un agrégat chloriteux indéterminé, ou en hornblende fibreuse, comme, par exemple, dans les Vosges, au Col du Pertuis, etc.

Les Lherzolites ont reçu leur nom du lac Lherz dans les Pyrénées ; mais, dans les diverses localités où cette roche se rencontre, elle présente toujours les mêmes caractères. L'olivine s'y associe avec de l'augite clinorhombique et de l'enstatite ou de l'hypersthène orthorhombique, et, en outre, presque jamais le chlorospinelle ou la Picotite et la magnétite ou l'Ilménite n'y font défaut. L'olivine y domine comme proportions ; l'augite clinorhombique y a, ordinairement, l'aspect et la couleur vert foncé du diopside ; elle possède d'habitude une faible teneur en chrôme et doit donc être nommée diopside chromifère.

Les bombes d'olivine des basaltes de beaucoup

de localités, fragments détachés de roches si-
tuées dans la profondeur, appartiennent également, pour la plus grande partie, aux Lherzolites.
Elles sont, en tous cas, fortement refondues, et,
par là, fréquemment aussi, notablement transformées. Le diopside et le spinelle chromifères y
sont également tout à fait caractéristiques.

Un grand nombre de serpentines de divers gisements résultent de Lherzolites ; outre dans les
Pyrénées, on en rencontre aussi en Norwège, dans
les Alpes, dans le Fichtelgebirge, etc.

Les roches à olivine et enstatite ne sont
pas très répandues ; quelques-unes d'entre elles
sont remarquables par leur riche teneur en grenats.

Comme roches à olivine et diallage, à forte
teneur accessoire en grenats, on doit désigner
l'eulysite, qui est intercalée entre les gneiss
septentrionaux de Tunaberg, en Suède.

Dans les serpentines grenatifères, qui résultent
en partie de roches à olivine et diallage, se repro-
duit un frangement particulier du grenat par une
substance fibreuse grise ou verte, résultant de l'altération de bandelettes d'augite ou de hornblende,
substance qui entoure, sous une disposition radiée,
un noyau de grenat ayant agi comme centre de
structure, lors de sa formation. On a choisi,
pour cette substance, le nom de kelyphite, ce

qui indique le frangement en coquille de noix (1).

Guembel désigne sous le nom de **palæopicrites** les roches, originairement riches en olivine, qui existent dans les formations paléozoïques du Fichtelgebirge et qui contiennent, outre l'olivine, principalement de l'augite, également de l'enstatite, de l'Ilménite et de la magnétite, ainsi qu'un peu de hornblende et de Biotite, mais qui sont ordinairement transformées en un mélange de substances serpentineuses et chloriteuses.

En dehors du Fichtelgebirge, on rencontre aussi de semblables roches, en quelques points, dans le système devonien de la rive droite du Rhin.

Les porphyrites picritiques ne sont caractérisées que par l'existence d'une base vitreuse plus ou moins abondante, avec laquelle l'olivine, l'augite, la magnétite s'unissent en donnant naissance à des roches ressemblant, par leurs propriétés externes, au mélaphyre, dont elles représenteraient, en tous cas, une modification dépourvue de plagioclases. Elles ne sont pas fort répandues.

21. — ECLOGITE

Sous ce nom, on comprend des agrégats grenus

---

(1) Schrauff, Zeitschr. f. Krystallogr., 1882, IV, p. 4. Von Lasaulx, Sitzungsber. Niederrhein. Ges., 1882, p. 114.

ou porphyriques de smaragdite vert émeraude, d'omphacite verte et de grenat ; en substance donc, une association de grenat avec un minéral du groupe des pyroxènes et un autre du groupe des amphiboles, mais sans feldspath. L'étroit enchaînement que présentent ces roches avec les schistes cristallins, notamment avec les gneiss, laisse, en partie, indécise la question de savoir si elles ne doivent pas elles-mêmes être rapportées, à proprement parler, aux roches schisto-cristallines. Leur texture est, du reste, en règle générale, purement cristalline.

Le constituant essentiel est, en tout cas, l'omphacite, nom qui sert à désigner une augite diopsidoïde vert clair, où l'on a reconnu, dans beaucoup de cas, une certaine teneur en chrome; c'est donc un diopside chromifère (p. 84). Dans ce fait réside aussi la similitude des relations génétiques de cette roche avec les péridotites.

Le grenat n'est nullement un élément essentiel, puisqu'il existe aussi des roches à omphacite sans grenat. D'après cela et d'après la teneur en omphacite ou en smaragdite, c'est-à-dire, en une hornblende vert d'herbe ou en une hornblende commune de couleur foncée, on peut classer ces roches en : 1° eclogites sans grenat, consistant en omphacite seule ou en omphacite et hornblende. Accessoirement, on y rencontre d l'enstatite, de

l'olivine et du rutile ; 2° eclogites grenatifères ou
proprement dites, tantôt sans hornblende, les
eclogites à omphacite proprement dites, tantôt avec
ce minéral, et alors, parfois, sans omphacite, eclogites à hornblende. Parmi ces dernières, on doit encore citer particulièrement celles dans lesquelles
la hornblende est la variété bleu violacé ou glaucophane (p. 89). Ces roches seront encore citées
parmi les schistes cristallins. Dans les eclogites,
le grenat est fréquemment un centre de structure
pour les fibres ou les petits prismes de diopside
ou de hornblende qui l'entourent.

Accessoirement, il y existe de la zoïsite, de l'é-
pidote, de la cyanite, du rutile et du quartz, rarement aussi de la Picotite.

Des eclogites remarquables de différentes sortes
se rencontrent dans le Fichtelgebirge, dans les
Alpes Carniques, en quelques points de la Basse-
Autriche, dans la Sierra Guadarrama au nord de
Madrid, etc. La grenatite (Granatfels) de la Saxe
et de la Silésie, contenant du grenat, de la hornblende verte et de la magnétite, appartient à cette
famille de roches.

22. — TRACHYTE QUARTZIFÈRE (LIPARITE)

Dans la série des roches récentes, plus la texture
holocristalline, granitoïde à proprement parler,
tend à disparaître, pour faire place à la texture

trachytique, microlithique, moins nette devient
la séparation entre les roches grenues et porphyriques, telle qu'elle se présente entre le granite et
les porphyres euritiques. La texture porphyrique
devient plus ou moins dominante dans les roches
récentes et se présente avec les mêmes variations
dans l'aspect de la masse fondamentale; toujours
est-il qu'elle se développe ordinairement de façon
qu'elle n'est qu'un intermédiaire entre les textures
grenue et porphyrique, à l'exemple des roches
anciennes.

Les trachytes quartzifères ou Liparites sont les
équivalents du granite; les lithoïdites et les sphā-
rolithfels qui s'y rattachent, les équivalents des
porphyres euritiques; les verres volcaniques récents, riches en silice, ceux des obsidiennes anciennes.

Le premier groupe des Liparites à développement granitoïde proprement dit n'a, en tous
cas, que peu de représentants. Une roche de Monte-
Amiata, en Toscane, d'apparence grenue, il est
vrai, et consistant en sanidine dominante, un peu
de plagioclase, de petits cristaux d'augite et des
grains arrondis, à cassure conchoïde, d'un verre
brun châtoyant, doit, à cause de ces grains vitreux, être, certes, déjà considérée comme
porphyrique et non comme granitoïde.

Une roche de l'île Mokoia dans la mer de Rotorua, en Nouvelle-Zélande, semble, cependant, être une Liparite grenue, vraiment holocristalline, consistant en un mélange de sanidine dominante, de grains de quartz et de lamelles de mica noir.

Les **Nevadites** de l'Ouest de l'Amérique du Nord sont, pour une partie, également des Liparites granitoïdes contenant un mélange de quartz et de feldspath, de la Biotite peu abondante, subordonnée et de la hornblende.

Le nombre des Liparites à texture porphyroïde (1) est, par contre, très considérable.

Dans une masse fondamentale, en règle générale dominante, apparaissent, comme secrétions, du quartz, de la tridymite, de la sanidine, des plagioclases, de la Biotite, plus rarement de la hornblende et de l'augite; par contre, souvent de l'apatite et de la magnétite en abondance et, assez fréquemment aussi, de la titanite et du zircon. Le quartz présente les mêmes caractères que dans les porphyres quartzifères. Les inclusions liquides y sont très rares; au contraire, les inclusions gazeuses sont fréquentes. La sanidine, d'apparence vitreuse, fissurée, ne ressemble que rarement à l'orthose du granite à aspect trouble, mat. Les plagioclases n'y existent jamais qu'à l'état sporadique. Très carac-

(1) Liparites porphyriques, rhyolites, porphyres molaires. (N. d. T)

téristique est l'autre modification cristalline de
l'acide silicique, la tridymite. Elle se trouve souvent, par rapport au quartz qu'elle renferme et
circonscrit, dans des relations d'origine qui ne
sont pas encore tirées au clair.

En ce qui concerne la masse fondamentale, on
peut répéter ici ce-qui a été dit relativement à
celle des porphyres euritiques et, en général,
page 31. Son développement microcristallin
est on ne peut plus rare. La masse fondamentale microfelsitiqne est désignée également sous
le qualificatif lithoïditique, et la roche, sous
le nom de lithoïdite. Elle a, à l'état frais, une
apparence porcellanique, analogue à celle du
silex ; altérée, elle devient argiloïde et mate et
elle est alors fréquemment parsemée de silice, de
formation récente, de la forme de la calcédoine et
de l'opale, comme c'est également le cas pour les
porphyres euritiques. Des parties microfelsitiques
et vitreuses à proprement parler, forment de fréquentes associations dans la masse fondamentale
de beaucoup de Liparites. D'autre part, il existe
des Liparites à masse fondamentale purement
vitrophyrique dominante et à texture perlitique.

La masse fondamentale des Liparites est également riche en sphérolithes de diverses sortes et
possède, fréquemment, une belle structure fluidale
autour d'eux. Le nom de sphärolithfels, ou de

14

Liparite sphérolithique a été employé pour des roches à texture porphyrique de cette espèce, particulièrement riches en sphérolithes.

La composition chimique des Liparites varie dans les proportions suivantes : $SiO^2 = 73$ à 82 $^0/_0$; $Al^2O^3 = 8$ à 13.7 $^0/_0$; Fe O,$Fe^2O^3 = 1.2$ à 3.7 $^0/_0$; Ca O, Mg O $= 0.42$ à 3.8 $^0/_0$; $K^2O = 1.7$ à 5.6 $^0/_0$; $Na^2O = 2.5$ à 6.5 $^0/_0$. Poids spécifique $= 2.44$ à 2.63.

Les Liparites sont des roches volcaniques récentes et se présentent simultanément avec les trachytes sous la forme de culots, de coulées et de filons. Elles sont répandues, entre autres, particulièrement aux monts Euganéens près de Padoue, aux îles Lipari, en Hongrie, au Mexique.

Par la formation de quartz secondaire, les trachytes communs, sans quartz, peuvent devenir analogues aux Liparites, comme c'est, par exemple, le cas pour le sanidophyre de Rosenau, dans les Sept-Montagnes, qui a été rapporté inexactement, pour cela, aux Liparites. L'acide silicique opaloïde, qui s'y trouve, n'est pas facile à distinguer de la base vitreuse, également isotrope et, souvent même aussi, de la masse fondamentale microfelsitique. Mais il se laisse facilement enlever par la solution de potasse caustique, ce qui n'est pas le cas pour celle-ci. L'abondance de l'opale dans les roches trachytiques, par exemple, en Autriche et au Mexique, rappelle un processus analogue et il peut se faire ainsi que, parmi les Liparites chez lesquelles on ne voit pas de quartz libre, il s'en trouve peut-être encore beaucoup que, par un essai chimique plus approfondi, on prouverait n'être que des trachytes à sadinine imprégnés de silice facilement soluble.

23. — RÉTINITE TRACHYTIQUE

Sous ce nom et sous celui de rétinite proprement dite (Trachytpechstein), on désigne les roches récentes, remarquables par leur teneur en eau, qui ne sont que rarement purement vitreuses, mais qui sont ordinairement conformées comme de vrais vitrophyres, c'est-à-dire, qui contiennent des inclusions cristallines plus ou moins nombreuses, dans une base vitreuse. Ces inclusions ressemblent absolument à celles des Liparites : sanidine, quartz, hornbende, augite, magnétite. Des inclusions gazeuses, des fibres microfelsitiques, des formations sphérolithiques de diverses textures s'y rencontrent également.

Ces rétinites sont, ordinairement, étroitement unies aux Liparites, par leur mode d'origine.

24. — PERLITE

Elle se distingue essentiellement des rétinites trachytiques par sa texture perlitique (p. 36). Cette

texture n'exerce aucune influence sur la disposition
des inclusions, ordinairement innombrables; elle a
donc pris naissance après leur formation (1). La
teneur en eau des perlites est, en règle générale, un
peu moindre que celle des obsidiennes. La teneur en
acide silicique comporte, en moyenne, environ 76%.
D'après cela, la matière des trachytes quartzifères
ou liparitiques paraît seule propre à recevoir la
texture perlitique proprement dite.

Les perlites de la vallée de Hlinik en Hongrie,
et des monts Euganéens près de Padoue, sont très
caractéristiques.

25. — OBSIDIENNE

L'obsidienne est un verre riche en silice, mais
s a n s e a u, qui doit être considéré comme le produit
vitreux de solidification d'un magma, tantôt lipa-
ritique, tantôt trachytique. La teneur en acid e
silicique varie entre 60 et 70 %. En règle générale, l'obsidienne a une couleur foncée, presque
noire, qui devient gris de fumée dans les minces
éclats.

Pourtant, il existe aussi, sur le plateau de Quito,
des variétés brunes, rouge brun, et même presque
incolores, ressemblant complètement à des verres
artificiels. La pierre à bouteilles verte, ressem-

(1) Voir la note au bas de la p. 37. (N. d. T.)

blant à un verre à bouteilles et dépourvue
d'inclusions cristallitiques microscopiques, roche
que l'on trouve sur la Moldau (1) en Bohème, sous
forme de globules libres dans le sable, semble ne
pas être un verre naturel, mais artificiel. Par
contre, les grains gris brun de Marekanka (2) près
d'Ochotsk, et des tufs de Mont-Dore-les-Bains sont
de vraie obsidienne.

L'obsidienne devient porphyrique par la présence de cristaux de sanidine, etc. Autour de ces
individus, la masse vitreuse semble fréquemment
nettement biréfringente. De nombreux cristallites minuscules, notamment de ceux que l'on a
nommés trichites et bélonites (p. 28) et des sphérolithes, sont répandus dans toutes les obsidiennes
et déterminent, souvent, une structure fluidale dé-
licate. Outre ces interpositions, apparaissent des
inclusions gazeuses et des systèmes de fissures
parallèles innombrables qui, dans certains cas,
donnent un chatoyement coloré aux cassures con-
choïdes de l'obsidienne (phénomène dû à la dévia-
tion des rayons lumineux).

Les obsidiennes bulleuses, mousseuses, sont des
ponces ; souvent des lits de verre compacte alternent

(1) On l'a désignée sous le nom de Moldawite.
(N. d. T.)
(2) On leur a donné le nom de Marekanite.
(N. d. T.)

avec les lits ponceux, poreux. Les roches à obsidienne possèdent, par ce fait, ou aussi, par l'arrangement en couches d'inclusions étrangères, une
texture rubanée et ont été désignées alors sous le
nom d'eutaxite.

26. — PONCE

C'est un verre boursouflé (Bimstein) à la façon
des champignons, mousseux et poreux, ou étiré en
fibres parallèles, par suite de courants gazeux qui
l'ont évidemment traversé. La laine de scories, produite maintenant artificiellement pour de nombreux
usages, présente avec elle de grandes analogies.
Une ponce analogue se produit aussi naturellement
dans les volcans (voir p. 235). Les cendres volcaniques qui, en 1873, ont été transportées par
le vent d'Islande en Norwège, consistaient, pour
la plus grande partie, en fins filaments vitreux
enchevêtrés.

La ponce n'est pas, par sa composition chimique,
uniquement limitée au mélange très acide des
roches liparitiques, mais comprend aussi les proportions du magma trachytique sans quartz. Il
existe des ponces qui contiennent moins de 60 %
d'acide silicique, tandis que d'autres atteignent
jusque 73 %

Les séparations microscopiques sont les mêmes
que dans l'obsidienne. La sanidine, les plagioclases

et la magnétite s'y présentent en individus porphyriques.

27. — TRACHYTE

Sous le nom de trachytes, simplement, on ne
comprend, d'habitude, actuellement, que les roches
sans quartz, mais avec sanidine et plagioclases,
qui représentent ainsi les équivalents récents des
Syénites anciennes. La texture porphyrique dominante leur est propre, mais ils possèdent d'habitude,
avec un développement caractéristique, la texture
granulo-microlithique (p. 30). La texture granitoïde
proprement dite y est extrêmement rare.

Tout à fait à la manière des Syénites, on partage
aussi les trachytes, suivant les éléments associés
au feldspath, en : **trachytes à hornblende, à mica
et à augite**; mais, entre ces types, apparaissent de
nombreux intermédiaires. Les minéraux se présentent, généralement, en individus porphyriques, dans une masse fondamentale dont
l'apparence poreuse et rude a donné l'idée du nom
de la roche (τραχυς = rude). Dans beaucoup de cas,
cet aspect poreux de la masse fondamentale n'est
nullement originel, mais secondaire, déterminé
par la disparition de certains éléments. La texture microscopique de cette masse fondamentale montre les mêmes variations que celles qui
ont été décrites en détail, à propos des porphyres

quartzifères. La base vitreuse proprement dite y
est rarement en forte proportion ; de même aussi,
la forme vitrophyrique de la masse fondamentale
y est rare, ainsi que le développement microfelsitique des constituants. Le plus fréquemment, c'est
le développement microcristallin, analogue à la
texture microgranitique des porphyres qui y
domine.

Parmi les constituants, la sanidine et les plagioclases paraissent exister simultanément dans presque tous les trachytes. La hornblende, la Biotite
et l'augite s'y rencontrent simultanément et ne
s'excluent pas ; les trachytes à hornblende et à
Biotite semblent être plus fréquents que ceux dans
lesquels l'augite prédomine. L'apatite, la magnétite, la titanite et la tridymite sont à citer comme
éléments accessoires très répandus ; ce dernier
minéral est fréquent, ici, sous une forme tout à fait
caractéristique. L'olivine est très rare, mais elle
existe certainement dans quelques trachytes véritables. Dans certains trachytes, comme, par exemple, ceux d'Ischia, des environs de Naples et du
lac de Laach, la Haüynite, la Nosite et la sodalite
se rencontrent aussi comme constituants.

La couleur de ces roches est ordinairement
claire, jaunâtre ou grise et rougeâtre.

La composition chimique est assez variable :
$Si O^2 = 62$ à $64 \,^0/_0$; $Al^2 O^3 = 16$ à $19 \,^0/_0$; $Fe^2 O^3$,

Fe $O = 5$ à 6 $\%$; Ca $O = 1.5$ à 2.5 $\%$; Mg $O =$
0.7 à 0.8 $\%$; K^2 $O = 3.5$ à 5.5 $\%$; Na^2 $O =$
4.5 à 5 $\%$; H^2 $O = 0.5$ à 1 $\%$. Poids spécifique
$= 2.6$ à 2.7.

Les trachytes se présentent sous forme de filons,
de coulées et de culots dans beaucoup de districts
volcaniques, où ils sont très abondants : Sept-Montagnes (1) et Westerwald, Transylvanie, centre de
la France, Henry Mountains dans l'Amérique Occidentale, etc. (2).

28. — PHONOLITE

Les phonolites, en leur qualité d'équivalents
récents des Syénites éléolitiques anciennes, contiennent, comme constituants essentiels, la sanidine,
la néphélite et la leucite. Ce dernier minéral n'a, en
tous cas, pas été trouvé, jusqu'à présent, dans
les roches anciennes, ante-tertiaires. A ces minéraux
se joignent alors, ordinairement, la Nosite et la
Haüynite, ainsi que l'augite et la hornblende. Les
plagioclases n'y sont pas abondants et semblent
même manquer tout à fait dans quelques phonolites ; la Biotite ne s'y trouve que sporadiquement ;

(1) Cette roche a été appelée aussi sanidophyre.
(N. d. T.)
(2) La Domite du Puy-de-Dôme est un trachyte poreux, riche en tridymite. (N. d. T.)

l'apatite, la magnétite et la titanite s'y rencontrent presque toujours.

Chez les phonolites également, la texture porphy-roïde est la plus fréquente ; quelques-uns des minéraux cités se rencontrent dans un autre constituant et dans la masse fondamentale consistant en un mélange finement grenu. La base vitreuse n'y existe jamais qu'en faible proportion.

Les phonolites sont souvent tout à fait compactes, en dalles ; ils rendent un son clair sous le choc du marteau (**Klingstein**). La couleur est ordinairement gris verdâtre et tachetée d'une façon toute particulière. De l'altération de la néphélite résultent des zéolites, qui se trouvent dans la masse même de la roche et qui remplissent aussi ses cavités. Il s'y forme, en même temps, de la calcite. Les quantités relatives de sanidine et de néphélite sont tellement variables, que les analyses fractionnaires, même anciennes, indiquaient continuellement des quantités différentes du constituant soluble en gelée dans les acides.

Comme moyenne de la composition, on peut indiquer les valeurs suivantes : $SiO^2 = 59.4$ % ; $Al^2O^3 = 19.5$ % ; $Fe^2O^3 = 3.5$ % ; $MnO = 0.2$ % ; $CaO = 2.3$ % ; $MgO = 0.7$ % ; $K^2O = 6.0$ % ; $Na^2O = 7.0$ % ; $H^2O = 1.6$ %. Poids spécifique $= 2.5$.

On divise, d'après Rosenbusch, les phonolites

en trois groupes : les phonolites néphélitiques, ou
simplement phonolites ; les phonolites leucitiques
et ceux qui contiennent simultanément néphélite et leucite, pour lesquels le savant prénommé a
mis en usage le nom de leucitophyres. Le premier
groupe est de beaucoup le plus répandu ; les phonolites leucitiques ne sont connus qu'au centre de
l'Italie, aux monts d'Albano, etc. Aux leucitophyres
se rattache aussi la roche à mélanite et Nosite du
Perlerkopf près d'Olbrück dans l'Eifel volcanique.
En dehors du district du lac de Laach, ce troisième
groupe est également représenté au Kaiserstuhl près
de Fribourg en Brisgau. Les salbandes, ressemblant
à de l'obsidienne, des filons de phonolite des îles
Canaries prouvent qu'il existe aussi des modifications vitreuses de composition phonolitique.
L'eutaxite (p. 214), à couches alternantes de forme
vitreuse, microfelsitique et cryptocristalline, se
trouve aussi parmi les phonolites des Canaries.

29. — ANDÉSITE QUARTZIFÈRE

Les Andésites quartzifères sont les représentants
récents des diorites quartzifères. Comme elles, elles
consistent en une association de plagioclases, hornblende et quartz, minéraux auxquels s'associe
continuellement la Biotite. Une distinction en Andésite quartzifère à hornblende et à mica ne paraît

pas praticable ici comme chez les diorites, car
ces constituants ne jouent, par rapport aux plagioclases, qu'un rôle plus subordonné.

Les plagioclases présentent, presque sans exception, une apparence allongée, microlithique et une
modification soi-disant vitreuse, analogue à la sanidine. Tschermak l'a désignée sous le nom
spécial de « microtine ». Elle montre d'une façon
remarquable le striage hémitrope polysynthétique, souvent simultanément d'après plusieurs
lois. Les inclusions vitreuses et gazeuses sont fréquentes; plus rares les microlithes des minéraux
associés ; encore plus rares les inclusions liquides.
La disposition zonaire des inclusions est combinée
à la structure concentrique des cristaux. L'orthose
(et la sanidine) est rare. Le quartz se présente en
grains et en cristaux dihexaédriques nets ; souvent
la tridymite accompagne le quartz. Outre les
minéraux cités précédemment, on y remarque aussi
continuellement l'augite. L'apatite, la magnétite,
la titanite sont fréquentes. Comme minéraux de
formation secondaire, la calcédoine et l'opale.

La composition chimique des Andésites quartzifères est, en moyenne : $SiO^2 = 66.1 \,^0/_0$; Al^2O^3
$= 14.8 \,^0/_0$; $Fe\,O = 6.3 \,^0/_0$; $Ca\,O = 5.3 \,^0/_0$;
$Mg\,O = 2.4 \,^0/_0$; $Na^2\,O$, $K^2\,O = 4.7 \,^0/_0$; $H^2\,O =$
$0.5 \,^0/_0$. Poids spécifique $= 2.6$.

La texture est rarement grenue microlithique

pure, ordinairement porphyroïde à masse fondamentale microlithique (en partie microgranitique).
La texture porphyrique proprement dite, avec plus
ou moins de base vitreuse dans la masse fondamentale, se rencontre également.

Des Andésites quartzifères existent dans les
Sept-Montagnes, en Hongrie, aux monts Euganéens
et dans d'autres districts. Les roches hongroises
de cette espèce ont également été appelées **Dacites**.
Les **propylites** quartzifères y appartiennent également. Voir aussi les **Timazites** p. 222. Une partie
des verres volcaniques : rétinites, perlites à faible
teneur en acide silicique, peuvent bien être
considérés comme des modifications vitreuses du
magma andésitique quartzifère.

30. — ANDÉSITE (SANS QUARTZ)

Sous ce nom sont désignés les équivalents récents, dépourvus de quartz, des diorites proprement dites ; on les distingue en **Andésites amphiboliques** et **Andésites micacées**.

En ce qui concerne leurs constituants, leurs relations de texture et leur dispersion géographique,
on peut répéter ce qui a déjà été dit des Andésites
quartzifères. Leur composition, par suite de l'absence de silice libre, est un peu plus basique :
$Si\,O^2 = 50.\,8\,°/_0$; $Al^2\,O^3 = 17.\,3\,°/_0$; $Fe^2\,O^3$, FeO

$= 7.6 \%$; $CaO = 6.0 \%$; $MgO = 1.3 \%$; K^2O $= 3.1 \%$; $Na^2O = 4.0 \%$; $H^2O = 1.0 \%$. Poids spécifique $= 2.7$.

Les Andésites amphiboliques proprement dites, toujours riches en mica et augitifères, forment une grande partie des culots des Sept-Montagnes sur le Rhin, entre autres, le Wolkenburg et le Stenzelberg.

Aux Andésites appartiennent les **propylites** de la Hongrie et du Nevada. La **Timazite** de la vallée de Timok dans la Serbie orientale, est aussi, partie une Andésite, partie une Andésite quartzifère. L'**Isenite** de la vallée de l'Eis (Isena) dans le Nassau n'est pas une roche à Nosite, mais seulement une véritable Andésite amphibolique à peu d'olivine et beaucoup d'augite, dont l'apatite a été prise pour de la Nosite. Pourtant, il existe des Andésites à Haüynite aux Canaries.

31. — TÉPHRITE

Sous le nom de téphrite on comprend, suivant l'exposé de Rosenbusch, les roches à plagioclases correspondant aux roches récentes à orthose et néphélite ou leucite, c'est-à-dire aux phonolites. Si ceux-ci équivalent aux Syénites éléolitiques, celles-là doivent répondre aux Teschénites. Nous avons déjà fait ressortir précédemment que la leucite fait complètement défaut dans

les roches anciennes. Comme chez les phonolites,
on distingue, chez les téphrites, trois divisions :
les **téphrites à néphélite**, celles à leucite ou leu-
cotéphrites, et enfin celles à néphélite et leucite.
La première espèce est la plus répandue.

Les plagioclases ont la même allure que chez
les Andésites ; on y rencontre, en outre, assez fréquemment de la sanidine. De là résulte le passage
à la phonolite. La néphélite ressemble à celle des
basaltes à néphélite, auxquels nous renvoyons
pour sa description. En ce qui concerne la leucite,
ce qui sera dit à propos des basaltes leucitiques
s'y adapte aussi parfaitement. Outre ces constituants, l'augite est l'élément le plus fréquent. En
outre, la hornblende, le mica, la magnétite, l'apatite et la Haüynite y sont aussi répandus que dans
les phonolites.

La texture granulo-microlithique est la plus
fréquente chez ces roches ; la forme porphyrique
pure y est rare. Il n'y a que quelques téphrites
contenant une base vitreuse en forte proportion.

Des téphrites à néphélite très caractéristiques se trouvent aux Canaries et à Ténériffe. Elles
semblent également être assez répandues en
Bohême. Les **Buchonites** du Rhön doivent aussi
être rattachées aux téphrites à néphélite. Des leu-
cotéphrites remarquables se montrent au Rocca
Monfina dans la moyenne Italie au voisinage de

Rome. Des téphrites à néphélite et leucite se présentent au Kaiserstuhl et en Bohème.

Aux téphrites confinent aussi les néphélinites et les leucitites, formant en quelque sorte un intermédiaire entre elles et les basaltes correspondants.

On désigne sous le nom de néphélinites des roches riches en néphélite, ne contenant d'ordinaire que peu de plagioclases, dépourvues d'olivine et qui sont composées d'augite, de leucite, de Haüynite (1), de Nosite, de magnétite et d'apatite, en sus de la néphélite. La roche de Meiches dans le Vogelsgebirge est une des néphélinites les plus typiques. Parmi les roches désignées autrefois sous le nom de dolérites néphélitiques, par exemple, celles de Bohème, beaucoup appartiennent à cette catégorie.

Les leucitites sont aussi presque dépourvues de plagioclases et se distinguent par là des téphrites proprement dites; elles sont également sans olivine et diffèrent ainsi des basaltes leucitiques. Outre la leucite, on y trouve de l'augite, de la néphélite et de la Haüynite dominantes, de l'amphibole rare.

32.— ANDÉSITE QUARTZIFÈRE AUGITIQUE. ANDÉSITE AUGITIQUE

Les Andésites augitiques sont les équivalents

---

(1) Le Haüynophyre de l'Eifel et de Niedermendig est une néphélinite riche en Haüynite. (N. d. T.)

récents des diabases anciennes sans olivine ; elles
se partagent, comme elles, en une subdivision quartzifère et une autre sans quartz. Elles consistent
donc essentiellement en un mélange de plagioclases
et d'augite, outre lesquels il n'est pourtant pas
rare de rencontrer de la hornblende et de la Biotite,
ainsi que du quartz, mais moins fréquemment.
La division des Andésites quartzifères augitiques
n'a donc qu'une importance minime, ainsi qu'il a
été dit également pour les diabases.

Outre les constituants cités, on trouve encore
sanidine, magnétite, apatite, rarement tridymite. La base vitreuse amorphe est plus répandue
ici que chez les Andésites amphiboliques ; la forme
purement cristalline, microlithique de la masse fondamentale de la roche est rare ; la texture porphyrique, dominante. L'absence de l'olivine a beaucoup
d'importance pour la distinction d'avec le basalte,
dont les Andésites augitiques se rapprochent fréquemment. La structure zonaire des plagioclases est
plutôt propre aux Andésites augitiques qu'aux
basaltes.

La composition chimique des Andésites augitiques
sans quartz comporte, en moyenne : $Si\ O^2 =$
57.2 %; $Al^2\ O^3 = 16.1$ %; $Fe\ O = 13.0$ %; $Ca\ O =$
5.8 %; $Mg\ O = 2.2$ %; $K^2\ O = 1.8$ %; $Na^2\ O =$
3.9 %. Poids spécifique $= 2.84$. La teneur en acide
silicique des roches quartzifères atteint jusque 65 %.

Les Andésites augitiques (1) forment des dépôts étendus en Hongrie et en Transylvanie. Dans les Sept-Montagnes près de Bonn, elles sont réunies sous le nom de trachytes noirs, par exemple, à Hemmerich près de Honnef; la plupart d'entre elles sont hornblendifères et augitifères; la roche de la partie inférieure du cône du Löwenburg y appartient également. Parmi les laves du Caucase, des Andes de l'Amérique méridionale, par exemple, de Chimborazo et des Puys volcaniques de l'Auvergne, beaucoup sont de véritables Andésites augitiques. Les laves de Santorin, qui sont en partie dépourvues, en partie fournies d'olivine, doivent donc aussi être désignées sous le nom d'Andésites augitiques. Elle smontrent que le magma de l'Andésite augitique est capable d'un développement purement vitreux; outre une obsidienne à plagioclases d'individualisation porphyrique, on trouve également là beaucoup de ponces.

Ce n'est que tout à fait isolément que semblent exister, jusqu'à présent, les équivalents récents des gabbros et des Norites anciens. On doit désigner sous le nom d'**Andésite à diallage** une roche de Laufengrabe, le point le plus élevé du mont

_____

(1) Les **Labradorites** de MM. Fouqué et M. Lévy sont des Andésites augitiques récentes, à texture microlithique. (N. d. T.)

Smrkouz en Styrie ; c'est un composé de plagioclases et de diallage, avec une masse fondamentale serpentinoïde par altération. Dans la même
montagne, se montre également, à Saint-Egidi, une
Andésite à enstatite ou à **hypersthène** (1). Mais des
Andésites à hypersthène ont encore été trouvées
plus abondamment en d'autres points. Aux monts
Cheviot entre l'Écosse et l'Angleterre, existent aussi
des roches andésitoïdes à enstatite qui, cependant,
à cause de leur grand âge géologique (mésozoïque),
doivent plus exactement être rapportées aux porphyrites ou aux gabbros (p. 194). Les cendres de
l'éruption volcanique du détroit de la Sonde
(Krakatau) du mois d'août 1883 contiennent un
pyroxène orthorhombique, et les laves, ainsi que
celles des autres volcans de cette région, doivent
donc être rapportées aux Andésites à hypersthène.
On a aussi mentionné dernièrement des Andésites
à hypersthène dans les Cordillères, aussi bien de
l'Amérique septentrionale, à Buffalo Peak, que
de l'Amérique méridionale, de l'Équateur et du
Pérou, par exemple, au volcan Chachani près
d'Arequipa.

33. — BASALTE

Sous la désignation basalte on comprenait,

(1) Cette dernière roche est également appelée
hypérite. (N. d. T.)

à l'origine, les roches que l'on considérait comme
constituées essentiellement de plagioclase et d'augite, puis de magnétite, tandis que l'olivine y était
indiquée comme élément caractéristique, il est vrai,
mais non essentiel. Plus tard, surtout par les recherches microscopiques, il devint évident que,
parmi les roches paraissant extérieurement appartenir à la même famille, grâce à une similitude
étonnante de l'habitus, de la couleur, de la texture, etc., et que l'on rapportait aux basaltes,
il s'en trouve beaucoup auxquelles les plagioclases
font complètement défaut; on découvrit ainsi les
basaltes à néphélite et ceux à leucite, et on les con-
sidéra comme des subdivisions du grand groupe
des basaltes, à côté des basaltes à feldspath ou
basaltes proprement dits.

Sous le nom de **dolérite**, on désigna les basaltes
à gros grain et à grain moyen, sous celui d'**ana-
mésite**, ceux à grain très fin, sous celui de **basalte**,
simplement, les roches complètement compactes,
non résolubles, à l'œil nu, en leurs constituants.
Après cela, les téphrites, décrites pp. **222** à **224**,
comme variété sans olivine de composition basaltique, en furent séparées, et l'acception du terme
basalte se resserra dans des limites plus étroites.
Pour séparer, en outre, nettement les groupes de
roches récentes et anciennes, il devint également
nécessaire de former un groupe spécial des roches

sans plagioclases mais avec leucite et olivine, d'habitus tout à fait basaltique, à cela près.

D'après cela, le sens pétrographique actuel du mot basalte s'indique de lui-même. Les basaltes sont les équivalents récents des diabases à olivine et des mélaphyres anciens. Comme on ne peut guère, chez les roches récentes de cette composition, les basaltes, établir une division comme chez les anciennes, il serait donc régulier aussi de réunir en un seul groupe les diabases à olivine et les mélaphyres (voir pp. 187 et 198) et, faisant abstraction des propriétés particulières, un peu opposées à cette manière de voir, de ces deux espèces, de placer le point principal dans la présence de l'olivine comme constituant essentiel.

Les composants essentiels du basalte sont donc les plagioclases, l'augite et l'olivine, auxquels s'associent continuellement la magnétite et l'apatite. Que le développement des éléments soit doléritique, c'est-à-dire, à constituants nettement reconnaissables, ou anamésitique, la texture est toujours granulo-microlithique, selon la définition de celle-ci (p. 31), jamais granulo-granitoïde à proprement parler. Par l'existence d'une base vitreuse, les basaltes affectent également une texture porphyrique; pourtant, en règle générale, cette texture n'a pas grande importance pour le caractère de la roche, parce que la base vitreuse n'est que

rarement très abondante. Une distinction des basaltes d'après ces variétés de texture ne paraît, en
tous cas, pas s'imposer ; si l'on a surtout égard
aux profondes différences de la texture granitique et de la texture porphyrique chez les roches
anciennes, on constate que ces différences disparaissent de plus en plus chez les récentes, par le
développement microlithique des éléments.

Le plagioclase (1) des basaltes, qui comprend,
dans les différentes roches, des compositions chimiques différentes, bien que le calcium y domine
(voir pp. 64 à 69), forme continuellement des cristaux
allongés, à macles multilamellaires et ordinairement frais. Il est pauvre en inclusions, comme le
feldspath des Andésites augitiques et ne présente
que très rarement la structure zonaire et le groupement en zones des inclusions. Il ne forme jamais
de grains à contours irréguliers, comme le font l'augite et l'olivine. Chez les basaltes proprement dits,
l'augite est généralement le constituant dominant ;
aussi bien en cristaux bien limités qu'en grains,
elle présente souvent la structure zonaire et des
macles. Remarquablement polychromes, les zones
diffèrent aussi optiquement, et indiquent la super-

(1) Suivant l'espèce du feldspath, MM. Fouqué et
M. Lévy distinguent des basaltes labradoriques et
des basaltes anorthitiques. (N. d. T.)

position de substances isomorphes, différant aussi chimiquement.

A côté de l'augite apparaissent : la hornblende, en grands individus et dans la masse fondamentale, très souvent avec des contours arrondis et avec enveloppe de magnétite noire, résultant, peut-être, d'une refusion partielle ; le mica, mais uniquement dans une variété spéciale de la roche ; ces deux minéraux ne sont pas particulièrement répandus. Les basaltes amphiboliques, que Sommerald a indiqués comme assez abondants dans le Rhön et au Vogelsberg, sont caractérisés (porphyriquement) par leur richesse en hornblende, plus ou moins abondamment répartie aussi dans la masse fondamentale et visible à l'œil nu. Ils appartiennent, en tous cas, aux basaltes à plagioclases, mais ils se rapprochent, par l'abondance de la néphélite, des basaltes néphélitiques et, par le retrait du plagioclase, des Limburgites.

L'olivine se présente, dans les basaltes, aussi bien comme élément propre, ordinairement de première consolidation, que comme inclusions étrangères, résultant de roches à olivine de composition minéralogique différente. Comme, sous forme d'élément, elle ne présente pas toujours des contours cristallographiques nets, mais souvent des formes arrondies, il n'est nullement facile de distinguer les deux sortes d'olivine. La grosseur

des grains ne fournit pas un caractère certain. Si
les inclusions d'olivine affectent souvent des dimensions notables, comme les bombes d'olivine, il existe, cependant, aussi de menus éclats et
de petits granules, qui ne proviennent, pourtant,
que d'inclusions. Les inclusions d'olivine ont été,
pour la plus grande partie, refondues ou dissoutes
dans le magma basaltique et elles sont alors entourées de zones de minéraux de seconde formation,
qui comprennent tous les éléments du basalte,
notamment, l'augite, l'olivine, les plagioclases et
la magnétite.

Beaucoup de basaltes sont très riches en inclusions d'olivine, de sorte qu'ils se présentent presque
comme des brèches de fragments de ce minéral
réunis par un ciment basaltique. Ce dernier paraît
alors devoir être, en partie, considéré comme le
produit d'une refusion de l'olivine. Par contre,
d'autres basaltes sont très pauvres en inclusions
de ce minéral. On ne peut pas encore constater
sûrement jusqu'à quel point, dans ces roches, une
refusion ou redissolution totale de fragments préexistants d'olivine a pu avoir lieu. Seulement, les
observations faites récemment sur la fusion des
inclusions de péridot dans les basaltes et sur les
produits qui en résultent, semblent prouver que
l'olivine a pris une part très importante à la formation de ces roches.

En tous cas, il reste établi d'une façon indiscutable que les bombes d'olivine du basalte ne sont pas des séparations un peu plus anciennes du magma, mais, bien au contraire, des restes de vraies inclusions de roches à olivine plus anciennes, refondues ou redissoutes. Ces inclusions s'identifient aussi minéralogiquement avec les différentes variétés de péridotites (p. 201).

L'olivine est ordinairement facilement reconnaissable, tout particulièrement à son phénomène d'altération en serpentine, plus rarement en limonite et en carbonates. Les petits cristaux de spinelle chromifère (Picotite), renfermés dans l'olivine, sont tout à fait caractéristiques.

Comme produits secondaires des basaltes, on trouve, notamment dans les géodes, des carbonates, des zéolites, du quartz et d'autres variétés d'acide silicique. Beaucoup de basaltes affectent, par là, une disposition amygdaloïde dont il a été parlé.

La composition chimique des basaltes est très variable, ce qui dépend notamment, aussi, du degré d'altération. La moyenne correspond à peu près à : $SiO^2 = 43\ \%$; $Al^2O^3 = 14\ \%$; Fe^2O^3, $FeO = 15.\ 3\ \%$; $CaO = 12.\ 1\ \%$; $MgO = 9.\ 1\ \%$; $K^2O = 1.\ 3\ \%$; $Na^2O = 3.\ 9\ \%$; $H^2O = 1.\ 3\ \%$. Poids spécifique $= 2.\ 8$ à 3.

Les basaltes se rencontrent très abondamment en filons, en dômes, en coulées ou en nappes à divi-

sion prismatique ou colonnaire, ordinairement remarquable, souvent aussi à structure en dalles, dans
beaucoup de régions, tout particulièrement dans
l'Allemagne centrale, au voisinage de Vicence au
nord de l'Italie, au cœur de la France, en Irlande,
en Ecosse et dans beaucoup de districts extra-
européens. Parmi les volcans encore en activité,
l'Etna produit particulièrement des laves basaltiques proprement dites.

De l'altération des basaltes résultent des **wackes
basaltiques** ou **wackes** : silicates d'alumine hydratés, à teneur plus ou moins notable d'oxyde de
fer ; argiles grasses, terreuses, dans lesquelles les
éléments et les minéraux secondaires du basalte
sont, en partie, restés encore assez inaltérés.

Beaucoup de basaltes contiennent une forte proportion d'acide phosphorique et, par leur altération, de la phosphorite prend alors naissance dans
les fissures de la roche. On peut désigner sous le
nom de **basaltes à diallage** des roches tertiaires
intimement associées aux basaltes véritables de la
côte occidentale de l'Ecosse et des îles de Mull et
de Skye, dans lesquelles l'augite affecte la forme
du diallage, comme dans les gabbros.

34. — VERRE BASALTIQUE

La forme vitreuse du magma basaltique ne se

rencontre qu'accessoirement et non en grandes masses, mais elle présente des variétés de texture tout à fait analogues à celles des verres volcaniques acides. Les verres désignés sous les noms de **tachylite** et d'**hyalomelane** sont, notamment, à citer ici ; le premier est soluble dans les acides, le second ne l'est pas. Cela indique des différences dans la constitution chimique, comme on en connaît aussi chez les verres acides. Des verres basiques semblables, dont les gisements sont en tous cas rares, et dans lesquels se trouvent d'abondantes secrétions cristallines : cristaux, microlithes, cristallites (trichites, globulites, etc.), sont, à bon droit, nommés par Rosenbusch **vitrophyres basaltiques**. Par opposition aux verres acides, la texture sphérolithique leur fait presque complètement défaut (dans la tachylite de Bobenhausen) ; le basalte tachylite de Marostica en Vénétie présente la texture perlitique. On ne connaît qu'isolément la forme ponceuse des basaltes. La lave vitreuse du volcan Kilauea à Hawaï est souvent boursouflée, étirée en fins filaments capillaires, désignés sous le nom de cheveux de la reine Pélé et tout à fait semblables aux laines de scories (p. 214). Comme elle possède constamment une composition basique (Si $O^2 = 51$ à 53 %), on a, en elle, l'unique gisement de verre basaltique pouvant être nommé ponceux. Ce volcan est aussi, jusqu'à présent, sans égal pour la puissance d'émission de lave vitreuse, en partie hyalomélane, en partie vitrophyre basaltique dans toutes les coulées (1).

On doit également citer ici la **Palagonite**, verre hydraté, brun ou brun rouge, consistant en grains isolés, dans les tufs basaltiques de diverses localités, tout particulièrement du voisinage de Palagonia et de l'Etna, en Sicile (2). A cause de la teneur en eau, on pourrait considérer cette roche comme la forme rétinitique du magma basaltique. Les grains de Palagonite des tufs sont, en règle générale, déjà fortement altérés et il en résulte qu'il n'est pas facile de faire la part de la teneur en eau originelle et de celle due à l'altération.

35. — BASALTE NÉPHÉLITIQUE

Ressemblant complètement, à première vue, au basalte proprement dit, le basalte à néphélite contient comme constituant essentiel, outre l'augite et l'olivine, de la néphélite au lieu de plagioclases, puis de la magnétite et de l'apatite. Le minéral le plus caractéristique est la néphélite; elle présente des sections hexagonales ou rectangulaires et des couleurs de polarisation faibles; elle

(1) Cohen. Jahrb. f. Min., 1876, p. 744.
(2) Sartorius-Lasaulx. Der Ætna, II, p. 471.

fait gelée avec l'acide chlorhydrique et dépose ensuite des cubes de chlorure sodique. Souvent, elle
n'est pas en cristaux bien limités, mais seulement
en plages à contours tout à fait irréguliers, reposant entre les autres constituants et, alors, sa
détermination n'est certaine que par les procédés
chimiques. Les plagioclases sont extraordinairement rares à côté de la néphélite; les proportions
de l'augite et de la néphélite, très variables. Accessoirement, on y rencontre : leucite (fréquemment
et, assez souvent, en abondance), Haüynite,
hornblende, mica, mélanite, Perowskite et mélilite. Ce dernier minéral, principalement, semble,
dans beaucoup de basaltes, prendre la place de la
néphélite comme élément essentiel : on désigne
alors la roche sous le nom de **basalte à mélilite** (1).

Les basaltes vitrifères à néphélite sont rares ; en
règle générale, ils sont complètement cristallins.

La composition chimique des basaltes à néphé-
lite est : $SiO^2 = 45.5 \, \%$; $Al^2O^3 = 16.5 \, \%$; Fe^2O^3,
$FeO = 11.2 \, \%$; $CaO = 10.6 \, \%$; $MgO = 4.3 \, \%$;
$K^2O = 1.9 \, \%$; $Na^2O = 5.4 \, \%$; $H^2O = 2.7 \, \%$.
Poids spécifique $= 3$.

Si les basaltes à néphélite ne sont pas aussi
abondants que les basaltes à plagioclases propre-

(1) Stelzner, N. Jahrb. f. Min , 1882, Beilageband II,
p. 369.

ment dits, ils sont cependant très fréquents dans
la région volcanique rhénane (où ils sont presque
toujours plus ou moins leucitifère), dans le
Höhgau, la Forêt Noire, les Alpes de Souabe, en
Saxe, en Bohême et dans d'autres contrées.

36. — BASALTE LEUCITIQUE

Les basaltes leucitiques sont des composés de
leucite avec néphélite, d'augite, d'olivine et de
magnétite, tantôt avec, tantôt sans base vitreuse.
Les plagioclases y sont excessivement rares, mais
on y trouve accessoirement de la sanidine, de la
mélilite, de la Haüynite, du mica, de la hornblende,
de la Perowskite et de la mélanite.

La leucite présente les sections caractéristiques,
octogonales symétriques ou arrondies et est remarquable par la disposition régulière des interpositions. Celles-ci sont, ou des microlithes, ou des
particules vitreuses, et elles s'accumulent en grand
nombre au centre, ou en zones parallèles aux contours extérieurs, ou encore en séries rayonnantes,
à l'intérieur des cristaux. En lumière polarisée, entre
les Nicols croisés, on remarque un curieux striage
hémitropique, dans les grandes sections. Les
autres constituants ne présentent aucune particu-
larité remarquable.

Les basaltes leucitiques deviennent souvent porphyroïdes, par l'apparition de plus grands cristaux de leucite ou d'augite. La première de ces roches a également été désignée sous le nom de **leucitophyre**.

La composition chimique est : $SiO^2 = 48. 9 °/_o$; $Al^2O^3 = 19. 5 °/_o$; $Fe^2 O^3$, $FeO = 9. 2 °/_o$; $CaO = 8. 9 °/_o$; $MgO = 1. 9 °/_o$; $K^2 O = 6. 5 °/_o$; $Na^2 O = 4. 4 °/_o$. Poids spécifique $= 2. 5$ à $2. 9$.

Les basaltes leucitiques, comme, du reste, les basaltes néphélitiques, n'ont pas encore été trouvés jusqu'à présent parmi les nombreux basaltes du centre de la France et de tout le nord de l'Europe; par contre, ils se présentent en assez grande abondance dans l'Eifel, dans le Thuringerwald, le Rhön, l'Erzgebirge én Bohème. Ils ne paraissent pas rares non plus à Java, à Sumatra et dans les autres îles de l'archipel de la Sonde.

Les **laves du Vésuve**, par leur teneur en sanidine et en plagioclases, à côté de la leucite dominante, occupent une position intermédiaire entre les basaltes proprement dits et les basaltes leucitiques. Mais leur teneur constante en olivine les distingue des leucitites, par exemple des monts d'Albano (p. 224), et des téphrites. Des roches à olivine semblables, se rapprochant pourtant, à part cela, des téphrites, comme il s'en présente aux îles Canaries et au voisinage du lac de Laach, devraient, suivant Rosenbusch, être considérées comme un

groupe particulier, intermédiaire entre les basaltes
et les téphrites, et être distinguées sous la désignation spéciale de **Basanites** (trapps).

L'**hydrotachylite**, verre brun verdâtre foncé, à
teneur moindre en acide silicique, mais plus forte
en eau que la tachylite, trouvée à Rossberg près
Darmstadt, peut être tenue pour un verre de basalte
néphélitique.

37. — MAGMA BASALTIQUE, LIMBURGITE

Sous ces noms, on comprend des roches sans
feldspath, ressemblant aux basaltes et contenant, dans une base vitreuse dominante, des
cristaux d'olivine et d'augite, auxquels s'ajoutent
accessoirement de l'apatite, de la hornblende et de
la magnétite.

La couleur et la proportion de la base vitreuse
sont très variables ; on connaît des magma basaltiques foncés, colorés en brun et d'autres clairs, à
verre jaune ou gris clair. Dans les deux cas, la
base vitreuse présente une dévitrification microlithique et cristallitique (p. 28). Les Limburgites
possèdent souvent aussi la texture amygdaloïde.

Rosenbusch a tiré leur nom du gisement caractéristique du Limbourg allemand, au Kaiserstuhl
dans le grand duché de Bade. Elles sont aussi très
répandues en Bohème. L'existence sporadique de

néphélite et de leucite dans le magma basaltique de ce dernier gisement semble démontrer que les Limburgites ne peuvent pas être considérées uniquement comme des basaltes sans feldspath mais aussi comme des basaltes sans néphélite et sans leucite. La base vitreuse représente, en tous cas, l'élément caractéristique, le silicate alcalino-aluminique.

B. — SCHISTES CRISTALLINS

38. — GNEISS

Le gneiss (1) ne se distingue du granite que par
sa texture schistoïde, parfois fibreuse ou incomplètement schistoïde ; les constituants essentiels des deux roches sont les mêmes : feldspath,
quartz, mica, hornblende et augite. Si les quantités
relatives de ces constituants sont souvent un peu
autres dans les gneiss que dans les granites, certes,
pour tous deux, la présence de quartz libre et d'un
ou de plusieurs termes du groupe des silicates al-
calino-aluminiques, des feldspaths, d'une part et,
d'autre part, celle d'un ou de plusieurs membres
du groupe des silicates ferro-magnésiens est caractéristique. La distinction nette des gneiss possédant
la composition des vrais granites, de ceux qui correspondent à la Syénite, n'a pas encore été établie.
La diminution de la teneur en quartz est ici le point le
plus essentiel. Pour ce qui concerne également
l'aspect des constituants, leur microstructure et
leurs autres propriétés physiques, ce qui a été dit

---

(1) On donnait encore autrefois à cette roche les noms
de protéolite et de Cornubianite. Cette dernière désignation est actuellement réservée à une autre
espèce de roches (Voir pp. 251 et 253). (N. d. T.)

relativement au granite s'applique parfaitement
au gneiss. Les espèces particulières de feldspaths
y mentionnées comme éléments, le feldspath potassique clinoédrique ou microcline et la microperthite résultant de l'enchevêtrement de plagioclase
dans l'orthose, occupent pourtant, dans beaucoup
de gneiss, une place prépondérante. Les plagioclases proprement dits sont, par contre, en général
plus rares dans les gneiss véritables que dans les
granites. Pourtant, il existe aussi des gneiss riches
en plagioclases, qui forment alors la transition aux
schistes cristallins dioritiques. Becke en décrit,
entre autres, de Marbach dans le Waldviertel de la
Basse Autriche.

Les gneiss, en ce qui concerne la texture, passent,
d'une part, au granite, par la disposition grenue
irrégulière de leurs éléments (**granite gneissique** ou
gneiss granitique), d'autre part à d'autres schistes
cristallins, par une texture absolument schistoïde,
déterminée, en règle générale, par la prédominance
d'un minéral lamellaire, par exemple, du mica ou
de la hornblende et par la disparition simultanée,
d'ordinaire, du quartz et du feldspath.

Relativement à la composition chimique, les
gneiss présentent des variations qui les font ressembler, d'un côté, aux vrais granites (75 % de silice, environ), de l'autre, aux Syénites (65 % de silice, environ). Les premiers sont riches en quartz

et en feldspath, les autres, au contraire, abondamment fournis de mica ou de hornblende.

Suivant la texture et la composition minéralogique, on distingue différentes sortes de gneiss.

De telles variétés de texture sont :

Les gneiss communs, incomplètement schistoïdes par la présence de lamelles de mica gisant isolément entre les constituants grenus, quartzeux et feldspathiques. Si les lamelles de mica s'accumulant forment des lits sensiblement plans, la schistosité devient parfaite. Si ces lamelles de mica sont abondantes, mais intimement mêlées aux grains de quartz et de feldspath et si, en même temps, la roche devient finement schistoïde, on la nomme aussi **gneiss écailleux** (Schuppengneiss). Si le méange grenu de quartz et de feldspath forme des parties isolées, lenticulaires, entourées de lamelles de mica, de manière à présenter, sur la tranche, une disposition ondulée, on a alors des **gneiss mouchetés** (Flasergneiss). Si les éléments sont disposés en bandes allongées dans la direction de la schistosité, la roche s'appelle **gneiss zonaire** (Stengelgneiss). Des lits alternativement riches et pauvres en mica constituent le **gneiss stratoïde**. Des individus d'orthose isolés, assez grands, ordinairement ellipsoïdaux et aplatis, se remarquent-ils dans un ensemble minéral schistoïde, de façon à donner à la roche une texture porphyroïde, le gneiss est alors dit oculaire ou œillé (Augengneiss).

Dans toutes ces variétés, la forme des divers constituants grenus est en relation non méconnaissable avec la texture schistoïde à faces parallèles. Les différents minéraux possèdent une forme souvent aplatie, paraissant écrasée ou refoulée et faisant penser à une forte pression qui aurait fait sentir ses effets dans la roche suivant une direction déterminée. Cette apparence est tout particulièrement nette, par exemple, dans certains gneiss œillés, où les yeux de feldspath paraissent séparés les uns des autres par pression et ressoudés par du quartz et du mica. Souvent, ces yeux sont en fibres isolées, effilochés et fissurés, puis ressoudés à la masse environnante par des minéraux de formation postérieure, parmi lesquels le quartz et le mica jouent toujours le principal rôle.

Les gneiss sont particulièrement riches en éléments accessoires variés, qui deviennent souvent si dominants, qu'ils changent totalement le caractère de la roche.

Le gneiss à deux micas contient continuellement, à côté de la Biotite foncée, de la Muscovite claire en notable proportion. Pourtant, cette dernière ne se présente qu'en petites écailles isolées les unes des autres. Le feldspath est souvent, pour une grande partie, de la microperthite.

Les gneiss à **Muscovite** contiennent uniquement, ou en proportion dominante, de la Muscovite de couleur claire ; les **gneiss à Biotite**, de la Biotite foncée ; mais, souvent, l'un des micas est subordonné à l'autre. Les gneiss à Biotite sont, en général, les plus répandus.

On désigne sous le nom de **gneiss syénitiques** ou **amphiboliques**, ceux dans lesquels le mica est remplacé, en tout ou pour la plus grande partie, par de la hornblende. Ils sont, parfois aussi, particulièrement riches en plagioclases et forment alors le passage déjà mentionné aux schistes dioritiques. Pourtant, il existe aussi des gneiss qui contiennent plus de plagioclases que d'orthose, mais qui, cependant, ne renferment que de la Biotite en grande quantité. Dans ces gneiss à plagioclases, il existe souvent assez bien de tourmaline accessoire.

Beaucoup de gneiss sont remarquables par l'abondance d'un minéral fibreux, du groupe de la Sillimanite : Sillimanite ou fibrolite, qui revêt souvent les joints sous forme de lits, souvent aussi s'étend irrégulièrement à l'intérieur du mélange quartzo-feldspathique et forme des agrégats fasciculés très caractéristiques. Dans ces **gneiss à fibrolite**, le grenat est un minéral accessoire très répandu.

Les **gneiss augitiques** sont caractérisés par une teneur, souvent assez notable, en une augite vert clair. Outre l'augite, on y trouve, en règle générale, de la Biotite et de la hornblende. Les variétés de ce gneiss augitique, les plus riches en plagioclases, forment la transition aux schistes diabasiques. Ces gneiss augitiques contiennent souvent une assez forte proportion de carbonate calcique qui imprègne la roche. En relation avec ce phénomène, se trouve aussi l'existence de silicates riches en calcium, par exemple, de l'augite calcifère ou même de la Sahlite et de la scapolithe, comme Becke nous l'indique à propos des gneiss augitiques du Waldviertel de la Basse-Autriche.

Dans les **gneiss à Cordiérite**, à la place du mica foncé, apparaît la Cordiérite bleue ; dans les **gneiss oligisteux**, au lieu de mica se trouve de l'oligiste écailleux ; le **gneiss graphiteux** contient des lamelles de graphite en remplacement du mica.

Dans le **gneiss protogynique** que l'on rencontre dans les Alpes en grande abondance, on trouve un minéral talqueux à côté d'un mica vert brillant ; dans les **gneiss chloriteux**, la chlorite remplace le mica, dont elle provient immédiatement, pour la plus grande partie.

Parmi les éléments accessoires les plus répandus, on doit encore citer, outre les précédents : l'épidote, le zircon, le rutile, l'apatite, la magnétite, la pyrite. Ces deux derniers minéraux se présentent fréquemment sous forme d'imprégnations locales

de la roche, d'accumulations compactes ou zonaires de particules minérales ; on désigne ces gisements sous le nom de fahlband. Leur direction
peut être ou parallèle ou oblique à la schistosité
de la roche.

Les gneiss donnent, dans beaucoup de cas, l'impression de roches nettement stratifiées et sont
intercalés parallèlement entre les couches d'autres
schistes cristallins. La stratification est, en
général, parallèle à la schistosité; pourtant, on
a aussi observé une fausse stratification ou schistosité transversale, oblique à la stratification.
Mais certains gneiss semblent pourtant devoir
être considérés comme des roches éruptives. On
peut donc distinguer aussi géologiquement des
gneiss de deux sortes : les gneiss primitifs anciens (Urgneiss), qui apparaissent dans le
puissant complexe de couches de la formation
gneissique dite Laurentienne, et les gneiss récents
qui, çà et là, sont interstratifiés avec des couches
fossilifères, par exemple, du système devonien,
ou bien enfin ceux qui paraissent être des gneiss
éruptifs et qui ont pénétré à travers des formations
stratifiées.

39. — GRANULITE (1) OU LEPTYNITE

Sous ces noms nous réunissons toutes les roches

(1) Le nom de granulite a été réservé par les au-

schistoïdes qui, avec une composition analogue, en général, à celle du gneiss : quartz, orthose, plagioclases, un peu de mica ou de hornblende, possèdent une texturé finement grenuc ou compacte. Elles peuvent donc commodément être désignées comme des microgranites nettement schistoïdes et forment ainsi la transition aux gneiss porphyriques.

Dans ces roches, l'orthose présente très fréquemment la texture et l'association de la microperthite. Ce minéral forme, en règle générale, plus de la moitié de la masse de la roche. Le quartz ne vient qu'en seconde ligne. La Biotite manque souvent complètement, mais est très abondante dans certaines granulites.

La présence du grenat, qui se rencontre en cristaux isolés ou en grains miliaires ou cannabinaires, dans l'association compacte de quartz et de feldspath, doit être désignée comme tout à fait caractéristique pour les granulites. Les petits faisceaux de fibrolite ne font pas défaut non plus dans ces roches. En outre, on y remarque de la cyanite

teurs français au granite à mica blanc. M. de Lapparent en a restreint le sens, en ne lui faisant plus désigner que les granites à mica blanc et à grains fins. Nous conservons ici à ce mot l'acception adoptée par les auteurs allemands, en appelant granites les granulites des auteurs français. (N. d. T.)

(disthène) d'un beau bleu et du rutile brun rouge en grande abondance.

La composition chimique des granulites correspond assez bien à celle des granites ou des gneiss très acides. On peut indiquer, à peu près, comme moyenne : $SiO^2 = 74.5\ \%$; $Al^2O^3 = 10.7\ \%$; FeO, $Fe^2O^3 = 5.6\ \%$; $CaO = 2.2\ \%$; $K^2O = 4\ \%$; $Na^2O = 2.5\ \%$. Poids spécifique $= 2.6$.

Outre une schistosité remarquable, la granulite présente aussi une stratification nette et paraît être un terme intercalé, en stratification concordante, dans les systèmes des gneiss et des schistes cristallins.

40. — HÄLLEFLINTA [1]

Roche compacte, d'apparence amorphe, présentant au microscope maints phénomènes caractéristiques de la masse fondamentale des vrais porphyres, par exemple, la texture micropegmatitique, mais consistant, ordinairement, en un assemblage microgranitique ou cryptocristallin de grains de quartz et de feldspath intimement soudés les uns aux autres, assemblage dans lequel sont disséminées de petites écailles de mica ou de chlorite. La roche présente des lits alternants de différentes

[1] Cette désignation équivaut à celle de pétrosilex, pour divers auteurs. (N. d. T.)

couleurs (brun rouge, gris, vert, jaune) et, par
suite, un striage rubané sur la tranche. Des minéraux différents sont souvent répartis dans les
zones différemment colorées ; on y rencontre accessoirement grenat, épidote, augite, rutile et magnétite ou Ilménite.

On a désigné sous le nom de **Cornubianite** un
gneiss compacte, à schistosité indistincte, qui paraît zonaire par l'alternance de lits différents.
Il ne diffère pas essentiellement du hälleflinta ;
tous deux ne sont autre chose qu'un gneiss euritique ou microgranitique. La Cornubianite se présente, ordinairement, au contact du gneiss et du
granite ; les hälleflinta forment des couches de
transition dans les gneiss Laurenciens de la Scandinavie et alternent avec eux. A cette catégorie de
roches, on peut aussi rapporter les **cératophyres**
gneissiques ou schistoïdes (p. 169).

41. — PORPHYROÏDE A ORTHOSE

Ils sont aux gneiss ce que les porphyres quartzifères sont aux granites. Dans une masse compacte,
ordinairement microgranitique, mais, souvent aussi,
euritoïde, prenant une apparence schistoïde ou
fibreuse par l'arrangement parallèle de lamelles
de mica, se rencontrent, sous forme d'individus
porphyriques, des grains ou des cristaux de quartz
et d'orthose, avec un peu de plagioclase subordonné.

Par la diminution des lamelles de mica, les roches schistoïdes passent à de vrais porphyres quartzifè-res d'apparence compacte; d'autre part, par la disparition des grands individus et par l'unifor-mité plus grande de la grosseur des grains, elles passent aux gneiss ou aux gneiss gra-nitiques. Les individus séparés de quartz et de feldspath possèdent tout à fait les mêmes caractè-res que ceux du granite et du gneiss. Indépendam-ment de cela, il n'est pas rare d'en trouver d'allon-gés, arrondis et étirés, comme s'ils avaient été laminés, et d'y rencontrer des feldspaths brisés, dont les fragments sont séparés les uns des autres ; le mica a souvent l'aspect de la séricite.

Les gneiss fibreux et, particulièrement, les gneiss œillés possèdent, en partie, une analogie complète avec ces porphyroïdes. Les yeux feldspathiques y sont des cristaux et des macles de Carlsbad arron-dis. Le microcline et la microperthite y sont assez répandus.

Le passage aux roches absolument schistoïdes (phyllades, phyllites) et, d'autre part aussi, aux roches bréchiformes d'agrégation, équivalant aux schalstein, se présente chez ces porphyroïdes. On peut considérer le porphyroïde à orthose de Mai-rus, dans les Ardennes (1), comme un exemple des

(1) Cette roche a été nommée hyalophyre par A. Dumont. (N. d. T.)

plus remarquables de ces roches ; à l'est du Hartz
et dans la presqu'île de Michigan, les porphyroïdes à orthose forment des dépôts subordonnés aux
couches sédimentaires anciennes. Les porphyres
schistoïdes associés aux porphyres de la Lahn et
de la Lenne y appartiennent aussi. Peut-être également, quelques-unes des roches du Taunus et
du Fichtelgebirge désignées comme gneiss sériciteux.

42. — DIORITE SCHISTOIDE, AMPHIBOLITE

On désigne, en général, sous le nom de diorite
schistoïde, ou de schiste dioritique, des roches à
texture granulo-schistoïde ou fibreuse, composées
essentiellement de hornblende foncée et de plagioclases. Elles paraissent donc être les équivalents
schisteux des diorites et contiennent, comme elles,
plus ou moins de quartz. Si la hornblende prédomine et si, par contre, les plagioclases diminuent,
la roche devient un schiste amphibolique (amphi-
boloschiste) ou une amphibolite proprement dite.

Chez les schistes dioritiques aussi, la texture
oscille entre le mode grenu à grains réguliers et
une forme couchée, un peu différente, striée.
Comme éléments accessoires on y rencontre l'orthose, le grenat, la titanite, l'épidote, l'apatite,
l'Ilménite ainsi que, plus rarement, la pyrrhotite.

Outre la hornblende, la Biotite y entre parfois

pour une forte proportion et ainsi, prennent naissance des roches de transition aux gneiss à Biotite
riches en plagioclases (1). Ces roches possèdent,
en règle générale, une texture plus granulo-
fibreuse, analogue à celle du gneiss granitique.

Pour les amphibolites proprement dites, riches
en hornblende, l'abondance du grenat est particulièrement caractéristique : **amphibolite grenatifère**.
Le quartz y paraît aussi un peu plus abondant.
Dans ces roches se présente surtout la texture
propre résultant des grains de grenat ordinairement arrondis, texture dont il a déjà été question
à propos des roches à olivine grenatifères et des
éclogites (pp. 203 et 205). Les grains de grenat forment les centres de structure, aussi bien de l'amphibole que de l'association quartzo-feldspathique,
qui les entourent en zones radiées ou pegmatoïdes.

Si, dans les amphibolites, la hornblende possède
l'aspect finement fibreux de l'actinolite, la roche
prend le nom de **schiste actinolitique** (Strahl-
steinschiefer). Les roches très compactes de cette
espèce ont les propriétés de la **néphrite**. D'autres
amphibolites contiennent aussi, outre la hornblende,
un minéral augitique qui, par son aspect vert clair,
semble appartenir à la variété Sahlite : **amphibo-**

(1) Telle est la **Vaugnerite** de Vaugneray près de
Lyon. (N. d. T.)

lite à Sahlite. Dans d'autres cas, l'augite présente l'apparence du diallage : **amphibolite à diallage**. La zoïsite est aussi un élément caractéristique de certaines amphibolites, comme, par exemple, de celles du Waldviertel de la Basse-Autriche, décrites par Becke.

Les schistes dioritiques se présentent dans presque toutes les régions de schistes cristallins et y altèrnent avec les gneiss et les mica-schistes, comme, par exemple, dans la formation gneissique de la haute Eule en Silésie, dans la Basse-Autriche, dans le Fichtelgebirge, etc.

On peut encore citer ici, comme une espèce d'amphibolite voisine des éclogites, les **roches à glaucophane** dans lesquelles se rencontre la variété bleue de hornblende ou glaucophane (pp. 89 et 206), tantôt avec un minéral vert du groupe des amphiboles et des pyroxènes, de l'épidote (ou de la zoïsite) et du grenat, tantôt aussi, avec du mica (Paragonite), de l'épidote et du grenat. La belle roche classique de Syra appartient à la première, celle de l'Ile de Groix en Bretagne, à la dernière espèce.

43. — DIABASE SCHISTOÏDE

Les équivalents schisteux des diabases compactes, c'est-à-dire, du mélange de plagioclases et d'augite, sont moins fréquents que les schistes dioritiques. Ils possèdent, en général, une texture fine-

ment grenue à compacte et une schistosité assez
parfaite. Les gneiss à plagioclases, augitifères,
(p. 246) forment la transition entre les schistes
diabasiques et les gneiss proprement dits. Les
diabases schistoïdes sont, d'habitude, fortement
imprégnées de carbonate de calcium, résultant
notamment de l'altération du silicate de calcium de
l'augite. La formation secondaire d'épidote dans
cette roche est en relation intime avec ce phénomène. L'Ilménite et son produit d'altération, pas
plus que le rutile, n'y font défaut.

Par la prédominance de l'augite, représentée,
en règle générale, par sa variété finement striée,
vert clair, prennent naissance les **schistes augitiques** ou **pyroxénites,** qui sont des roches peu
répandues. Les **jadéites** doivent également y être
rapportées.

Il se rencontre aussi des équivalents schistoïdes
des gabbros et des Norites, caractérisés par l'existence de diallage ou d'un pyroxène orthorhombique,
dans les **gabbros schistoïdes** ou **fibreux** et dans les
Norites schistoïdes de la Saxe, de la Norwège, etc.

Ces roches sont alors, en tous cas, des termes
interstratifiés du système cristallophyllien.

Il a déjà été dit précédemment que les vraies
éclogites présentent aussi des parties **schistoïdes**
(p. 204).

On doit encore citer, comme une espèce particu-

lièrement intéressante de schistes cristallins, les
schistes à olivine qui se révèlent comme la transformation schistoïde de péridotites compactes, par
une composition chimique absolument identique.
A cette espèce de roches, appartiennent aussi les
eulysites schistoïdes (p. 203). Des schistes à olivine
semblables se rencontrent dans la Norwège méridionale, près de Sindmör, à Conradsreuth dans le
Fichtelgebirge, etc.

44. — TRAPP GRANULITIQUE [1]

Correspondant aux granulites proprement dites,
on rencontre, comme équivalents microgranitiques
des diorites et des diabases schistoïdes, certaines
roches ayant identiquement la même texture que les
granulites, mais contenant, sous une composition
notablement plus basique (les granulites ont, en
moyenne, $74.5°/_0$ de SiO^2, ces roches $52.3°/_0$ seulement) une plus forte proportion de chaux et de
magnésie à la place des alcalis, ainsi que beaucoup de magnétite. Ces roches consistent en un
assemblage schistoïde, finement grenu, de plagioclases et de quartz, de horblende, d'augite ou de
mica, avec des grenats plus ou moins abondants.

[1] **Leptynite à diallage** des auteurs français.
(N. d. T.)

La schistosité apparaît nettement par l'altération de la roche.

Ces trapps granulitiques forment des alternances fréquentes, en Saxe, avec les granulites normales, acides. Parmi les eurites compactes de l'Ecosse se trouvent également des roches colorées en vert, qui répondent complètement à ces trapps granulitiques.

45. — SCHISTE APHANITIQUE

Ces roches d'apparence homogène, cornéenne ou euritique, correspondent à la forme euritique des gneiss, désignée sous le nom de hälleflinta, mais avec une composition minéralogique et chimique équivalant à celle des diorites et des diabases. Elles ont, d'ordinaire, une couleur verte; elles sont zonaires, comme les hälleflinta, par l'alternance de lits gris et verts, et contiennent comme constituants caractéristiques, outre le quartz et des plagioclases, de la hornblende fibreuse et de l'augite ; à ce qu'il semble, ordinairement ces deux minéraux sont réunis dans les roches de cette espèce étudiées jusqu'ici. Outre cela, elles renferment, d'habitude aussi, du grenat, de l'épidote, de la magnétite ou de l'Ilménite et de la titanite. Les schistes aphanitiques ressemblent aux cornéennes et aux adinoles (voir pp. 190 et 267) vertes résultant du métamorphisme de contact des diabases, mais ils ne peuvent, en aucune façon, être confondus avec elles, car ils ne proviennent pas, comme elles, de schistes argileux.

46. — PORPHYROÏDE A PLAGIOCLASE

On devrait, peut-être, considérer comme équivalents porphyriques des schistes dioritiques et diabasiques, des roches qui, par une combinaison des textures porphyrique et schistoïde, contiennent, dans une masse fondamentale finement grenuc ou compacte, microgranitique ou euritique, des cristaux plus grands de plagioclases et de quartz. Les plagioclases, présentant de beaux cristaux nettement maclés, sont reconnaissables au striage hémitropique nettement visible, ordinairement ; ils ont, dans certains cas, la composition de l'albite ; ainsi, par exemple, dans l'un des porphyroïdes de Mairus, dans l'Ardenne française. La masse fondamentale proprement dite, jaunâtre, verdâtre ou gris noir, est, en règle générale, riche en mica, en chlorite, ou en séricite (porphyroïdes sériciteux du Hartz et du Taunus).

Dans beaucoup de cas, ces porphyroïdes ressemblent encore complètement, en fragments, aux porphyrites compactes ; ce n'est qu'en gros blocs ou dans la roche en place que la texture schistoïde apparaît. Ils résultent d'une transformation mécanique de roches massives.

47. — MICASCHISTE

Le micaschiste est un agrégat schistoïde de quartz et de mica, avec suppression complète du feldspath. Ce dernier minéral ne manque jamais tout à fait, cependant, entre autres, dans les micaschistes foncés, consistant en quartz et Biotite ; les micaschistes à Muscovite ne contiennent souvent que des traces inappréciables de feldspath. Les micaschistes contenant un mica potassique de couleur claire sont les plus répandus. Les relations quantitatives du quartz et du mica sont éminemment variables ; d'un côté, il y a des roches de ce groupe qui consistent principalement en mica, tandis que d'autres se composent, presqu'uniquement, de quartz (quartzophyllades). Souvent les minéraux alternent par lits ; ordinairement, le quartz s'étend, dans la roche, sous forme de grains ellipsoïdaux, entourés de mica, et n'est visible que sur la tranche.

La couleur dépend de celle du mica et de sa proportion. Suivant la teneur plus ou moins forte en quartz, la composition varie, pour l'acide silicique surtout, de 40 à 80 %.

Le grenat est à signaler comme élément caractéristique des micaschistes, ne manquant presque jamais. Souvent, au mica, s'associent l'oligiste, la magnétite et l'Ilménite. La tourmaline, la stau-

rotite, la cyanite, la glaucophane, la Sahlite, la fibrolite, l'épidote, la chlorite, le talc, le graphite,
la pyrite, l'apatite, le zircon, le rutile, sont également à mentionner comme éléments accessoires
plus ou moins abondants et fréquents. Si ces minéraux ou certaines variétés de mica viennent à
dominer, les micaschistes reçoivent alors des désignations spéciales.

Des variétés du groupe des micaschistes sont, par
exemple, le

Paragonitoschiste. Le mica est sodique (Paragonite), de couleur jaune clair ou blanche, à éclat
argenté; les belles roches à staurotite et à cyanite
du versant méridional du Saint-Gothard y appartiennent. Une partie des schistes contenant la glaucophane doit être rapportée à ces micaschistes
(pp. 206 et 255). Ainsi, par exemple, les schistes à
glaucophane de Syra et de l'île de Groix contiennent un mica sodique.

Sericitoschiste. Lits de quartz, ressemblant au
silex, alternant avec des lits d'un mélange de séricite, de margarite et de chlorite.

Amphilogitoschiste, micaschiste finement écailleux, riche en talc, du Zillerthal, à 40 % de $Si\,O^2$
seulement.

Micaschiste calcitifère, avec lits ou parties lenticulaires de calcite grenue.

Quartzophyllade : peu de minces lits de mica séparent des lits de quartz dominant. Si le minéral micacé est du talc, alors se produit le passage aux talcschistes. Si les grains de quartz sont réunis en agrégats amygdalaires ou dattiformes, entre lesquels s'intercalent les lits de mica ou de talc, la roche devient un **quartzite dattiforme** (Dattelquarzit), comme, par exemple, à Strehlen, en Silésie.

L'itacolumite est une roche consistant en quartz et en un mica jaune clair et possédant une certaine flexibilité par suite de la disposition des lamelles de mica (quartz articulé).

Le **sidérochriste** (Itabirite), ou micaschiste oligisteux, consiste en un assemblage granulo-cristallin, nettement schisteux, de quartz, d'oligiste micacé, de magnétite et, souvent aussi, de mica. Gangue de l'or à Itabira au Brésil.

Les micaschistes sont tous plus ou moins nettement stratifiés et alternent avec d'autres schistes cristallins, avec des phyllades et des calcaires.

Des associations de tourmaline et de quartz forment souvent des dépôts étendus ou des corps ellipsoïdaux dans le micaschiste et sont désignés sous les noms de **tourmalinite** et de **quartzite tourmalinifère** (Schörlquarzit).

Aux micaschistes confinent étroitement les **chloritoschistes** ou **schistes chloriteux** et les **talcschistes**.

Les **chloritoschistes** consistent en quartz intimement associé à de la chlorite en minces lamelles ou en écailles et alternant avec elle par lits. La magnétite octaédrique y est fréquente; de même la pyrite. Accessoirement on y trouve du grenat, du talc, de la dolomite, de l'oligiste, etc. Cette roche, clivable en minces feuillets, est très répandue dans les Alpes, en Ecosse et dans beaucoup de districts cristallophylliens. Mais beaucoup de soi-disant chloritoschistes appartiennent, à proprement parler, aux amphibolites.

Le **talcschiste**, appelé aussi **talcite** ou **stéaschiste**, consiste en couches écailleuses, très flexibles, de talc, avec du quartz, parfois de la chlorite et de l'actinolite, rarement du feldspath. La **pierre ollaire** (Topfstein), aussi appelée **lavège** ou **lavezze**, est une variété compacte, souvent serpentinoïde. Le talcschiste est fréquemment associé au chloritoschiste; la pierre ollaire, etc., se rencontre au voisinage de Chiavenna.

48. — PHYLLITE, PHYLLADE (Thonglimmerschiefer).

Ce sont des roches remarquablement clivables, schistoïdes, à texture finement grenue ou compacte, de couleur ordinairement foncée et, sur les joints de clivage, à éclat soyeux, déterminé par les lamelles de mica. Ils pourraient, à cause de leur composition minéralogique, être considérés comme des micaschites compactes à grains extraordinairement fins.

La composition minéralogique et chimique est très variable.

Au microscope, on y constate de nombreux petits cristaux, qui peuvent déjà, en partie, être vus à l'œil nu. Les phyllites consistent surtout en éléments de deux sortes : clastiques et cristallins, allogènes et authigènes (p. 15). Les éléments authigènes sont souvent de formation postérieure à celle de la roche ; c'est justement par là que la texture cristalline a pris d'ordinaire naissance. L'existence régulière de quelques minéraux caractérise surtout certains schistes micacés, qui se présentent d'habitude au voisinage et au contact des roches éruptives (pp. 166, 190 et 267). A cette catégorie appartiennent les **schistes tachetés, noduleux, fructifères et gerbifères,** dans l'intérieur desquels se présentent de nombreuses concrétions de formes particulières, les **schistes à chiastolite ou phyllades maclifères,** ceux à **Andalousite** et ceux à **staurotite,** qui existent dans les zones de contact du granite, souvent avec de grands cristaux et, en même temps, des fossiles, par exemple, des trilobites (en Bretagne).

Les **schistes ottrélitifères** et à **chloritoïde,** les phyllades grenatifères et graphiteux, les schistes amphiboliques et chloriteux des formations sédimentaires présentent, en tous cas, une réunion d'éléments clastiques et cristallins.

Les **phyllades sériciteux** sont des séricito-schistes compactes ou à grains très fins. Le **coticule** (Wetzschiefer) des Ardennes consiste en lits alternatifs de couleur violette et blanche. Ces derniers contiennent de nombreux grenats micros-copiques et ils tirent leur grande dureté de la présence de ces minéraux dans un ciment phylla-deux (1) compacte.

(1) Un *lapsus calami* a fait dire à l'auteur quartzeux (kieselig). (N. d. T.)

III. — ROCHES CLASTIQUES.

49. — SCHISTE

Les schistes sont des roches variables, remarquablement feuilletées, ordinairement de couleur foncée et qui contiennent, outre des matériaux de transport à grains très fins, des éléments cristallins, sous forme d'innombrables aiguilles minuscules, dont l'appartenance au rutile peut être établie (p. 96). La dispersion presque universelle de l'acide titanique trouve là une nouvelle preuve. Des écailles de mica et d'oligiste, des grains de quartz plus volumineux, de la calcite, de nombreux restes organiques, de la pyrite et enfin du quartz et de la calcite en filonnets et en veines sont abondants dans tous les schistes. Ces roches se trouvent surtout dans les formations sédimentaires anciennes et présentent leur développement principal dans le silurien et le devonien. Les schistes tégulaires, tabulaires, bacillaires, à rasoirs (1) et à touches ne sont que des variétés de texture.

Les schistes foncés, riches en substances charbonneuses, sont appelés **schiste** ou **ampélite alu-**

(1) Appelés aussi schistes novaculaires ou novaculites. (N. d. T.)

nifère. Ils contiennent, d'ordinaire, assez bien de pyrite et, de leur altération, résulte de la mélanthérite et de la kalinite ou alun.

Par métamorphisme de contact (pp. 166, 190 et 264), les schistes se transforment d'une façon particulière. Outre les phyllades, les schistes mouchetés et noduleux, les schistes à chiastolite, etc., déjà mentionnés p. 264, et qui appartiennent à la zone de contact du granite, on doit encore citer ici les roches suivantes :

L'adinole est un schiste d'ordinaire vert, compacte, hälleflintoïde, transformé par le contact de la diabase et remarquable par sa forte teneur en soude. Les constituants des schistes originels se retrouvent encore, en partie, dans cette roche; il s'y ajoute du plagioclase, de l'épidote et de la titanite. Au Hartz, sur la Lahn et dans d'autres régions où existe la diabase, l'adinole l'accompagne. Les cornéennes vertes, ou cornes vertes, que l'on rencontre au Hartz, dans le cambrien du Mâconnais en France et dans la même formation en Irlande et dans les Asturies, sont proches parentes de ces roches.

La spilosite est un schiste zonaire, en partie compacte, cornéen, à petits nodules. La desmosite est une roche tout à fait analogue, dans laquelle, seulement, les petites concrétions sont très abondantes et passent de l'une à l'autre. Ces

deux roches résultent également du métamorphisme
de contact des diabases.

La **Cornubianite** ou **cornéenne** (p. 166) est un
schiste très fortement transformé au contact du
granite. Sa texture schistoïde originelle est complètement, ou en grande partie disparue. Dans une
masse fondamentale irrégulièrement grenue se
trouvent du quartz, du mica noir, de l'Andalousite,
de la magnétite, de l'oligiste et, dans quelques cornéennes, de la Cordiérite et des plagioclases, ainsi
que du grenat et de la tourmaline. D'après cela, on
y distingue : les cornéennes à Andalousite, à grenat
et à tourmaline. De telles roches de contact se rencontrent, avec leur développement typique, autour
du granite du plateau de Baar-Andlau dans les
Vosges, de celui des Asturies et de la Galice en
Espagne, de celui du comté de Wicklow en
Irlande, de celui des districts marins du pays de
Galles et dans beaucoup d'autres régions.

On désigne sous le nom d'**argiles schistoïdes**
des roches incomplètement consolidées, donc encore en partie limoneuses ou argileuses, qui possèdent la schistosité complète des schistes. On y
trouve aussi les minuscules éléments cristallins
dont on a parlé plus haut. Les schistes et les argiles schistoïdes passent de l'un à l'autre par une
gradation insensible.

50. — GRÈS

Les grès sont des agrégats de grains de quartz
dominant, réunis par un ciment plus ou moins cohérent. Voir à l'article quartzite (pp. 146 et suiv.).
Le ciment est lui-même ou bien composé d'acide
silicique dominant, amorphe ou cristallin, ou
bien calcaire ou argileux, ce dernier, formé de
matériaux de transport, ordinairement très finement
broyés. Aussi bien dans le ciment qu'entre les
grains quartzeux, se présente du mica, de couleur
fréquemment claire, mica qui se révèle, dans
ces roches, comme produit de formation récente.

La terre verte ou glauconite se rencontre aussi
comme ciment dans les grès et résulte de l'altération de matériaux de transport préexistants.

La grauwacke est un grès quartzeux finement
grenu à compacte, souvent feuilleté, schistoïde, par
la présence de beaucoup de mica. Elle forme des
couches très développées, par exemple, dans la
formation devonienne du Rhin et des Ardennes.

Comme élément clastique originel, il s'associe
parfois au quartz beae oucupd feldspath fragmentaire. De semblables grès ont été nommés arkoses
(Forêt Noire, Ardennes).

On distingue beaucoup de variétés de grès dans
les différentes formations, partie d'après ces for-

mations et d'après leurs subdivisions caractérisées par certains fossiles, partie suivant leur composition minéralogique particulière.

Tous les grès sont des roches nettement stratifiées ; la division cuboïde des bancs détermine les formes ruiniformes et crénelées caractéristiques, qui façonnent souvent des rochers labyrinthoïdes bizarres. Il en est ainsi, par exemple, des « rochers d'Adersbach », à la frontière de la Silésie et de la Bohême.

Si les grains arrondis des grès atteignent une certaine grosseur, il en résulte des **conglomérats** qui peuvent prendre un aspect très différent, suivant la nature pétrographique des débris et des cailloux roulés y réunis.

On nomme conglomérats m o n o g è n e s ceux dont les cailloux ne proviennent que d'u n e s e u l e roche ; p o l y g è n e s, ceux dans lesquels sont mêlés des débris de roches d i f f é r e n t e s.

Des conglomérats particulièrement caractéristiques sont les **poudingues**. Des cailloux roulés de silex (1) y sont réunis par un ciment quartzeux très cohérent.

Le **gompholite** (N a g e l f l u h) de la Suisse est un conglomérat polygène de grès, de quartzite, de

_____

(1) De quartzite, de quartz, de phtanite et même de grès. (N d T.)

roches silicatées cristallines, réunis par un ciment
argilo-calcaire. Les cailloux arrondis font saillie
comme des têtes de clous (Nagelkopf) sur les
parois des rochers, de là le nom allemand de la
roche. (Cailloux creux, impressionnés et troués.)

Les brèches, comme on l'a déjà indiqué précédemment (pp. 7 et 18), ne diffèrent des conglomérats
que par la forme anguleuse, à arêtes tranchantes,
des fragments de roche soudés. Les brèches osseuses
sont, en règle générale, des agglomérations d'os
de différentes espèces de vertébrés et de coquilles
de mollusques, soudés par un ciment tendre argilo-
calcaire. Le bonebed est également une brèche
osseuse analogue.

51. — TUF

Les tufs sont des agglomérations, d'importance
variable, de déjections ou de cendres volcaniques,
devenues plus ou moins cohérentes par l'inter-
vention d'un ciment de formation secondaire et
plus ou moins altérées dans leur composition. Ils
forment souvent des bancs très puissants, toujours
nettement stratifiés, soit par dépôt tellurien
proprement dit, lorsque, rejetés par les volcans, ils
se précipitent de l'air dans un rayon étendu, soit
par réelle sédimentation, lorsque, faisant irruption sous la nappe liquide, ils se déposent sous l'eau.

Les cendres et les scories éruptives correspondent, par leur composition minéralogique, aux roches cohérentes, aux laves provenant de la même éruption volcanique. Ainsi, la plupart des roches éruptives anciennes et récentes sont accompagnées de tufs qui consistent en matériaux pulvérulents, identiques pétrographiquement, en gros et en détail, à ces roches. D'après cela, on désigne ces tufs sous les noms de **tufs porphyriques** (1), **diabasiques, trachytiques, phonolitiques, basaltiques,** etc. Les felsitic ashes ou greenstone ashes des Anglais sont des tufs analogues, les uns porphyriques quartzifères, les autres diabasiques (Schalstein). Sous ce nom de **schalstein** on comprend, dans le Nassau, des tufs appartenant à la diabase, poudingiformes ou bréchiformes, souvent aussi, compactes ou finement grenus et qui sont, en règle générale, imprégnés de calcite ou de phosphorite résultant de l'altération de leurs constituants. Mais, aussi bien parmi ces schalstein que parmi les eurites schistoïdes, il s'en trouve qui ne résultent pas de l'agrégation de matières tufacées originelles, mais qui sont le produit de transformations mécaniques de roches éruptives, c'est-à-dire, des brèches de diabase et de porphyre euritique, formées *in situ*. Les tufs cératophyriques

---

(1) **Mimophyres**, d'Élie de Beaumont. (N. d. T.)

appartiennent de la même façon au cérato-
phyre, et accompagnent cette roche (p. 169.)

Parmi les espèces particulières de semblables
tufs, on doit encore citer :

Les **tufs palagonitiques** (p. 236), association de
fragments de roches et de scories, avec de nombreuses parties d'un verre hydraté, rouge brun,
paraissant presque être un ciment et dans lequel
se sont développés d'innombrables microlithes de
plagioclases et d'olivine. La masse vitreuse brune
présente de remarquables phénomènes d'altération
qui sont, en partie, attribuables à l'action directe de
l'eau lors de l'éruption, car ces tufs sont de formation sous-marine, mais qui doivent, en partie
aussi, être la suite du processus secondaire d'altération. La masse brune résinoïde du verre volcanique est souvent, dans ces tufs, l'élément dominant.
Ce verre a reçu le nom de **Palagonite**, de Palagonia
au Val di Noto en Sicile. Des tufs analogues se rencontrent dans le Nassau, la France centrale, en
Islande et dans d'autres régions. Ils ont, d'habitude, la composition du basalte.

Les **brèches** et les **tufs ponceux** existent dans
la région volcanique rhénane et, tout particulièrement, à Neuwied dans la vallée du Rhin, avec un
grand développement et une puissance notable.
Ils consistent en couches alternantes d'apparence
meuble ou plus cohérente (ces derniers appelés

18

britzband) et sont des agglomérations de ponces et d'autres fragments de roches volcaniques, de débris de schiste, de cristaux libres d'augite, de mica, etc.

Des tufs à grains très fins, de même composition minéralogique, ont aussi reçu, dans le même gisement, le nom de **trass** ou de **duckstein**. Tandis qu'une partie de ces roches doit être considérée comme de formation sous-atmosphérique proprement dite, d'autres ont été déplacées de leur premier gisement, triturées et enfin déposées à d'autres places, par transport répété par les cours d'eau (par exemple, dans la Brohlthal). Dans une espèce particulière de ces tufs se trouve de la leucite blanche altérée. Ces **tufs leucitiques** sont en rapport avec les phonolites de cette formation. Ils sont aussi très répandus dans l'Italie centrale.

La pierre d'alun (Alaunstein) est un tuf trachytique ou ponceux, imprégné d'alunite par l'influence de l'acide sulfurique sur l'alumine des constituants minéraux et qui se trouve au Mont-Dore en France, à Tokai en Hongrie, à La Tolfa en Toscane.

Si, parmi les déjections volcaniques composant un tuf, il y a de nombreux cristaux libres, par exemple, d'augite, de hornblende, de mica, etc., qui sont souvent rejetés en énorme quantité par les volcans, le tuf prend un aspect cristallin, porphyroïde. C'est, par exemple, le cas pour le

peperino des monts d'Albano près de Rome, dans la masse finement grenue duquel se trouvent des cristaux d'augite, de mica, de leucite, de magnétite, ainsi que de nombreux fragments anguleux de roches de différentes espèces.

Les ciments qui ont déterminé la cohésion des tufs sont de différentes compositions minéralogiques, mais résultent, presque sans exception, de l'altération des matériaux détritiques des tufs eux-mêmes. On connaît des tufs à ciment siliceux, argileux, calcaire, aragonitique, zéolitique.

Les déjections volcaniques meubles, blocs, bombes volcaniques, lapilli, pouzzolanes, cendres ou sables volcaniques sont les mêmes matériaux qui se rencontrent dans les tufs à un état d'agrégation postérieur. Ces masses détritiques meubles qui entourent les volcans expliquent donc aussi la formation et la dispersion des tufs.

Sous le nom de **brèches de friction**, on désigne des roches volcaniques d'agrégation d'une tout autre espèce. Chez elles, le ciment est une roche éruptive ou une lave qui empâte des fragments anguleux de roches plus anciennes voisines, que la roche volcanique ascendante a détachés par la violence de son éruption. Suivant la composition de la roche constituant le ciment, ces brèches sont désignées sous les noms de **basaltiques**, **porphyriques**, etc.

52. — ARGILE

De l'altération des roches silicatées résultent différents produits, que l'on peut considérer comme composés essentiellement de silicate d'alumine hydraté, mélangé à d'autres silicates, à des carbonates et à du quartz.

La variété la plus pure de ces argiles est le kaolin, de couleur ordinairement presque blanche, mais, souvent aussi, coloré en jaune ou en brun par une faible quantité d'oxyde de fer ; c'est une masse terreuse, friable, que l'on reconnaît, au microscope, être composée de particules de différentes espèces, parmi lesquelles il y en a de cristallines. Le kaolin est la matière la plus importante pour la fabrication de la porcelaine. Il résulte de l'altération de roches granitiques à orthose, qui se sont souvent transformées *in situ*, en conservant leur texture.

Les argiles communes ne sont que des kaolins impurs, ordinairement colorés en brun ou en rouge par de l'oxyde de fer, en vert par du silicate ferreux, en gris ou en noir par de la pyrite ou des substances charbonneuses. Le lehm ou limon est une argile rendue impure par du sable quartzeux, du mica et de l'oxyde de fer de formation secondaire.

Suivant leur emploi ou leur teneur en minéraux particulièrement importants, ou encore, leur relation originelle avec certaines roches, on a distingué différentes sortes d'argiles : l'argile figuline, la smectique ou terre à foulon, l'argile saline, l'argile ampélitique, la wacke basaltique (p. 234), l'argile à septaria, etc.

Le **loess** est une argile très répandue, remarquable par sa teneur en calcaire et qui contient de nombreuses concrétions marneuses, appelées, en Allemagne, Loesskindel, ainsi que des coquilles terrestres, des os de mammifères, etc.

L'argile à **blocaux** est une accumulation détritique de fragments rocheux, gros et petits, dans une masse argilo-sableuse, finement triturée, qui prend naissance par l'action désagrégeante de la progression des glaciers, notamment sur leur moraine profonde. De très grands dépôts de cette espèce proviennent de l'époque glaciaire. Les **drift**, les **till** en Écosse, les **krosstensgrus** en Suède, sont d'autres désignations de formations analogues.

La **latérite** est un lehm très ferrugineux, fissuré et fendillé par dessèchement ; c'est le produit de l'altération de roches d'espèces très diverses, aux tropiques. Elle recouvre de grands espaces en Afrique, en Asie et dans l'Amérique méridionale.

La **farine de montagne** et le **tripoli**, qui, s'ils ne sont pas des argiles proprement dites, possèdent cependant le même aspect, peuvent encore être cités ici ; ce sont des dépôts de silice de diatomées et de boues siliceuses de radiolaires, contenant jusqu'à 90 % de Si O^2 et davantage.

53. — SABLE, GRAVIER, CAILLOUX ROULÉS, GALETS

Ce sont des accumulations meubles de fragments de roches de différentes grosseurs, qui se sont éloignés de leur gisement originel et ont été transportés en d'autres lieux. L'eau et la glace ont effectué ce transport. Le vent peut également produire des amas de sable. Comme, parmi tous les constituants des roches, le quartz est le plus résistant et le plus dur, il est tout naturel que, dans ces dépôts qui sont composés de débris de roches anciennes, il joue un rôle tout à fait prépondérant. En outre, on y rencontre presque toujours, mais subordonnés, divers autres minéraux : sable micacé à magnétite ou à Ilménite, sable feldspathique, sable glauconifère, etc.

Par la consolidation au moyen d'un ciment, les sables meubles deviennent des grès, les accumulations de cailloux roulés forment des conglomérats.

Par l'altération et la trituration mécanique de ces matériaux meubles à la surface de la terre, dans des circonstances dissemblables, il se produit des espèces différentes de terres arables.

CHAPITRE VI

COUP D'ŒIL SUR LA FORMATION DES ROCHES

————

La connaissance de la composition minéralogique des roches et, au moyen de cette composition, de leurs liens de parenté, est la base de la science de leur origine.

Le but de notre « Introduction à la pétrographie » est uniquement de préparer les voies de cette science ; ainsi donc, l'application à la recherche de l'origine géologique n'est pas strictement dans le cadre de ce petit manuel, comme nous l'avons déjà dit.

Nous ne ferons que jeter ici un rapide coup d'œil sur les différents modes de formation des roches, caractérisées minéralogiquement dans les précédents chapitres. A l'appui de ce petit tableau, le lecteur pourra chercher ailleurs des détails plus complets sur la genèse des roches.

Cependant, pour beaucoup d'entre elles, le mode de formation est loin d'être établi. Pour le discuter d'une façon un peu aprofondie, nous devrions pénétrer dans le domaine des hypothèses et des controverses et nous serions conduit beaucoup plus loin qu'il ne paraît nécessaire dans cet abrégé.

Suivant leur origine, les roches se classent dans les groupes suivants :

I. — ROCHES PYROGÈNES OU D'ORIGINE IGNÉE

A. — ROCHES PROVENANT DU REFROIDISSEMENT D'UN MAGMA.

Ressemblant aux laves fondues actuelles et, comme elles, parvenues, par des failles ou des cheminées, à la surface de la terre, où elles se sont étendues sous forme de nappes ou de coulées; ou bien encore, consolidées dans les cassures sous forme de filons, entre les couches, sous forme de dépôts intrusifs ou de filons couchés, ainsi donc, restées dans la croûte terrestre. Les modifications du refroidissement et la constitution chimique du magma déterminent les différentes espèces de texture : grenue, porphyrique, vitreuse; le développement de gaz, combiné au refroidissement, donne naissance à une texture plus ou moins bulleuse, scoriacée.

Si la nature particulière du magma granitique,
eu égard, surtout, à l'état fondu des laves récentes, ne peut nullement encore être considérée
comme connue, il est pourtant établi que le granite,
comme les roches appartenant à son g r o u p e, doivent être envisagés comme le produit du refroidissement d'une masse fondue dans laquelle l'eau jouait
un rôle beaucoup plus important que dans les laves
actuelles, quoique ce rôle ne soit pas encore bien
défini. Il paraît, en tous cas, démontré qu'une partie
d'entre eux ont appartenu à la croûte première de
refroidissement du globe et que l'autre partie n'a
pris naîsssance que dans des éruptions postérieures.

Aux roches anciennes de cette catégorie, de formation ante-tertiaire, appartiennent, outre les roches
granitiques : les porphyres quartzifères, les rétinites, les diorites, les diabases, les mélaphyres, les gabbros, les Norites, les roches à olivine; aux roches
récentes, tertiaires et post-tertiaires : les Andésites,
les téphrites, les basaltes, les roches à néphélite et
à leucite, les trachytes, les phonolites et les picrites.

B. — ROCHES D'AGRÉGATION COMPOSÉES DE MATÉRIAUX RE-
JETÉS PAR DES VOLCANS ET PROVENANT DU REFROIDISSEMENT
D'UN MAGMA.

Tufs, conglomérats, brèches des différentes
roches précédentes.

II. — ROCHES HYDATOGÈNES

Formées par précipitation chimique, d'une solution aqueuse.

A. — **ROCHES HALOGÈNES.** Sels précipités dans un bassin hydrographique.

1. Sels **facilement** solubles : sel gemme et. les sels l'accompagnant : Carnallite, sels de potassium, etc.

2. Sels **peu** solubles : gypse, anhydrite, calcaire, sidérite, dolomie.

Dans la plupart des calcaires, le secours des organismes (voir p. 284) a préludé au dépôt calcaire ; simultanément et postérieurement, cependant, il s'est aussi produit un dépôt chimique d'éléments nettement cristallins, ou bien encore une secrétion moléculaire de forme cristalline dans des calcaires qui, originellement, n'étaient composés que d'organismes.

3. Minéraux **difficilement** solubles : acide silicique, par exemple, sous forme de quartzite, mais principalement comme ciment dans des roches deutérogènes.

B. — **FORMATIONS CONCRÉTIONNÉES** par dépôts dans des sources ou dans des bassins en relation avec elles.

1. **Incrustations** : tufs calcaires, travertins, farine de montagne, limonite des prairies, etc,

2. **Concrétions** : constituants accessoires de certaines roches : rognons de gypse, de pyrite, de barytite, de marne, de silex, etc.

3. **Oolithes**. Concrétions sphériques provenant de sources minérales bouillonnantes : tufs ou pisolithes de Carlsbad, oolithes.

4. **Secrétions**. Dépôts de minéraux en filons : quartz, calcite, barytite, etc. ; partie des minéraux utiles ; remplissage de cavités préexistantes, par exemple, de cavités bulleuses des roches, par des minéraux de formation récente : amandes.

III. — ROCHES DEUTÉROGÈNES

Formées par le double processus de sédimentation mécanique d'éléments clastiques et de dépôt chimique d'éléments cristallins, ou d'un ciment, par une solution.

1. SÉDIMENTS SABLEUX : desséchés, rendus plus ou moins cohérents et schisteux, ou non, par la pression : marnes, schistes, argiles feuilletées ou schistoïdes.

2. SÉDIMENTS SABLEUX : grès et grauwackes.

3. SÉDIMENTS GROSSIERS : conglomérats, poudingues, brèches,

IV. — SÉDIMENTS PURS

Amas meubles de sable, gravier, cailloux roulés, sans ciment les rendant cohérents ; sédiments sous-aériens ; loess et sables des dunes et des steppes.

V. — ROCHES ORGANOGÈNES

Roches formées exclusivement ou principalement par l'activité d'organismes ou par leurs restes.

1 — ROCHES ZOOGÈNES. Calcaires de différentes espèces, coralliens, nummulitiques, à fusulines, à littorinelles, etc. Beaucoup de calcaires ne sont que des conglomérats de restes organiques, par exemple de coquilles de mollusques, réunis par un ciment provenant de précipitation cristalline. Certaines roches prennent aussi naissance par l'accumulation d'ossements de vertébrés, comme, par exemple, les brèches osseuses et les bone-beds.

2. — ROCHES MICRONTOGÈNES. Formées par l'accumulation d'organismes microscopiques : diatomées, par exemple, le tripoli ou farine siliceuse, le schiste à polir, les silex de la craie, la craie elle-même, beaucoup de limonites des marais.

3. — **ROCHES PHYTOGÈNES.** Tourbe, lignite, houille, anthracite, graphite, pétrole.

VI. — ROCHES MÉTAMORPHIQUES

I. — ROCHES D'ORIGINE ÉRUPTIVE MODIFIÉES POSTÉRIEUREMENT DANS LEURS CARACTÈRES ESSENTIELS

La similitude de constitution minéralogique, existant entre les roches cristallines massives de la série ancienne et les schistes cristallins (granite= gneiss; eurite= hälleflinta; diorite=schiste amphibolique; péridotite=schiste à olivine; etc.), permet de supposer que le processus originel de formation de ces deux sortes de roches possédait une grande analogie, sinon une identité complète. La texture schistoïde des roches et les formes particulières des éléments, qui en sont la conséquence, constituent seules la distinction essentielle. Cette différence de texture peut être le résultat de déformations mécaniques, comme il s'en produit par les puissantes pressions du plissement et la résistance des formations. D'après cette manière de voir, des roches cristallines massives peuvent donner lieu à des schistes cristallins. A la déformation mécanique s'ajoute une formation nouvelle et une transformation de minéraux dans la roche.

On peut considérer ainsi comme roches origi-

nelles de refroidissement, métamorphosées : le
gneiss (*pro parte*), la granulite (leptynite), le hälleflinta, les porphyroïdes, les schistes amphiboliques, les gabbros schistoïdes, les schistes à olivine,
les éclogites, etc.

2.— ROCHES ORIGINELLEMENT HYDATOGÈNES ET SÉDIMENTAIRES DEVENUES CRISTALLINES PAR MÉTAMORPHISME

a) **Métamorphisme de contact** : calcaire cristallin, cornéenne, adinole, schistes mouchetés, noduleux, gerbifères, à Andalousite, à chiastolite, etc.
Les schistes maclifères de la Bretagne, contenant
encore des fossiles, sont particulièrement pro-
bants.

b) **Métamorphisme régional**. La transformation,
sans pouvoir être rapportée à une roche éruptive
déterminée, comme dans le métamorphisme de
contact, a affecté toute une région : gneiss (*pro
parte*), micaschiste gneissique, gneiss sériciteux,
micaschiste, phyllade, chloritoschiste, etc.; également, les calcaires cristallins intercalés dans les
schistes cristallins.

Les conglomérats des schistes cristallins, ren-
contrés, avec un grand développement, dans différents districts, ainsi que les fossiles animaux et
végétaux trouvés dans le micaschiste et le chloritoschiste ont une importance toute particulière.

L'origine clastique de ces roches est mise hors de doute par la découverte de ces restes organiques.

Ce métamorphisme a donné naissance également à des transformations mécaniques et à la production de minéraux nouveaux, notamment de la famille des micas. Il s'explique ainsi que les produits du métamorphisme sont analogues à un haut degré, qu'ils résultent de roches cristallines massives ou de roches clastiques à l'origine.

3. — ROCHES HYDATOMÉTAMORPHIQUES

Formées par transformation d'autres roches sous l'influence simple ou combinée de solutions minérales. Dolomie, provenant de calcaire; kaolin et autres argiles, résultant de roches silicatées; gypse, de l'anhydrite; serpentine, de roches cristallines contenant du silicate magnésique; calcaire et dolomie, de roches silicatées calcifères et magnésifères; limonite, de sidérite et de pyrite, etc.

CHAPITRE VII

MÉTHODE SCHÉMATIQUE A SUIVRE POUR LA DÉTERMINATION D'UNE ROCHE [1]

1.— CARACTÉRISTIQUE MICROSCOPIQUE DE LA ROCHE ET DE SES ÉLÉMENTS RECONNAISSABLES.

a) TEXTURE de la roche (massive ou schistoïde, cristalline ou clastique, grenue, porphyrique ou compacte), etc. (pp. 15 et suiv.). Dureté et consistance de la roche, état frais ou altéré de celle-ci; formation de minéraux nouveaux et de constituants accessoires (pp. 112 à 114).

---

(1) Les nombres entre parenthèses renvoient aux pages de cette « Introduction » même ; les nombres sans parenthèses, aux numéros correspondants des deux premières parties de la bibliographie.

b) DÉTERMINATION DES CONSTITUANTS. Forme cristalline, clivages, dureté, poids spécifique (pp. 53 et suiv.) 15, 18, 19, 24.

c) ISOLEMENT des éléments pour l'analyse fractionnée et essais optiques (p. 6), 14, 16, 18, 22, 24, 25. Analyse fractionnée des constituants (p. 5), 45, 47, 52, 65. Analyse en bloc de la roche (p. 4). Détermination de la composition minéralogique qualitative pour le contrôle et la comparaison ultérieure avec les recherches microscopiques, 3, 10. [Recherche éventuelle de l'acide silicique soluble dans la potasse caustique (p. 210.)]

II. — OBSERVATION MICROSCOPIQUE DE LA ROCHE.

I. — CONFECTION DE PLAQUES MINCES.

3, 9, 13, 39.

Dans les roches schistoïdes, parallèlement et perpendiculairement aux feuillets. Les roches très friables deviennent polissables par cuisson dans le baume de Canada, dans la paraffine ou dans un mélange de cire et de gomme laque.

Observations, pendant le polissage, sur la cohérence, la ténacité, la dureté et la perméabilité de la roche.

2. — OBSERVATION DES PLAQUES MINCES ET DÉTERMINATION MICROSCOPIQUE DES CONSTITUANTS

A. — Caractéristique morphologique.

Grandeur, relations réciproques, état et symétrie des contours des sections minérales visibles. Mesure des angles des sections planes ou des côtés de petits cristaux isolés, au microscope, 3, 27, 40. Lignes de clivage et leurs positions par rapport aux contours ; recherche de la position de la section par rapport aux sections cristallines principales et détermination des axes (pp. 58 et suiv.), 3, 6.

Présence de substance amorphe, hyaline ou poroline. Sa composition et sa distinction (pp. 18, 29). Si ce n'est pas possible par les relations de texture (p 34), en faire l'essai chimique.

Inclusions dans les minéraux. Leur espèce et leur arrangement. Structure zonaire (p. 39), 3, 6, 9, 13.

Recherche des rapports d'enchevêtrement et d'association des divers minéraux, pour déterminer leur ordre de solidification. Distinction des phases de refroidissement (p. 25), 3.

B. — Caractéristique optique.

Couleur des constituants. Répartition des couleurs, coloration zonaire par suite de mélanges

isomorphes [par exemple dans l'augite (p. 83)],
Netteté des contours des sections de minéraux et aspect rugueux de leur surface, par suite des rapports de la biréfringence du minéral et des substances minérales environnantes, 40.

Détermination du polychroïsme au moyen de
la loupe de Haidinger ou d'une plaque de tourmaline (‖ à **c**), pour des éclats isolés ou des lamelles
de clivage du minéral ; avec un seul Nicol, en
plaque mince, au microscope, 3, 6, 9, 41.

Examen en lumière polarisée (entre les
Nicols croisés) (p. 54). Détermination des minéraux isotropes et anisotropes.

Directions d'extinction en lumière parallèle ; déterminations stauroscopiques éven-
tuelles par l'emploi de la plaque de quartz, de
gypse ou de calcite, ou bien, de l'oculaire de Bertrand, 3, 6, 9, 27, 33, 36. Rapports des directions
d'extinction avec les contours et les lignes de clivage de la section du minéral et, par suite, avec
ses sections principales. Différences d'extinction de
différentes parties de la section. Limitation rectiligne de ces parties et position concordante dans
les différentes sections, disposition régulière :
macles, simples ou polysynthétiques (p. 67), 28,
29, 37. Disposition irrégulière des parties différ-
rant optiquement : polarisation d'agrégats.
Détermination du sens et de la force de la double

réfraction au moyen du quartz compensateur (taillé en coin), ou de la plaque de mica, 3, 6, 9, 34, 40.

Figures d'interférences en lumière convergente, 27, 33. Images d'interférences à un et à deux axes. Position du plan des axes optiques dans des sections déterminées différentes. Forme de l'image des axes et des hyperboles dans des sections quelconques, 3, 37. Grandeur de l'angle apparent des axes optiques, 27, 33. Relations de dispersion déterminables.

Détermination du système cristallin d'un élément minéral, par le rapprochement des observations précédentes :

a) **Substances isotropes**, restant éteintes dans toutes leurs sections et dans n'importe quelle position de la préparation entre les Nicols croisés, ou, si elles ne sont pas tout à fait obscures, restant cependant inaltérées.

1. — Substances amorphes, sans contours réguliers et sans clivage. Exceptionnellement, manifestation d'une double réfraction faible, par compression, ou par commencement de cristallisation et d'altération. Distinction des verres et de l'opale par voie chimique, au moyen de l'attaque par la potasse caustique ou l'acide fluorhydrique très étendu.

2. — Système cubique. Sections à contours
réguliers, souvent carrés ou hexagonaux;
régularité du clivage et de l'arrangement des
inclusions. Pas de figure d'interférence en lumière convergente. Anomalies optiques; influence de l'échauffement sur ces anomalies.

b) **Substances anisotropes** : Sections restant en
partie éteintes ou inaltérées dans toute
position de la préparation entre les
Nicols croisés, en partie, devenant alternativement claires et obscures par
une rotation complète de la table du
microscope.

i. — Uniaxes.

3. — Systèmes tétragonal et hexagonal
Toutes les sections sont orientées parallèlement et perpendiculairement, c'est-à-dire,
s'éteignent lorsque l'un de leurs axes cristallographiques coincide avec la section
principale d'un Nicol. Les sections restant
éteintes ou inaltérées en lumière parallèle
montrent, en lumière convergente, l'image
d'interférence des substances à un axe
optique (l'image est parfois tordue). Ces sections ont, dans leurs contours, la symétrie tétragonale : système tétragonal,
ou hexagonale : système hexagonal.

II. — Biaxiques.

Les sections ne paraissent jamais complètement
éteintes. Les unes ne montrent qu'une faible clarté,
invariable par une rotation dans leur plan (elles
sont taillées perpendiculairement à un axe optique,
mais, par suite de réfractions coniques intérieures, ne sont cependant jamais absolument éteintes,
32) ; les autres présentent une alternance de clarté
et d'obscurité. Les premières offrent, dans le
champ du microscope, en lumière convergente,
un pôle d'axe optique caractérisé par un bras noir
tournant. Les dernières montrent, ou bien une figure d'interférence à deux axes, placée plus ou
moins symétriquement et au milieu du champ, ou
bien une partie de cette image seulement, ou même
rien du tout. Elles sont, d'après cela, ou bien perpendiculaires, ou obliques, ou parallèles au plan
des axes optiques.

4. — Système orthorhombique. Toutes les
sections, en lumière parallèle, sont orientées
parallèlement et perpendiculairement aux
axes cristallographiques, déterminables par
les contours et les clivages. Si une section
montre la figure d'interférences à deux
axes au milieu du champ du microscope,
elle est ainsi perpendiculaire à la bissectrice
(ou à la normale ou 2de ligne moyenne) ;

c'est toujours une section cristallographi-
que principale à contour symétrique.

5. — Système clinorhombique. Les sections
sont orientées, partie parallèlement et perpendiculairement (zône de l'axe de symétrie b); partie s'éteignent obliquement (non
parallèles à l'axe de symétrie b).

a) La figure d'interférences à deux axes
est visible dans des sections orientées parallèlement et perpendiculairement. Le plan des axes optiques est
donc parallèle au plan de symétrie. Les
contours de ces sections sont toujours symétriques. Toutes les sections normales à un
axe optique et montrant ainsi un pôle de cet
axe avec une branche d'hyperbole balayant
le champ du microscope, sont orientées parallèlement et perpendiculairement et ont
des contours symétriques.

b) L'image des axes n'est visible que
dans des sections s'éteignant obliquement. Le plan des axes optiques est perpendiculaire au plan de symétrie. Les contours de ces sections sont dissymétriques.
Dans les sections perpendiculaires à un axe
optique, on voit aussi l'extinction oblique
et un contour dissymétrique.

6. — Système clinoédrique. Toutes les sec-

tions s'éteignent obliquement. Si l'image d'interférence biaxique complète, ou si un pôle
d'axe optique seulement est plus ou moins
visible dans le champ du microscope, les
contours de la section correspondante sont
toujours dissymétriques et la position des
directions cristallographiques reconnaissables est toujours dissymétrique par rapport
au plan des axes optiques.

C. — Détermination microchimique des constituants.

Attaque ou essai chimique et teinture des
plaques minces ; essai microchimique de parties
isolées de celles-ci. Réactions microchimiques sur
de petits éclats de minéraux. 43-69.

III. — DÉTERMINATION GÉOLOGIQUE DE LA ROCHE.

Mode de gisement, relations de dépôt, joints,
âge géologique. Relations génétiques et rapports
avec les roches voisines.

BIBLIOGRAPHIE

Des relevés bibliographiques complets se trouvent dans les ouvrages généraux, indiqués dans le § I, surtout dans ceux qui portent les n°ˢ 3, 9 et 11 ; ces indications comprennent les ouvrages parus jusqu'en 1884 [1]. En y renvoyant le lecteur, nous le prions de ne pas perdre de vue que, dans ce qui suit, le relevé bibliographique concerne, parmi les livres parus depuis 1879, seulement ceux qui ont une certaine importance pour la caractéristique *minéralogique* des roches. Il n'y a que pour ce qui concerne les méthodes que des publications plus anciennes ont encore été mentionnées.

§ I. — Ouvrages généraux [2].

1. **Cohen, E.** — Sammlung von Mikrophotographien zur Veranschauligung der mikroskopischer Struktur von Mineralien und Gesteinen. Stuttgart, 1880-83.

1. Lors de la publication de l'original de cet ouvrage, la seconde édition du *Mikroskopische Physiographie der petrographisch wichtigen Mineralien* de *H. Rosenbusch*, n'avait pas encore paru ; c'est ce qui explique que l'auteur ait fait remonter ses indications à 1879 au lieu de les arrêter à l'année 1885. (N. d. T.)

2. Les indications précédées d'un astérisque ne se trouvaient pas dans l'édition allemande. Elles ont été ajoutées dans l'édition française. (N. d. T.)

* **Cohen, E.** — Zusammenstellung petrographischer Untersuchungsmethoden. 1884.

* **Credner, H.** — Traité de géologie et de paléontologie, traduit par Monniez. Deuxième partie. Pétrographie. Paris, 1879.

2. **Fischer, H.** — Kritische mikroskopisch-mineralogische Studien. 3 Hefte. Freiburg i. Br., 1869-73.

3. **Fouqué, F. et Michel Lévy, A.** — Minéralogie micrographique ; roches éruptives françaises. Paris, 1879.

— Synthèse des minéraux et des roches. Paris, G. Masson, 1882. (Résumant toutes les recherches importantes sur la reproduction artificielle des minéraux et des roches; excellentes indications bibliographiques.)

4. **Gümbel, W. von.** — Geologie von Bayern. I. Theil. Grundzüge der Geologie. I. Lief. Kassel, 1884. (Comprenant les roches et leurs constituants.)

5. **Hawes, George, W.** — Mineralogy and Lithology; Part I of Geology of New Hampshire, by Hitchcock. Concord, 1878.

6. **Hussak, E.** — Anleitung zum Bestimmen der gesteinsbildenden Mineralien. Leipzig, 1885. (Paru pendant le cours de l'impression ; n'a donc pu être utilisé. Données bibliographiques inappréciables, arrangées par ordre de minéraux.)

* — The determination of Rock-forming Minerals. Translation by E. G. Smith. New-York, 1886.

* **Inostranzeff, A. von.** — Geologie. Bd. I. Die geologischen Erscheinungen der Gegenwart, Petrographie und Stratigraphie. St-Petersburg, 1885 (en russe). N. J. f. M. 1886. I. Ref. 227.

7. **Jannettaz, Ed.** — Les roches. Paris, 1884. II. édition.

* **Kalkowsky, E.** — Elemente der Lithologie. Heidelberg, 1886.

* **Karpinsky, A.** — Les matériaux pour l'étude des méthodes de recherches pétrographiques. Saint-Pétersbourg, 1885.

* **Lapparent. A. de.** — Traité de géologie, II° partie, livre 1ᵉʳ. Notions fondamentales sur la composition de l'écorce terrestre. 2° édition. Paris, 1885.

8. **Lasaulx, A. von.** — Elemente der Petrographie. Bonn, 1875.

* — Einführung in die Gesteinslehre. Breslau, 1886.

9. **Rosenbusch, H.** — Mikroskopische Physiographie. I. der petrographisch wichtigen Mineralien. 2° Auflage. Stuttgart, 1885. II. der massigen Gesteine. Stuttgart, 1877.

10. **Roth, J.** — Die Gesteinsanalysen in tabellarischer Uebersicht und mit kritischen Erläuterungen. Berlin, 1861.

— Beiträge zur Petrographie der plutonischen Gesteine. Abh. der k. Akad. der Wissensch. Berlin, 1869, 1873, 1879 et 1884.

11. — Lehre von Metamorphism und Entstehung der krystallinischen Schiefer. Abh. der Akad. der Wissensch. Berlin, 1871. (Important pour toute la littérature ancienne relative aux roches schisto-cristallines.)

* — Allgemeine und chemische Geologie. Bd. I. Bildung und Umbildung der Mineralien. Berlin, 1879. Bd. II, 1. Abtheilung : Allgemeines und ältere Eruptivgesteine. Berlin, 1883. — 2. Abtheilung : Jüngere Eruptivgesteine. Berlin, 1885.

12. **Rutley, Frank.** — The study of Rocks. London, 1879.

* **Wadsworth, M. E.** — Lithological Studies. A description and classification of the rocks of the Cordilleras. Mem. of Mus. of comp. Zoölogy. Cambridge. XI. 1. 1884.

13. **Zirkel, F.** — Lehrbuch der Petrographie. Bonn, 1886. 2 vol.

— Die mikroskopische Beschaffenheit der Mineralien und Gesteine. Leipzig, 1873.

— Microscopical Petrography. United States geological Exploration of the 40. Parallel. Washington, 1876.

§ II. — Bibliographie des Méthodes de Détermination minéralogico - pétrographiques.

A. — *Poids spécifique et séparation mécanique des constituants.*

* **Brauns, R.** — Ueber die Verwendbarkeit des Methylenjodids bei petrographischen und optischen Untersuchungen. N. Jahrb. f. Min. 1886, II, 72.

14. **Breon, R.** — Séparation des minéraux microscopiques lourds. Bull. Soc. minéral. de France, 1880. III, 46.

15. **Cohen, E.** — Ueber die hydrostatische Wage von G. Westphal in Celle zur Bestimmung des specifischen Gewichts. N. Jahrb. f. Min., 1883. II. 87.

16. **Doelter, C.** — Ueber die Einwirkung des Elektromagneten auf verschiedene Mineralien und seine Anwendung behufs mechanischen Trennung derselben. Sitzungsber. d. Akad. d. Wiss. Wien, 1882. LXXXV. 1. 47.

— Die Vulkane der Capverden und ihre Produkte. Graz, 1882. 69.

17. **Fouqué, F.** — Nouveaux procédés d'analyse médiate des roches, etc. Mémoires de l'Acad. Paris, 1874, XXII. 11. Voir aussi : Santorin. Paris, 1879. 190 et Minéralogie micrographique. 114.

18 **Gisevius, P.** — Beiträge zur Methode der Bestimmung des specifischen Gewichts von Mineralien und der mechanischen Trennung von Mineralgemengen. Inaug.-Dissert. Bonn, 1883.

19. **Goldschmidt, V.** — Ueber Verwendbarkeit einer Kaliumquecksilberjodidlösung bei mineralogischen und petrographischen Untersuchungen. N. Jahrb. f. Min. 1880. Beilage-Bd. I, 196.

— Ueber Indicatoren zur mechanischen Gesteinsanalyse. Verh. der k. k. geolog. Reichsanstalt, 1883. 68.

* **Karpinsky, A.** — Petrographische Notizen. Iswetija du Comité géol. russe. III. n° 8. 263 (en russe). N. Jahrb. f. Min. 1886. 1. Ref. 263.

20. **Klein, D.** — Sur une solution de densité 3,28, propre à l'analyse immediate des roches. Compt. Rend. 1881. XCIII. 40.

— Sur la séparation mécanique par voie humide des minéraux de densité inférieure à 3,6. Bull. Soc. minéral. de France, 1881. IV. 149 et N. Jahrb. für Mineral. 1882. II. Ref. 189.

21. **Mann, P.** — Zur mechanischen Trennung der Gesteinsgemengtheile. N. Jahrb. f. Min. 1884. II. 175.

22. **Pebal, von.** — Anwendung von Elektromagneten zur mechanischen Trennung der Gesteinsgemengtheile. Sitzber. der k. k. Akad. der Wiss. Wien, 1882. 193 et 1884, 147 et 192.

23. **Rohrbach, C. E. M.** — Ueber die Verwendbarkeit einer Baryumquecksilberjodidlösung zu petrographischen Zwecken. N. Jahrb. für Min. 1883. II. 186 et Annal. d. Chem. u. Pharm. 1883. XX. 169.

* **Stelzner, A.** — Die Entwickelung der petrographischen Untersuchungsmethoden in den letzten fünfzig Jahren. Festschr. d. Ges. Isis in Dresden. 1885. 25. N. Jahrb. f. Min. 1886. I. 231,

24. **Thoulet, J.** — Séparation mécanique des éléments minéralogiques des roches. Bull. Soc. minér. de France. 1879. II. 17.

25. — Contributions à l'étude des propriétés physiques et chimiques des minéraux microscopiques. Paris, 1880

— Sur un nouveau procédé pour prendre la densité des minéraux en fragments très petits. Bull. Soc. min. de France, 1879, II. 189.

26. **Werveke. L. van.** — Ueber Regeneration der Kaliumquecksilberjodidlösung und über einen einfachen Apparat zur mechanischen Trennung mittelst dieser Lösung. N. Jahrb. f. Min. 1883. II. 86.

B. — *Méthodes optiques.*

27. **Bauer, M.** — Ueber einige physikalische Verhältnisse des Glimmers. Zeitschrift d. deutsch. geol. Ges.
1874. XXVI. 137.

28. **Bertrand, Em.** — De la mesure des angles dièdres
de cristaux microscopiques. Comptes rendus. 1877.
Dec. 17. Bullet. Soc. minéral.de France. 1878. I, 22.

— Vorrichtung zur Bestimmung des Schwingungs-Rich-
tungs doppelbrechender Krystalle. Zeitschr. f. Kryst.
1877. I. 69.

— De l'application du microscope à l'étude de la minéralogie. Bull. Soc. min. de France. 1878. I. 27.

— Sur l'examen des minéraux en lumière polarisée
convergente. Bull. Soc. minéral. de France. VIII. 1885.
29.

* — Sur un nouveau réfractomètre. Ibid. 375.

* — Nouvelle disposition du microscope permettant de
mesurer l'écartement des axes optiques et les indices
de réfraction. Ibid. 377.

* — Sur la mesure des indices de réfraction des éléments microscopiques des roches. Ibid. 426.

* — Réfractomètre construit spécialement pour l'étude
des roches. Ibid. 1886. IX. 15.

29. **Des Cloizeaux, A.** — Mémoire sur les propriétés optiques biréfringentes caractéristiques des quatre principaux feldspaths tricliniques. Ann. Chim. et Phys. 1875.
IV. 429. N. Jahrb. für Min. 1875. 280.

— Mémoire sur l'existence, les propriétés optiques et
cristallographiques et la constitution chimique du microcline. Annal. Chim. et Phys. (5). 1876. IX. 433.

30. **Doelter, C.** — Ueber die Abhängigkeit der
optischen Eigenschaften von der chemischen Zusammensetzung beim Pyroxen. N. Jahrb. für Min. 1885. I.
43.

31. **Herwig, F.** —Einige über die optische Orientirung der Mineralien der Pyroxen-und Amphibolgruppe. Schulprogramm des Gymnasiums. Saarbrücken, 1884. N. Jahrb. f. Min. 1885. Ref. 29.

32. **Kalkowsky, E.** — Ueber die Polarisations Verhältnisse von senkrecht gegen eine optische Axe geschnitteneu zweiaxigen Krystallplatten. Zeitschr. f. Kryst. IX. 486.

33. **Lasaulx, A. von.** — Sur l'emploi du microscope ordinaire comme instrument de polarisation à lumière convergente et sur un nouveau microscope à l'usage des minéralogistes. Bull. Soc. belge de microscop., 1877. IV.

— Ueber die Verwendung des Mikroskopes als Polarisationsinstrument im convergenten Licht. N. Jahrb. f. Min. 1878. 377.

34. **Michel Lévy, A.** — De l'emploi du microscope polarisant à lumière parallèle, pour la détermination des espèces minérales en plaques minces. Ann. des mines (7). 1877. XII. 392. Zeitschr. f. Kryst. 1879. III. 217.

— Mesure du pouvoir biréfringent des minéraux en plaques minces. Bull. Soc. minéral. 1883. VI. 143.

— Note sur la biréfringence de quelques minéraux. Bull. Soc. minéral. 1884. VII. 43.

35. **Reusch, E.** — Ueber die Körnerprobe am zweiaxigen Glimmer. Akad. d. Wiss. Berlin, 1868. 428. Poggd. Ann. 1869. 130 et 632.

36. **Rosenbusch, H.** — Ein neues Mikroskop für mineralogische und petrographische Untersuchungen. N. Jahrb. f. Min. 1876. 504.

37. **Schrauf, A.** — Ueber die Verwendung der Bertrand' schen Quarzplatte zu mikrostauroskopischen Beobachtungen. Zeitschrift für Krystallogr. 1883. VIII. 81.

38. **Schuster, M.** — Ueber die optische Orientirung der Plagioklase. Tschermak's Mittheil. 1881. III. 117, 141; 1883. V. 189.

39. **Steinmann, G.** — Eine verbesserte Steinschneidemaschine. N. Jahrb. f. Min. 1882. II. 46.

40. **Thoulet, J.**—Procédé pour mesurer les angles solides des cristaux microscopiques. Bull. Soc. minéral. 1878. I. p. 68. (Méthode G. Wertheim.)

— De l'apparence dite chagrinée présentée par un certain nombre de minéraux examinés en lames minces. Bull. Soc. minér. 1880. III. 62.

— Mesure, par la réflexion totale, des indices de réfraction des minéraux microscopiques. Bull. Soc. minéral. 1883. VI. 184.

41. **Tschermak, G.** — Mikroskopische Unterscheidung der Mineralien der Augit-Amphibol-Biotit-Gruppe. Sitzber. d. k. k. Akad. Wien, 1869. LIX. I. 5.

42. **Wiik, F. J.** — Ueber die Verhältniss der optischen Eigenschaften zur chemischen Zustand beim Pyroxen und Amphibol. Zeitschr. f. Kryst. VIII. 1883. 203.

C. — *Méthodes microchimiques.*

43. **Behrens, H.** — Mikrochemische Methoden zur Mineralanalyse. Verslagen en Mededeelingen der k. Akad. d. Wetensch. Haarlem. 1881. XVII. 27.

* — Sur l'analyse microchimique des minéraux. Harlem, 1886.

44. **Boricky, E.** — Elemente einer neuen chemisch-mikroskopischen Mineral-und Gesteinsanalyse. Archiv der naturwiss. Landesdurchforschung Böhmens. 1877. III.
— Beiträge zur chemisch-mikroskopischen Mineralanalyse. N. Jahrb. für Min. 1879. 564.

45. **Bunsen, R.** — Flammenreaction. Heidelberg, 1880.

46. **Cohen, E.** — Reaction auf Nephelin. (Coloration par la fuchsine après attaque par l'acide chlorhydrique.)
— Mikrophotographien. Lieferung VII. Taf. XLIX.

47. **Fouqué, F.** — Santorin et ses éruptions. Paris, 1879. (Méthode d'analyse chimique fractionnée. Chap. V.)

48. **Fuchs, C. W. C.** — Olivin durch Glühen rothwerdend. N. Jahrb. f. Min. 1869. 577.

49. **Gümbel, C. W.** — Röthung der Olivin durch Glühen.

Eruptivgesteine des Fichtelgebirges. München. 1874.
p. 3.

50. **Haushofer, K.** — Beiträge zur mikroskopischen
Analyse. Sitzber. d. bayr. Akad. d. Wiss. München,
1883. 436 et 1885. 403.

— Mikroskopische Reaktionen. Sitzungsber. k. bayr.
Akad. d. Wiss. München 1884.

* — Ueber einige mikroskopisch-chemische Reaktionen.
Ibid. 1886. 70.

* — Mikroskopische Reaktionen. Braunschweig. 1885.

* **Hazard, J.** — Zur quantitativen Bestimmung des
Quarzes in Gesteinen und Bodenarten. Zeitschr. f.
analyt. Chemie. 1884. XXIII. 158. N. Jahrb. f. Min.
1887. I. Ref. 41.

* **Klement, C. et Renard, A.** — Réactions microchimiques à cristaux et leur application en analyse
qualitative. Bruxelles, 1886.

51. **Knop, A.** — Künstliche Krystallisation von Tridymit,
Rutil und phosphorsaurer Titansäure. Zeitschr. d.
deutsch. geol. Ges. 1870. XXII. 919.

— Mikrochemische Reactionen auf die Glieder der
Hauynfamilie. N. Jahrb. f. Min. 1875. 74.

* **Kobell, Fr. von.** — Tafeln zur Bestimmung der
Mineralien. XII. neu bearbeitete und vermerthe
Auflage von *K. Oebbeke*, München, 1884.

52. **Koninck, L. L. de.** — Essais microchimiques par
voie sèche (Procédé de Bunsen). Liége, 1885.

53. **Kroustschoff. K. von.** — Sur l'analyse spectrale appliquée aux études microminéralogiques. Bull. Soc.
minéral. de France, 1884. VII. 243.

54. **Lasaulx, A. von.** — Reaction für metallischen
Eisen. Verh. naturhist. Ver. Rheinl. West. Sitzungsber. 1881. XXXVIII. 173 et 1882. XXXIX. 212.

55. **Lehmann, 0.** — Mikroskopisch-chemische Reactionen, etc. Zeitschr. für Krystall. I. 453 et VI. 48
et 580.

56. **Lemberg, J.** — Contaktbildungen bei Predazzo.

Zeitschr. d. dtsch. geol. Ges. 1872. XXIV. 226.
(Attaque au rouge par la solution de nitrate d'argent,
pour la distinction de la brucite et des carbonates.)

57. Link. G. — Geognostisch-petrographische Beschreibung des Grauwackengebietes von Weiler. Abh. zur
geol. Specialk. von Els.-Lothr. 1884. III. 1. 17.
[Distinction du CaO.CO^2 et du (Ca.Mg) O.CO^2.]

58. Michel Lévy. A. et Bourgeois, L — Sur les
formes cristallines de la zircone et sur les déductions
à en tirer pour la détermination qualitative du zircon.
Bull. Soc. minéral. de France. 1882. V. 136. (Réaction pour le zircon.)

59. Rose, G — Löthrohrbestimmung der Titansäure. Ber.
der Akad. Wiss. Berlin, 1867. 129.

60. Rosenbusch, H. — Ueber eine Verbesserung mikroskopischen Gesteinsuntersuchungen. N. Jahrb. für
Min. 1871. 914.

61. Schönn. — Ueber das Verhalten des Wasserstoffhy-
peroxyds zu Molybdän und Titansäure. Zeitschr.
analyt. Chem. 1870. X. 41.

62. Sorby. H. C. — On crystals enclosed in Blowpipe
beads. Monthly microsc. Journ. 1869. 349.

63. Streng, A. — Ueber die mikroskopische Unterscheidung von Nephelin und Apatit. Tschermak's Min.
Mittheil. 1876. 168.

— Ueber eine Methode zur Isolirung der Mineralien eines
Dünnschliffs behufs ihrer mikroskopisch-chemischen
Untersuchung. Ber. oberrhein. Ges. f. Nat. u. Heilk.
1883. XXII. 260 et 1885. XXIV. 54.

64. — Ueber eine neue mikrochemische Reaction auf
Natrium. Ber. d. oberrhein. Ges. f. Nat. u. Heilk.
1883. XXII. 258.

— Ueber einige mikroskopisch-chemische Reactionen.
N. Jahrb. f. Min. 1885. I. 1. p. 21. — 1886. 1. 1.
p. 49.

65. Szabo, Jos. — Ueber eine neue Methode die Feldspathe auch in Gesteinen zu bestimmem. Buda-Pest,
1876. (Réactions de flammes, fusibilité.)

66. **Törnebohm, A. E.** — Reaktion zur Nachweis metallischen Eisens. Svenska Vetensk. Akad. 1878. V. No. 10.

67. **Vogelsang, H.** — Ueber die natürlichen Ultramarinverbindungen. Bonn, 1874. 33 (Coloration bleue des minéraux du groupe de la Haüynite.)

68. **Wichmann, A.** — Ueber eine Methode zur Isolirung von Mineralien behufs ihrer mikrochemischen Untersuchung. Zeitschr. f. wiss. Mikrosk. I. 1884.

69. **Wunder, G.** — Löthrohrproben mit Krystallbildung in den Proben. Journ. prakt. Chem. 1870. 1. 452 et 1871. IV. 339. Programm d. Gewerbeschule zu Chemnitz. 1870.

§ III. — Bibliographie pétrographique spéciale.

1. — Concernant certains constituants de roches, minéraux et agrégats minéraux (Néphrite, Jadéite).

Arzruni, A. — Jadeitbeil von Rabber. Verh. d. Berl. anthr. Ges. 1881. 281.

— Neue Beobachtungen am Nephrit und Jadeit. Zeitschr. f. Ethnologie. XV. 1883. 163.

Beck, W. von et Muschketow, J. W. von. — Ueber Nephrit und seine Lagerstätten. Verhandl. Kais. mineral. Ges. Petersburg. XVIII. 1882 et N. Jahrb. f. Min. 1883. II. Ref. 71.

Becke, F. — Glaseinschlüsse in Contaktmineralien von Canzacoli bei Predazzo. Tschermak's Mittheil. 1882. V. 174.

— Ueber die Unterscheidung von Augit und Bronzit in Dünnschliffen. Tschermak's Mittheil. V. 1883. 527.

Becker, A. — Ueber die dunklen Umrandungen der Hornblenden und Biotite in massigen Gesteinen. N. Jahrb. f. Min. 1883. II. 1.

Bɔɔkɐr, **A.** — Ueber das specifische Gewicht der Quarze in verschiedenen Gesteinen. Tschermak's Mitth. 1884. VI. 158.

Berwerth, Fr. — Ueber Nephrit von Neuseeland. Sitzber. Akad. Wiss. Wien. LXXX. I. 1879. Juli.

— Nephrit aus den Sannfluss, Untersteiermark. Mittheil. anthrop. Ges. Wien, 1883. XIII.

* **Bodewig, C.** — Nephrit aus Tasmanien. Zeitschr. f. Krystallogr. 1885. X. 86.

Cathrein, A. — Ueber Titaneisen, Leukoxen und Titanomorphit. Zeitschr. f. Krystall. VI. 244.

— Ueber Saussurit. Zeitschr. für Krystall. VII. 234.

— Ueber die mikroskopische Verwachsung von Magneteisen mit Titanit und Rutil. Zeitschrift für Krystallogr. VIII. 1883. 321.

Cohen, E. — Ueber Jadeit von Thibet. N. Jahrb. f. Min. 1884. 1. 71.

Cossa, Alf. — Rutil im Gastaldit-Eklogit von Val Tournanche. N. Jahrb. f. Min. 1880. 1. 162.

Credner, H. — Ueber die Herkunft der norddeutschen Nephrite. Corresp. - Blatt der deutsch-anthropol. Ges. 1883. No. 4.

Damour, A. — Nouvelles analyses sur la Jadeite. Compt. Rend. 1881. CII. 23.

* **Des Cloizeaux, A.** — Nouvelles recherches sur les propriétés optiques des oligoclases. Bull. Soc. min. de Fr. 1880 III. 157.

* — Nouvelles recherches sur l'écartement des axes optiques, l'orientation de leur plan et de leurs bissectrices et leurs divers genres de dispersion, dans l'albite et l'oligoclase. Ibid. 1883. VI. 89.

* — Oligoclases et Andésine. Ibid. 1884. VII. 249.

* — et **Pisani.** — Nouvel examen optique de deux oligoclases. Ibid. 1885. VIII. 6.

Diller, J. S. — Anatas als Umwandlungsprodukt von Titanit im Biotitamphibolgranit der Troas. N. Jahrb. f. Min. 1883. I 187.

Doelter, C. et Hussak, E. — Ueber die Einwirkung geschmolzener Magmen auf verschiedene Mineralien N. Jahrb. f. Min. 1884. 1. 18.

* **Fellenberg, E. von.** — Zur Nephritfrage. Verh. d. Berlin. anthropologischen Gesellsch. 1884. N. J. f. M. 1887. I. Ref. 8.

Fischer, H. — Nephrit und Jadeit. Stuttgart, 1880.

— Ueber Jadeit. N. Jahrb. f. Min. 1880. I. 174.

— Ueber Nephrit u. Jadeit. N. J. f. M. 1881. 1. 196.

— Mikroskopische Untersuchung verschiedener Nephrit-proben. N. Jahrb. f. Min. 1883. II. 80.

— Ueber Jadeit aus Ostasien. N. Jahrb. f. Min. 1883. II. 92.

— Ueber Nephritbeile aus Brasilien und Venezuela. N. Jahrb. f. Min. 1884. II. 214.

Fouqué, F. et Michel Lévy, A. — Note sur le perlitisme. Bull. Soc. min. de France. 1878. 1. 17.

Hawes, G. W. — On the determination of Feldspar in thin sections of rocks. Proceed. of the U. S. National Museum. 1881. N. Jahrb. f. Min. 1882. II. Ref. 55.

Hollrung, M. U. — Untersuchungen über den Rubellan. Tschermak's Mittheil. 1883. 304.

Hussak, E. — Ueber den Cordierit in vulkanischen Aus-würflingen. Sitzungsber. k. k. Akad. Wiss. LXXXVII. 1883. 332.

Irving, R. D. — On the paramorphic origin of the Hornblende of the crystalline rocks of the northwestern States. Americ. Journ. Sc. 1883. XXVI. 27.

Jannettaz, Ed. et Michel, L. — Note sur la Néphrite ou Jade de Sibérie. Bull. Soc. minér. de France, 1881. IV. 178.

* **Judd, J. W.** — On the Occurrence, as a Common Rock-forming Mineral, of a Remarkable Member of the Enstatite-Group (Amblystegite, vom Rath). Geol. Magaz. 1885. 173. N. J. f. M. 1886. I. Ref. 253.

Kalkowsky, E. — Ueber Hercynit im sächsischen Gra-nulit. Zeitschr. deutsch. geol. Ges. 1881. 533.

— Ueber Olivinzwillinge in Gesteinen. Zeitschr. f. Kryst. X. 1885. 1.

Kispatic, M. — Bildung der Halbopale im Augitandesit von Gleichenberg. Tsckermak's Mittheil. 1881. IV. 122.

Kroustschoff, K. von. — Nouvelle occurence de zircon. Bull. Soc. minér. France, 1884. VII.

— Ueber secundäre Glaseinschlüsse in Gemengtheilen gefritteter Gesteine. Tscherm. Mittheil. 1882. V. 473. et II. Theil. Ibid. VII. 1885. 64.

— Ueber eigenthümliche Flüssigkeitsinterpositionen im Cordierit des Cordieritgneisses von Bodenmais. Tschermak's Mittheilungen 1885. VI. 232. N. J. f. M. 1886. II. Ref. 336.

*— Sur un nouveau type de pyroxène. Bull. Soc. min. de Fr. 1885. VIII. 85. N. J. f. M. 1886. II. Ref. 43.

* — Ueber einen eigenthümlichen accessorischen Gemengteil des Granitporphyrs von Beucha und des Phonoliths von Olbrück. N. J. f. M. 1886. II. 180.

Lacroix. A. — Propriétés optiques du chloritoïde ; son identité avec la Sismondite, Masonite, Ottrélite. Vénasquite et phyllite. Bull. Soc. min. de France, 1886. IX. 42.

* — Sur l'albite des pegmatites de Norwège. Ibid. 131.

Lang, 0. — Flusspath im Granit von Drammn. Nachr. d. k. Ges. d. Wiss. Götting. 1880. No. 15. 477.

Lasaulx, A. von. — Ueber Milkrostruktur, optisches Verhalten und Umwandlung des Rutil in Titaneisen. Zeitschr. f. Krystall. VIII. 1883. 54.

— Ueber Cordieritzwillinge in einem Auswürfling des Laacher Sees. Zeitschr. Krystallogr. VIII. 1883. 76.

Lehmann. J. — Die pyrogenen Quarze in den Laven des Niederrheins. Verhdl. naturhist. Ver. Bonn. 1878. 203.

— Ueber das Vorkommen von Titanmineralien in den sächsischen Granuliten. Sitzber. niederrhein. Ges. f. Nat. u. Heilk. 1881.

Mann, Paul. — Ueber Rutil als Produkt der Zersetzung von Titanit. N. Jahrb. f. Min. 1882. II. 200.

Mann, Paul. — Untersuchungen über chemische Zusammensetzung einiger Augite aus Phonolithen. N. Jahrb. für Min. 1884. II. 172.

Merian, A. — Studien an gesteinsbildenden Pyroxenen. N. Jahrb. f. Min. III. Beil.-Bd. 1884. 252.

Meyer. A. B. — Rohjadeit aus der Schweiz. Zürich 1884. N. Jahrb. f. Min. 1885. I. Ref. 65.

— Ein neuer Fundort von Nephrit in Asien. Isis, Dresden, 1883. 75.

— Der Sanuthaler Rohnephritfund. Ibid. 77.

— Ein zweiter Rohnephritfund in Steiermark. Mittheil. anthropolog. Ges. Wien, 1883.

— Ueber die Nephritfrage. Verh. d. Berl. Anthrop. Ges. 1883.

* — Ein weiterer Beitrag zur Nephritfrage. Ibid. 1885. XV. N. J. f. M. 1887. I. Ref. 8.

— Ueber Nephrit und ähnliches Material von Alaska. Jahresber. Verein für Erdkunde, Dresden 1884. XXI. 21. N. J. f. M. 1887. I. Ref. 6.

* — Ein dem Nephrit mineralogisches nahestehendes. Aktinolithgestein aus der Ryllshytte-Kompani-Grube in Dalecarlien. N. J. f. M. 1886. II. 255.

Michel Lévy. A. — Note sur divers états gobulaires de la silice. Bullet. Soc. géol. France. (3). 1877. V. 140.

— Sillimanite dans le gneiss du Morvan. Bull. soc. min. de France. 1880. III. 30.

— Sur la nature des spérolithes faisant partie intégrale des roches éruptives. Compt. rend. 1882. 464.

* **Oebbeke, K.** — Sur quelques minéraux du Rocher du Capucin et du Riveau-Grand (Mont-Dore). Bull. Soc. minér. de France. 1885, VIII. 46.

* — Ueber das Vorkommen des Glaukophan. Zeitschr. für Kryst. 1886. XII. 282.

Quiroga, Franc. — Sobre el jade. etc. Ann. Soc. Espan. hist. nat. X 1881. N. Jahrb. f. Min. 1883. I. Ref. 30.

Renard, A. — Sur l'Ottrélite. Bull. Musée roy. hist.
nat. Bruxelles. 1882. I. 43.

— et de la Vallée-Poussin. — Sur l'Ottrélite. Ann.
Soc. géol. Belgique. 1879. VI. 51.

Sachse, R. — Ueber den Feldspathgemengtheil des
Flasergabbros von Rosswein in Sachsen. Ber. naturf.
Ges. Leipzig. 1883. 101.

Sandberger, F. — Ueber mikroskopische Zirkone in Graniten und Gneissen und den aus diesen entstandenen
Trümmergesteinen. Sitzungsber. Würzburger phys.
med. Ges. 1883.

— Ueber Zirkon in geschicthteten Felsarten. Zeitschrift
deustsch. geol. Ges. 1883. 193.

Sauer, A. — Rutil als mikroskopischer Gesteinsgemeng-
theil. N. Jahrb. f. Min. 1879. 569.

— Rutil als mikroskopischer Gemengtheil. N. Jahrb.
f. Min. 1880. I. 279.

— Titanmineralien in Amphibolit. N. Jahrb. f. Min.
1880. I. 94.

— Rutil als mikroskopischer Gemengtheil in der Gneiss-
und Glimmerschieferformation, sowie als Thonschiefernädelchen in der Phyllitformation. N. J. f. M.
1881. I. 227.

Seubert, K. et Link, G. — Analysen einiger Pfahlbau-
nephrite. Ber. dtsch. chem. Ges. 1882. XV. 219.

Sjögren, Hj. — Gedrit als wesentlicher Gemengtheil
einiger norwegischer und finnländischer Gesteine.
OEfversigt af Kongl. Vetenskaps Akad. Förh. Stockholm.
1882. 5.

Szabo, J. — Der Granat und Cordierit in den Trachyten
Ungarns. N. J. f. Min. I. Beil-Bd. 1881. 302.

Thürach, H. — Ueber das Vorkommen mikroskopischer
Zirkone und Titanmineralien in den Gesteinen. Würzburg. 1884.

* Törnebohm, A. E. — Ueber das Vorkommen nephrit-
artiger Gesteine in Schweden. N. J. f. M. 1886. II.
191.

Traube, H. — Ueber den Nephrit von Jordansmühl in

Schlesien. N. Jahrb. f. Min. III. Beil.-Bd. 1884.
412.

Werveke, L. van. — Rutil im Ottrelit-und Wetzschiefer. N. Jahrb. f. Min. 1880. II. 275.

— Eigenthümliche Zwillingsbildung an Feldspath und
Diallag. N. Jahrb. f. Min. 1883. II. 97.

— Rutil in Diabascontaktprodukten und durch Diabas
veränderte Schiefer im Gebiet der Saar und Mosel.
N. Jahrb. f. Min. 1884. II. 225.

Wichmann, A. — Turmalin als authigener Gemengtheil
in Sanden. N. Jahrb. f. Min. 1880. II. 294.

Zirkel, F. — Ueber den Zirkon als mikroskopischen Gemengtheil. N. Jahrb. f. Min. 1880. I. 89.

2. — *Ouvrages généraux concernant diverses espèces de roches, etc.*

Adams, Frank D. — Notes on the microscopic Structure
of some rocks of the Quebec Group. Ann. Report of
the Canada geol. Survey. 1881. N. Jahrb. f. Min.
1884. I. Ref. 222. (Granite à amphibole, porphyrite
quartzifère, schiste amphibolique, grauwacke.)

Barrois, Ch. — Les terrains anciens des Asturies et de
la Galice. Lille, 1882. (Description de granites, porphyres quartzifères, diorites, diabases, kersantites ou
Andésites quartzifères, schistes métamorphiques de
contact.)

Beck, R. — Sektion Adorf der geologische Specialkarte
von Sachsen. Erläuterung. (Phyllades, schistes fructifères, Syénite, diabase, basalte à néphélite et à mélilite.)

Becke, F. — Gesteine der Halbinsel Chalcidice. Tscherm·
Mittheil. 1878. I. 242. (Diorite, gabbro, gabbro à
hypersthène, roche à Saussurite, roche à diallage et zoïsite, gneiss, amphibolites, phyllades à hornblende,
phyllade ottrélitifère, micaschiste calcitifère.)

— Gesteine von Griechenland. Tschermak's Mittheil.
1878. I. 469. (Serpentines et grünstein.)

— Gesteine von Griechenland. Tschermak's Mittheil.

1880. II. 17. (Gneiss à hornblende, schistes à hornblende
et épidote, chloritoschistes, micaschistes, gneiss, phyllades gneissiques, phyllades, phyllades à glaucophane,
micaschistes calcitifères, arkoses gneissiques.)

Becke, F. — Die Eruptivgesteine aus der Gneissformation des niederösterreichischen Waldviertels. Tschermak's Mittheil. 1882. V. 147. (Syénites, porphyrites,
kersantites, gabbros.)

* — Notizen aus dem niederoesterreichischen Waldviertel. Tschermak's Mitth 1885. VII. 250. N. J. f. M.
1886. II. Ref. 238. (Granophyre, kersantite pilitifère,
amphibolite à pyroxène, kélyphite.)

Becker, F. G. — Geology of the Comstock Lode and
the Washoe Distrikt. U S. geol. Survey. III. 1882.
(Granites, diorites, porphyres quartzifères, diabases,
Andésite amphibolique, Andésite augitique, basalte,
propylite.)

Behrens, H. — Beiträge zur Petrographie des Indischen
Archipels. Naturw. Verh. der Koninkl. Akad. XX.
Amsterdam. 1880. (Gabbros à olivine, gabbro, diabase à olivine, Andésite augitique, rétinite basaltique,
trachytes à mica.)

— Die Gesteine der Vulkane von Java. Naturw. Verh.
Koninkl. Akad. 1882. Amsterdam. (Andésites augitiques, basaltes, roches à leucite.)

Benecke, E. W. et **Cohen, E.** — Geognostische Beschreibung der Umgegend von Heidelberg. Strassburg 1881.
(Roches éruptives : granites, diorite, diorite quartzifère, diorite à mica, Syénite, roches à diallage et olivine, minettes, schistes cristallins, etc.)

Bonney, T. G. — On a collection of rock specimens
from the Island of Sokotra. Philos. Transact. of Royal
Soc. 1883. 273. [Felsites (rhyolites), diorites à mica,
dolérites].

Cathrein. A. — Petrographische Notizen aus den Alpen.
N. Jahrb. f. Min. 1883. II. 183. (Proterobase, rétinite
porphyrique.)

* **Chaper.** — Sur la géologie d'Assinie, côte occidentale
d'Afrique. Bull. Soc. géol. de France. 1886. XIV. 105.

N. J. f. M. 1887. I. Ref. 67. (Granitite, amphibolite schistoïde.)

* **Chelius, C.** — Beiträge zur geologischen Karte des Grossherzogthums Hessen. Notizbl. d. Ver. f. Erdk. Darmstadt. 1884. 24. N. J. f. M. 1886. II. Ref. 235. (Porphyres, roches à diallage.)

Cohen E. — Ueber einige Vogesengesteine. N. Jahrb. f. Min. 1883. I. 199. (Kersantite, granite augitique, gneiss augitique, diabase.)

Cross, Ch. Whitmann. — Studien über bretonische Gesteine. Tschermak's Mittheilungen. 1880. III. 369. (Gneiss, micaschistes, schistes à chiastolite, amphibolites, granites, porphyres quartzifères, diorites, kersantites, diabases.)

Dana, James D. — On some points in Lithology. Americ. Journ. XVI. 335 et 431. (Essai de classification des roches.)

Doelter, C. — Die Produkte des Vulkans Monte Ferru. Denkschr. Akad. Wiss. Wien 1878. 41. N. Jahrb. f. Min. 1879. 652. (Obsidienne perlitique, trachytes, Andésites, phonolite, basalte, basalte leucitique, tufs.)

— Die Vulkane der Capverden und ihre Produkte. Graz 1882. N. Jahrb. f. Min. 1883. I. Ref. 396. (Foyaïte Syénite, diorite, diabase, basalte, roches à leucite et néphélite, Limburgites, phonolites.)

* **Drasche, E.** — Chemische Analysen einiger persischer Eruptivgesteine. Verh. d. k. k. geol. Reichsanst. 1884. 196. N. J. f. Min. 1887. I. Ref. 65. (Andésite augitique, diabase à olivine, basalte, aphanite.)

Foullon, baron H. von. — Ueber Eruptivgesteine von Recoaro. Tschermak's Mittheil. 1879. II. 449. (Porphyre quartzifère, porphyrite, porphyrite diabasique, mélaphyre).

Geinitz, E. — Die skandinavischen Plagioklasgesteine und Phonolith aus dem mecklenburgischen Diluvium. Nova Acta Leop. Carol. Akad. XLV. 1882. (Gabbro, basalte, diabases et phonolites.)

* **Götz, J.** — Untersuchung einer Gesteinssuite aus der Gegend der Goldfelder von Marabastad im nördlichen

Transvaal, Süd-Afrika. N. J. f. M. 1886. Beilage-Band
IV. 111. (Quartzite, schiste actinolitique, chloritoschiste, phyllade simple, ottrélitifère et à Andalousite,
schiste tourmalinifère, quartzophyllade à magnétite,
serpentine, protérobase, grès.)

Gümbel, C. W. — Geognostische Beschreibung des
Fichtelgebirges mit dem Frankenwalde und dem westlichen Vorlande. Gotha 1879. (Caractérisation pétrographique étendue, aussi bien macroscopique que microscopique, des roches les plus différentes, tant de
schistes cristallins que de granites anciens et de roches
éruptives. Nombreuses analyses.)

— Geologische Fragmente aus der Umgegend von Ems.
Sitzber. bayr. Akad. Wis. München 1882. 197. (Porphyre, schalstein, basalte, ponce.)

* Haas, H. — Beiträge zur Geschiebekunde der Herzog-
thümer Schleswig-Holstein. 1. Ueber einige Gesteine
der Diabas-und Basalt-Familie im Diluvium Schleswig-
Holsteins. Schr. naturw. Verein f. Schleswig-Holstein.
VI. 1885. 18. N. J. f. M. 1886. I. Ref. 56.

Hague, Arn. Jos et Iddings, P. — Notes on the Vol-
canoes of Northern California, Oregon and Washington Territory. Amer. Journ. Sc. 1883. XXVI. 222.
(Basaltes, Andésites à hypersthène, Andésites amphiboliques, Andésites quartzifères, Dacites.)

— Notes on the volcanic rocks of the Great Basin.
Americ. Journ. of Sc. 1884. XXVII. No. 162. (Rhyolites, Dacites, Andésites, basaltes.)

* — On the Developpement of Crystallisation in the
Igneous Rocks of Washoe, Nevada, with Notes on the
Geology of the District. Bull. U. S. geol. Survey.
1885. No. 17. N. J. f. M. 1887. I. Ref. 79. (Andésites,
Dacites, rhyolites, basaltes.)

Heinemann, J. — Die krystallinischen Geschiebe Schle-
swig-Holsteins. Inaug.-Diss. Kiel. 1879. (Granite, porphyre quartzifère, Syénite, porphyre, porphyre à
Liebenérite, diorite, porphyrite, diabase, mélaphyre,
basalte, gabbro, Norite, roches à augite et à olivine,
schistes cristallins, etc.).

Helland, Amund. — Mikroskopische Untersuchung

einiger Gesteine aus dem nördlichen Norwegen.
Tromsoe Museums Aarshefter 1878 et N. Jahrb. f.
Min. 1879. 420. (Gabbro à olivine, gabbro, gabbro
à Saussurite, diabases, diorites, éclogite, péridotite,
serpentine.)

Hussak, E. — Beiträge zur Kenntniss der Eruptivgesteine der Umgegend von Schemnitz. Sitzungsber.
Akad. Wiss. Wien. 1880. LXXXII. 164. (Granite,
diorites, rhyolites, Dacites, Andésite, basalte.)

John, C. von. — Eruptivgesteine Bosniens und der Her-
zegovina. Verh. der k. k. geol. Reichsanstalt. 1879.
No. 8. 170. No. 11. 239.

— Grundlinien der Geologie von Bosnien-Herzegovina
par E. von Mojsisovics, E. Tietze et A. Bittner. Wien
1880.

— Die älteren Eruptivgesteine Persiens. Jahrb. d. k. k.
geol. Reichsanst. 1884. XXXIV. III. [Granite, Syénite,
Tonalite, porphyre, diorite, porphyrite (à mica), diabase, diabase à olivine, porphyrite diabasique, mélaphyres.]

* — Ueber die von Herrn Dr. Wähner aus Persien
mitgebrachten Eruptivgesteine. Jahrb. d. k. k. geol.
Reichsanst. 1885. XXXV. 37. N. J. f. M. 1886. I.
Ref. 266. (Granites, diabases, porphyrites, mélaphyres, Andésites, rhyolites.)

Klockmann, F. — Ueber Basalt, Diabas und Melaphyr-
geschiebe aus dem norddeutschen Diluvium. Zeitschr.
deutsch. geol. Ges. 1880. XXXII. 408.

Kloos, J. H. — Geognostische Beobachtungen am Co-
lumbia Flusse. Tschermak's Mittheil. 1878. I. 389.
(Basalte, dolérite, Andésites.)

— Studien im Granitgebiet des südlichen Schwarzwal-
des. N. Jahrb. f. Min. 1884. Beil.-Bd. III. 1. (Granite,
diorite, gabbro, Picrite, roche à diallage et à grenat,
porphyre quartzifère, minette, porphyre à Pinite, diorite quartzifère.)

* Küch, R. — Beitrag zur Petrographie des westafrika-
nischen Schiefergebirges. Tscherm. Mitth. VI. 93.
N. J. f. M. 1886. I. Ref. 266. (Granite, diabase,
gneiss, micaschiste, phyllade, schiste, grauwacke,
grès, quartzite.)

Lagorio. Alex. — Vergleichende petrographische Studien über die massigen Gesteine der Krym. Dorpat 1880. N. Jahrb. f. Min. 1881. II. 223. (Trachytes, Liparites, diorites, mélaphyres.)

Lang, 0. — Erratische Gesteine aus dem Herzogthum Bremen. Göttingen 1879. (Nombreuses roches de différentes espèces, simples et composées, cristallines, massives et schistoïdes.)

Lasaulx. A. von. — Petrographische Skizzen aus Irland. Tschermak's Mittheil. 1878. 1. 410. (Trachyte quartzifère riche en tridymite, porphyrite diabasique, gabbro à olivine, schiste à Andalousite, diorite, diabase, eurites.)

Lossen. K. A. — Ueber die Anforderungen der Geologie an die petrographische Systematik. Jahrb. d. k. preuss. Landesanstalt 1883. 486.

* — Studien an metamorphischen Eruptiv-und Sediment-Gesteinen, erläutert an mikroskopischen Bildern (II). Jahrb. d. k. pr. geol. Landesanst. 1884. 525. N. J. f. M. 1887. I. Ref. 44.

* **Lotti, B.** — Granito e iperstenite nella formazione serpentinosa dei Monti Livornesi. Boll. d. r. Com. geol. 1885. Nos. 3. 4. N. J. f. M. 1886. I. Ref. 261.

* — Correlazione di giacitura fra il porfido quarzifero e la trachite quarzifera nei dintorni di Campiglia marittima e di Castagneto in Provincia di Pisa. (Atti Soc. tosc. di Sc. nat. in Pisa. VII. 1. N. J. f. Min. 1886. 1. Ref. 261.)

Macpherson, J. — Apuntos petrograficos de Galicia. Anal. Soc. Esp. hist. nat. X. 1881. N. Jahrb. f. Min. 1882. II. Ref. 55 (Serpentine, amphibolites, gneiss, granite, diabase, basalte à néphélite.)

* **Mercalli, G.** — Su alcune rocce eruttive comprese tra il Lago Maggiore e quello d'Orta. Rendiconti d. R. Ist. lomb. (II). XVIII. fasc. 3. 1885. N. J. f. M. 1886. 1. Ref. 260. (Diabase, porphyres, gneiss, schiste à Picrite.)

Michel Lévy, A. — Sur quelques nouveaux types de roches provenant du Mont Dore. Comptes rendus. 1884.

XCVIII. 1334. (Basalte, diorite, Andésite, phonolite.)

Michel Lévy, A. — Sur les roches éruptives basiques
cambriennes du Maconnais et du Beaujolais. Bullet.
Soc. géol. France. (3). XI. 273. (Diabases, porphyrites.
diorites, granite et ses phénomènes de contact, schiste
amphibolique, cornéenne schistoïde, cornes vertes.)

Möhl, H. — Kaukasische Gesteine. Naturw. Ges. Isis.
Dresden 1878. (Obsidienne, perlite, Andésite, trachyte,
diabase, tufs et scories.)

— Die Eruptivgesteine Norwegens. N. Jahrb. f. Min.
1878. 320.

Mügge, O. — Petrographische Untersuchungen an Gesteinen von den Azoren. N. Jahrb. f. Min. 1883. II.
189. (Trachytes, Andésites, basaltes.)

* — Ueber einige Gesteine des Massai-Landes. N. J. f.
M. 1886. Beilage-Band. IV. 576. (Granophyre. gneiss,
micaschiste, amphibolite. Liparites, rétinite, trachyte,
téphrite et Basanite à néphélite, Limburgite, basalte à
mélilite, Andésite augitique, basalte.)

Niedzwiedzky, D. — Zur Kenntniss der Eruptivgesteine des westlichen Balkans. Sitzber. Akad. Wiss.
Wien. 1879. LXXIX. März.

Pringsheim, G. — Ueber einige Eruptivgesteine aus
der Umgegend von Liebenstein in Thüringen Zeitschr. deutsch. geol. Ges. XXXII. 1880. III. (Porphyre
granitique et diabase.)

Quiroga. Fr. — Noticias petrographicas. Anal. Soc.
Espan. hist. nat. 1885. XIV. (Diabases, ophites,
Limburgite.)

Rath, G. vom. — Ueber die Umgegend von Kremnitz
und Schemnitz. Sitz.-Ber. niederrh. Ges. Bonn. 1878.
(Diorite quartzifère, diabase, Andésites et rhyolites.)

Reusch. H. H. — Mikroskopische Studien an norwe-
gischen Gesteinen. N. Jahrb. f. Min. 1883. II. 178.
(Gabbro à Saussurite, quartzite, granulite.)

Reusch, H. H,— Syenit und Olivingabbro im centralen Theile der Euganæen. N. Jahrb. f. Min. 1884. II. 140.

Rohrbach, C. E. M. — Ueber die Eruptivgesteine im Gebiete der schlesisch-mährischen Kreideformation. Tschermak's Mitth. 1885. VII. 1. N. J. f. M. 1886. I. Ref. 56. (Teschénites, roches à olivine.)

Rosenbusch, H. — Ueber das Wesen der körnigen und porphyrischen Struktur bei Massengesteinen. N. Jahrb. f. Min. 1882. II. 1. Ann. Soc. géol. Belg., 1883. X. bibl. 17.

Rutley, F. — On community of Structure in rocks of dissimilar origin. Quart. Journ. geol. Soc. XXXV. 327.

Sauer, A. — Section Wiesenthal der geologischen Specialkarte des Königreichs Sachsen. Erläuterungen· (Gneiss, micaschistes, conglomérats, amphibolites, amphibolites à zoïsite, amphibolites feldspathiques, éclogite, calcaire cristallin, phyllades, schiste à tourmaline, basalte à néphélite, phonolites, leucitophyres, etc.)

Schumacher, E. — Die Gebirgsgruppe des Rummelsberges bei Strehlen. Zeitschr. deutsch. geol. Ges. XXX. 1878. 427. (Granite, microgranite, gneiss, micaschiste, talcschiste, calcaire grenu.)

*__Teall, J. J. Harris.__ — British Petrography. Birmingham, 1886 (en cours de publication).

Thoulet, M. J. Etudes expérimentales sur les roches. Bull. Soc. minéral. France VI. 1883. 161. (Basalte, calcaire compacte.)

Tietze, E. — Geologische Uebersicht von Montenegro. Jahrb. k. k. geol. Reichsanst. 1884. (Porphyres quartzifères, porphyres, porphyrites, diabases, diorite quartzifère, Andésite augitique.)

Törnebohm, A. E. — Under Vega Expeditionen insamlade Bergarter. IV. Vega Expedit. Vetenskapl. Jakttagelserd. 115. (Gneiss, micaschiste, porphyre, granite, aphanite diabasique, Andésite augitique.)

—Mikroskopisk undersökning af nagra bergartsprof fran Grönland, etc. Geol. Fören. i Stockholm Förh. 1883.

VI. 692. N. Jahrb. f. Min. 1884. II. 207. (Syénite augitique, Syénite à mica, diabase à olivine, néphélinite, basalte à mélilite, Limburgite.)

* **Vallée Poussin, Ch. de la et Renard, A.** — Note sur le mode d'origine des roches cristallines de l'Ardenne française. Ann. Soc. géol. de Belg. 1885. XII. 11.

* **Vélain, Ch.** — Sur le permien des Vosges. II. Bull. Soc. géol. de France. (3). XIII. 1885. 550. N. J. f. M. 1886. II. Ref. 239. (Porphyres quartzifères, mélaphyre, quartzite.)

Wichmann, A. — Gesteine von Timor. Heft 3 der Beiträge zur Geologie Ost-Asiens und Australiens. Leiden, 1882. (Diorite, porphyrite, diabase, Andésite, augitique, verres, serpentine, amphibolite, etc.)

— Gesteine von Timor. Beiträge zur Geol. Ostasiens u. Australiens. Leiden 1884. II. 73. (Différentes espèces de roches éruptives et schistoïdes.)

— Beitrag zur Petrographie des Viti Archipels. Tschermak's Mitth. 1883. V. 174. (Granite.porphyre quartzifère, Foyaïte, diorite, diabase, gabbro, Andésites, basaltes, tufs, amphibolite, eurite, quartzite, grès et minéraux.)

— Ueber Gesteine von Labrador. Zeitschr. d. deutsch. geol. Ges. 1884 XXXVI. 485. (Granite, roche à Labradorite, Norite, porphyrite à mica, roche à diallage et magnétite.)

* **Wiik, F. J.** — Mineralogiska och petrografiska meddelanden. X. 46. Mikroskopisk undersökning af granit-,gneis-och kristalliniska skifferarter. Finsk. Vetensk Soc's. Förh. 1885. XXVII. N. J. f. M. 1886. I. Ref. 421.

Williams, George, H. — Die Eruptivgesteine der Gegend von Tryberg im Schwarzwald. N. Jahrb. f. Min. II. Beil.-Bd. 1883. 585. (Gneiss, granite, porphyre quartzifère, porphyre syénitique à mica, diorite à mica, basalte à néphélite.)

* **Winhelel. N. H.** — Geology of Minnetosa. Vol. I.

Minneapolis. 1884. 4°. N. J. f. M. 1887. I. Ref. 78.
(Syénite, gabbro, quartzite, dolomite, calcaire, grès.)

* **Wolff, J. E.** — Notes on the petrography of the Crazy.
Mts., and other localities in Montana Territory. North.
Trans. cont. Surv. 1885. N. J. f. M. 1886. I. Ref. 268.
(Granite, Banatites, Andésites, téphrites, basalte,
adinole, cornéenne.)

3. — *Granite, Syénite, Syénite éléolitique et porphyres.*

* **Arzruni, A.** — Untersuchung einiger granitischer.
Gesteine des Urals. Zeitschr. d deutsch. gcol. Ges.
1885. 865. N. J. f. M. 1886. II. 367

Barrois, Ch. — Mémoire sur le granite de Rostrenen
(Côtes-du-Nord), ses apophyses et ses contacts. An-
nales Soc. géol. du Nord. XII. 1884. Novembre.

Bonney, G. T. — On some nodular felsites in the Bala
Group of North Wales. Quart. Journ. of. geol. Soc.
XXXVIII. 289.

Boricky, E. — Ueber den dioritischen Quarzsyenit
von Dolanky nebst Bemerkungen über die Schwierigkeiten, welche sich der Bestimmung umgewandelter Grünsteine entgegensetzen. Tscherm. Mittheil.
1880. II. 78.

Brögger, W. C. — Die silurischen Etagen 2 und 3 im
Kristianiagebiet und auf Eker, ihre Gliederung, Fossi-
lien, Schichtenstörungen und Contaktmetarmophose.
Kristiania, 1882. N. Jahrb. f. Min., 1883. I. Ref. 389.
(Roches éruptives : Granites, Syénites, Syénites
zirconienne, augitique et éléolitique.)

* **Chaper.** — Note sur une pegmatite diamantifère de
l'Hindoustan. Bull. Soc. géol. de France. (3). XIV.
1886 330. N. J. f. M. 1887. I. Ref. 66.

Credner, H. — Ueber die Genesis der Granitischen
Gänge des sächsischen Granulitgebirges. Zeitschr. d.
deutsch. geol. Ges. 1882. XXXIV. 500.

Dathe, E. — Beiträge zur Kenntniss des Granulits.
Zeitschr. d. deutsch. geol. Ges. 1882. XXXIV. 12.

* **Delvaux, E.** — Quelques mots sur le grand bloc erratique d'Oudenbosch près de Breda et sur le dépôt de roches granitiques scandinaves découvert dans la région. Sur l'exhumation du grand erratique d'Oudenbosch et sa translation au collège de cette commune. Mém. Soc. R. malac. de Belg. XX. 1885. 5 et Ann. Soc. géol. de Belg. XIII. 1886. p. xliii. N. J. f. M. 1887. 1. Ref. 122.

* — Sur les derniers fragments de blocs erratiques recueillis dans la Flandre occidentale et dans le nord de la Belgique. Ann. Soc. géol. de Belg. XIII. 1886. 158.

Diller, J. S. — The felsites and their associated Rocks north of Boston. Proceedings of the Boston Soc. of. natural History. 1880. Jan. 21. 355.

Emerson, Ben. K. — On a great dyke of Elæolithsyenite, etc. Amer. Journ. XXIII. 1882; N. Jahrb. f. Min., 1882. II. Ref. 254.

Harada. — Toyokitsi, das Luganer Eruptivgebiet. N. Jahrb. f. Min. 1883. Beil.-Bd. II. 1. (Porphyres.)

Hawes, G. W. — The Albany granite and its contact phenomena. American Journ. of Science, 1881. XXI. 21. N. Jahrb. f. Min. 1882. 1. 60.

Jannasch, Paul. — Analyse des Foyaits von der Serra de Monchique. N. Jahrb. f. Min. 1884. II. 11.

Jouyovitch, J. — Note sur les roches éruptives et métamorphiques des Andes. Belgrad, 1880.

Jung, O. — Analyse eines Granitporphyrs von der Kirche Wang in Schlesien. Zeitschr. deutsch. geol. Ges. 1883. 828.

Kalkowsky, E. — Der Granitporphyr von Beucha bei Leipzig. N. Jahrb. f. Min. 1878. 276.

— Ueber Gneiss und Granit des bojischen Gneisstockwerkes im Oberpfälzer Waldgebirge. N. Jahrb. f. Min. 1880. 1. 29.

— Ueber den Ursprung der granitischen Gänge im Granulit Sachsens. Zeitschr. deutsch. geol. Ges. 1881. XXXIII. 629.

* **Kinahan, G. H.** — Canadian Archæan or Pre-Cam-

brian Rocks and the Irish Metamorphic Rocks. Geol.
Mag. 1885. 159. N. J. f. M. 1886. II. Ref. 247. (Granite et roches de contact.)

Klockmann, F.—Beitrag zur Kenntniss der granitischen
Gesteine des Riesengebirges. Zeitschr. d. deutsch.
geol. Ges. 1882. 373.

Koch, Ant. — Petrographische und tektonische Verhältnisse des Syenitstocks von Ditrö in Ostsiebenbürgen. N. Jahrb. f. Min. 1881. Beilage-Band. I.
132. (Syénite éléolitique.)

Kollbeck, F. — Ueber Porphyrgesteine des südöstl.
China. Zeitschr. deutsch. geol. Ges. 1883. 461.

Koller, R. — Der Granit von Rastenberg. Tschermak's
Mittheil. 1883. V. 215.

* **Kroustschoff, K. de** — Note sur le granite variolitique de Craftsburg, en Amérique. Bull. Soc. min. de
France. 1885, VIII. 132. N. J. f. M. 1886. II. Ref. 56.

* — Ueber einen eigenthümlichen Einschluss im Granitporphyr von Beucha. Tschermak's Mitth. 1885. VII.
181. N. J. f. M. 1886. II. Ref. 234.

Lasaulx, A. von. — Der Granit unter dem Cambrium
des hohen Venn. Verhandl. naturhist. Ver. Rheinl. u.
Westf. Bonn, 1884. Ann. Soc. géol Belg. XII. 1885.
bibl. 7. N. J. f. M. 1886. I. Ref. 55.

* — Ueber das Vorkommen von Eläolith-Syeniten und
echten zu diesen gehörigen Eläolith-Porphyren aus
der Sierra Itatiaia, westlich von Rio-Janeiro in Brasilien. Sitzb. d. Niederrh. Ges. in Bonn. 1885. 231.
N. J. f. M. 1886. II Ref. 371.

Liebisch, Th. — Ueber einige Syenitporphyre des
südlichen Norwegens. Zeitschr. deutsch. geol. Ges.
XXXIX. 4.

* **Lorié, J.** — Sur la distribution des cailloux de granite
dans le nord de la Belgique et le sud des Pays-Bas.
Ann. Soc. géol. de Belg. 1886. XIII. p. LIII. N. J.
f. M. 1887. I. Ref. 123.

* **Löwl, F.** — Die Granitkerne des Kaiserwaldes bei
Marienbad. Prag. 1885. N. J. f. M. 1886. I. Ref. 62.

Macpherson, J. — De las relaciones entre las rocas

graniticas y porfiricas. Anal. de la Soc. Espana de hist. nat. Madrid, 1880. IX. N. Jahrb. f. Min. 1881. II. 219. (Granites, porphyres, diabases.)

* **Meunier, St.** — Examen lithologique d'un granite amygdaloïde de la Vendée. Bull. Soc. min. de France. 1885. VIII. 383.

Michel Lévy, A. — Sur une roche à sphène, amphibole et Wernérite granulitique de Bamle. Bull. Soc. min. de Fr 1878. 43. et 79.

Müller, F. E. — Die Contakterscheinungen an dem Granit des Hennbergs bei Weitisberga. N. Jahrb. f. Min. 1882. II. 205. (Granite et schiste de contact.)

essig, W. R. — Die jüngeren Eruptivgesteine des mittleren Elba. Zeitschr. deutsch. geol. Ges. 1883. XXXV. 101. (Porphyres quartzifères, porphyres granitiques.)

Penk, A. — Die pyroxenführenden Gesteine des nordsächsischen Porphyrgebietes. Tschermak's Mittheil. 1880. III. 71.

Phillips, J. Arthur. — On concretionary patches and fragments of other rocks contained in Granit. Quart. Journ. of. geol. Soc. 1880. XXXVI. No. 141. 1.

Pichler, A. — Beiträge zur Geognosie Tirols. N. Jahrb. f. M. 1878. 185. (Porphyre, gabbro.)

— **et Blaas, J.** — Die porphyrischen Gesteine von Brandenburg bei Brixlegg. Tscherm. Mittheil. 1882. IV. 270.

Pozzi, G. E. — Sobra alcune varieta di protogino del monte Bianco. R. Accad. Sc. Torino. XIV. 1878. (Granite gneissique.)

* **Renard, A. et Vallée Poussin, Ch. de la.** — Les porphyres de Bierghes. Bull. Acad. r. de Belg. (3). IX. n° 4. 1885.

Rutley, F. — The eruptive Rocks of Brent Tor and its neigbourhood, etc. Mem. of. geolog. Survey Engl. a. Wales. London, 1878. N. Jahrb. f. Min. 1880. I. 197. (Granite, porphyre granitique, diabase.)

Schmid, E. E. — Die quarzfreien Porphyre des centralen Thüringer Waldgebirges und ihre Begleiter. Jenaer Denkschriften. II. 283. N. J. 1881. I. 71.

* **Schmidt, C. W.** — Geologisch-petrographische Mittheilungen über einige Porphyre der Centralalpen und die in Verbindung mit denselben auftretenden Gesteine. N. J. f. M. 1886 Beil.-Bd. IV. 388.

Seebach, K. von. — Vorläufige Mittheilungen über den Foyait und die Sierra de Monchique. N. Jahrb. f. Min. 1879. 270.

Seek, A. — Beitrag zur Kenntniss granitischer Diluvialgeschiebe in den Provinzen Ost-und Westpreussen. Zeitschr. d. g. Ges. 1884. 584.

Sjögren, A. — Mikroskopiska Studier. Geol. Fören. i Stockholm Förh. V. 5. 216. (Granulite d'Ammeberg à scapolite.)

— Gneissgranit vom St. Gotthard-Tunnel. Ibid. IV. 14. 457.

* **Steger, V.** — Der quarzfreie Porphyr von Ober-Horka in der preussischen Ober-Lausitz. Abh. d. naturf. Ges. zu Görlitz. 1884. XVIII. 183. N. J. f. M. 1887. I. Ref. 42.

Stelzner, A. — Foyait von Portugal und San Vincente. N. J. f. M. 1881. I. 260.

— On the Biotite-holding amphibole-granit from Syene (Assuan). N. Jahrb. f. Min. 1884. I. Ref. 67.

* **Streng, A.** — Ueber die in den Graniten von Baveno vorkommenden Mineralien. N. J. f. M. 1887. I. 98.

Teall, J. J. Harris. — On some Quartz-Felsites and Augit-Granites from the Cheviot District. Geol. Magaz. Decade III. Vol. II. 106. N. J. f. M. 1886. I. Ref. 254.

Törnebohm, A. E. — Mikroskopiska Bergartsstudier. Geol. Fören. i Stockholm Förh. V. 1. 9. N. J., 1881. I. 68. (Minettes, gneiss augitique.)

— Naagra ord om Granit och gneiss. Geol. Fören. i Stockhlom Förh. V. 5. 233. N. Jahrb. f. Min. 1881. II. 50.

— Om Kalcithalt i graniter. Stockholm. 1881. N. Jahrb. f. Min. 1882. II. Ref. 252.

— Om den s. k. Fonoliten fraan Elfdalen. Geol. Fören. i Stockholm Förh. 1883. VI. 383. (Syénite éléolitique.)

Törnebohm, A. E. — Nefelinsyenit fraan Alnö. Geol. Fören. i. Stockholm Förh., 1883. VI. 542. N. Jahrb. f. Min. 1884. I. Ref. 230. (Et néphélinite.)

Ungern-Sternberg, Th. von. — Ueber den finnländischen Rapakiwi Granit. Inaug.-Diss. Leipzig, 1882. N. Jahrb. f. Min. 1882. II. Ref. 382.

* **Vallée Poussin, Ch. de la.** — Les anciennes rhyolites, dites eurites, de Grand Manil. Bull. Acad. Belg. (3). X. n° 8. 1885.

Wadsworth, M.E. — Notes on the petrography of Quincy and Rokport. Proceed. of Boston Soc. nat. hist. 1878. N. Jahrb. f. Min. 1879. 644. (Granite.)

* — On the Presence of Syenite and Gabbro in Essex County. Massachussets. Geol. Mag. 1885. 207. N. J. f. M. 1886. I. Ref. 253.

Weiss, E. — Ueber Porphyrvorkommnisse im Thüringer Wald. Zeitschr. d. deutsch. geol. Ges. XXIX. 2. N. Jahrb. f. Min. 1878. 83.

—Petrographische Beiträge aus dem nördlichen Thüringer Walde. Jahrb. d. k. preuss. geol. Landesanst. 1883. 213. (Porphyres pauvres en quartz et sans quartz.)

* — Ueber den Porphyr mit sogenannter Fluidalstructur von Thal im Thuringerwald. Zeitschr. d. deutsch. geol. Ges. 1884. 858. N. J. f. M. 1886. I. Ref. 54.

Werveke, L. van. — Ueber den Nephelin-Syenit der Sierra Monchique. N. Jahrb. f. Min. 1880. II. 141.

Wiik, F.J. — Undersökning af elæolitsyenit-fraan Iivaara i Kuusamo. Finska Vetensk. Soc. Förhandl. XXV. 1883. N. Jahrb. f. Min. 1884. I. Ref. 75.

Woitschach, G. — Das Granitgebirge von Königshain in der Oberlausitz. Inaug.-Diss. Breslau, 1881. N. Jahrb. f. Min. 1882. II. Ref. 12.

4. — *Grünsteins, Teschénites, gabbros, Norites, mélaphyres.*

Allport, Sam. — On the diorites of the Warwikshire coalfield. Quart. Journ. of geol. Soc. 1879. XXXV. 637.

Angelbis, G. — Pikrite Nassaus und Labradorporphyre. Inaug.-Diss. Bonn, 1877. N. J. f. M. 1880. II. 73.

— Petrographische Beiträge. Verhandl. naturhist. Ver. Bonn, 1878. 118. (Picrite, porphyrite.)

Bonney, T. G. — On Hornblendepicrite near Pen-y-Carnisiog. Quart. Journ of. geol. Soc. 1881. XXXVII. No. 146. 137.

* — On the so-called Diorites of Little Knott. Quart. Journ. geol. Soc.1885. XLI. 164. N. J. f. M. 1887. I. Ref. 58.

— et **Houghton, F. T. S.** — On some micatraps from the Rendal and Sedbergh districts. Quart. Journ. of geol. Soc. 1879. XXXV. 165.

Boricky. E. — Ueber den dioritischen Quarzsyenit von Dolanky nebst Bemerkungen über die Schwierigkeiten, welche sich der Bestimmung umgewandelter Grünsteine entgegensetzen. Tschermak's Mittheil. 1879. II. 78.

Brenosa, Don Rafael. — Las porfiritas y microdioritas de San Ildefonso. Ann. Soc. espan. hist. nat. 1884. XIII.

Bücking, H. — Der Wollenberg bei Wetter und dessen Umgebung. N. Jahrb. f. Min. 1879. 378. (Diabases.)

Calderon, Salv. et Quiroga, Fr. — Erupcion ofitica de Molledo (Santander.) Anal. Soc. espana hist. nat. 1877. VI. N. Jahrb. f. Min. 1879. 426.

* **Cathrein. A.** — Ueber Wildschönauer Gabbro. Tschermak's Mitth. 1885. VII. 64. N. J. f. M. 1886. II. Ref. 365.

* — Ueber den Proterobas von Leogang. N. J. f. M. 1887. I. 113. ·

Cohen, E. — Kersantit von Laveline. N. Jahrb. f. Min. 1879. 858.

— Das Labradoritführende Gestein der Küste von Labrador. N. Jahrb. f. Min. 1883. I. 183. (Gabbro.)

Coleman, P. Arthur. — The Melaphyres of Lower Silesia. Inaug.-Dissert. Breslau, 1882. N. Jahrb. j. Min. 1883. I. Ref. 248.

Cossa, A. — Sulla Diabase peridotifera di Mosso nel Biellese. Bull. Acad. dei Lincei. Roma, 1878.

— et Mattirolo, Ettore. — Sobra alcune roccie del periodo silurico nel territorio d'Iglesias. Atti d. Real. Acad. delle Scienze. Torino. 1881. XVI. N. Jahrb. f. Min. 1882. I. 412.

Dathe, E.— Die Variolit-führenden Culm-Conglomerate bei Hausdorf in Schlesien. Jahrb. k. preuss. geol. Landesanst. 1882. (Variolites et adinoles.)

— Beitrag zur Kenntniss der Diabasmandelsteine. Jahrb. d. k. preuss. geol. Landesanst. 1883. 410. N. Jahrb. f. Min 1886. I. 235. (Bibliographie.)

Dieulafait, L. — Roches ophitiques des Pyrénées. Comptes rendus. 1882. 667. N. Jahrb. f. Min. 1886. I. 69.

Eichstädt, F. — Om Uralitdiabas, etc. Geol. Fören. i Stockholm Förh. 1883. 709. N. Jahrb. f. Min. 1884. II. 209.

Emerson, Ben. K. — On the dykes of micaceous diabase, Franklin Furnace, New Jersey. Americ. Journ. 1882. XXIII. 376.

Foullon, baron H. von.— Augitdiorit der Scoglia Pomo in Dalmatien. Verh. k. k. geol. Reichsanst. 1883. 283.

— Kersantit von Sòkoly bei Trebitsch in Mähren. Verh. k. k. geol. Reichsanst. 1883. 124.

Friedrich, P. A. — Die basischen Eruptivgesteine der Umgebung des grossen Inselberges. In.-Diss. 1878. Halle. N. J. f. M. 1880. II. 202.

Geinitz, E. — Proterobas von Ebersbach und Kottmarsdorf. Naturw. Ges. Isis. 1878. III.

— Ueber einige Variolite aus dem Dorathale bei Turin. Tschermak's Mittheil. 1878. 135.

Groddeck, A. von. — Der Kersantitgang des Ober-Harzes. Jahrb. k. preuss. geol. Landesanstalt. 1882. 68.

Gylling. Hjalmar. — Mikroskopische Gesteinsstudien an finischen Eruptivgesteinen. Helsingfors. 1880. (Diorites, diabase, gabbro, péridotite.)

Hansel, V. — Die petrographische Beschaffenheit der Monzonits von Predazzo. Jahrb. k.k.geol. Reichsanst. XXVIII. 3. (Syénite, diorite, diabase, gabbro.)

— Die Eruptivgesteine im Gebiete der Devonformation in Steiermark. Tschermak's Mittheil. 1884. VI. 53. N. J.f. M. 1886. I. Ref. 66. (Diabases et mélaphyres.)

Harrington, B. J. — Notes an few dykes cutting Laurentian rocks. Canadian Naturalist. (2). VIII. 1877. No. 6. N. Jahrb. f. Min. 1878. 320. (Diabase, dolérite, diorite.)

— On some diorites of Montreal. Geol. Survey of Canada. 1879. N. Jahrb. f. Min. 1883. I. Ref. 247.

Hatsch, F. H. — Ueber den Gabbro aus der Wildschönau in Tirol und die aus ihm hervorgehenden schie- frigen Gesteine. Tschermak's Mittheil. VII. 1885. 64. N. J. f. M. 1886. II. Ref. 365. (Transformation de diallage en amphibole.)

Hauer, F. von. — Melaphyr vom Hallstätter Salzberg. Verh. d. k. k. geol. Reichsanst. 1879 11. 252.

Hawes, G. W. — On a group of dissimilar eruptive rocks in Campton. N. H. Americ. Journ. 1879. 147. N. Jahrb. f. Min. 1879. 644. (Diabase, diabase à oli vine, diorite.)

— On the mineralogical composition of the normal mesozoic diabase upon the Atlantic border. Proceed. of. the U. S. National-Museum. 1881. 129.

Herbst, G. — Olivindiabas aus dem Diluvium der Egelnschen Mulde. Leopold. XVI. 1880. Nn. 9 — 10.

Holst, N. O. et Eichstädt, F. — Klotdiorit fran Slätt- mossa. Geol. Fören. i Stockholm Förhdl. 1884. VII. Nr. 86. 134. N. Jahrb. f. Min. 1885. I. Ref. 36.

Houghton, F. T. S. — On olivine gabbro from Cornwall. Geol. Magaz. 1879. Dec. II. VI. 504.

Howitt, A. W. — The diorites and granites of Swifts Creek and their contact-zones. Melbourne, 1879, N. J. f. M. 1881. I. 220.

— Notes on the Diabase rocks of the Buchan district.

Roy. Soc. of Victoria, Melbourne.1881.32. N. Jahrb. f. Min. 1882. I. 414.

Howitt, A. W. — The rocks of Noyang. Transactions of Royal Soc. Victoria.1883. N. Jahrb. f. Min. 1884. II. Ref. 59. (Diorites, diorites à mica, porphyrites.)

Hussak. E. — Ueber porphyritische Eruptivgesteine im Bachergebirge. Verhdl. k. k. geol.Reichsanst.1884.246.

* — Ueber Eruptivgesteine von Steierdorf im Banat. Verh. d. k. k. geol. Reichsanst. 1885. 185. N. J. f. M. 1886. 1. Ref. 249.

Inostranzeff, A. A. von. — Studien über metamorphosirte Gesteine im Gouvernement Olonez. Leipzig, 1879. (Grünstein.)

John. C. von. — Ueber Melaphyr von Hallstadt. Verh. k. k. geol. Reichsanst. 1884. 76.

Kroustschoff, K. de. — Note sur une hyperite à structure porphyrique de l'Amérique. Bull. Soc. minéral. France 1885. VIII. 11. N. J. f. M. 1886. 11. Ref. 57. (Gabbro.)

* — Note préliminaire sur la Wolhynite de M. d'Ossowski. Bull. Soc. min. de France. 1885. VIII. 441.

* — Notes pour servir à l'étude lithologique de la Volhynie (première partie) Ibid. 1886. IX. 250.

* — Notice sur une hypérite (caillou erratique) provenant de l'île de Seeland, en Danemark. Ibid. 1886. IX. 258.

Kühn, Joh. — Untersuchungen über Pyrenäische Ophite. Zeitschr. d. d. g. Ges. XXXIII. 1881. 372.

* Lacroix, A. — Etude minéralogique du gabbro à anorthite de Saint-Clément (Puy-de-Dôme). Bull. Soc. min. de France. 1886. IX. 46.

Lang, O. — Beitrag zur Kenntniss norwegischer Gabbros. Zeitsch. d. g. Ges. 1879. XXXI. 484.

Lasaulx, A. von. — Beiträge zur Kenntniss der Eruptivgesteine im Gebiete von Saar und Mosel. Verh. d. naturhist. Ver. Rheinl. u. Westf. XXXV. 1878. (Diorites, diabases, mélaphyres.)

— Olivingabbro von Sörgsdorf in öster.-Schlesien. N. Jahrb. f. Min. 1878. 836.

Laspeyres, H. — Beitrag zur Kenntniss der Eruptivge-steine zwischen Saar und Rhein. Verhdl. naturhist. Ver. Bonn. 1883. 375. (Mélaphyres et porphyres.)

Leppla, A. — Der Remigiusberg bei Cusel. N. Jahrb. f. Min. 1882. II. 101. (Porphyrite diabasique.)

Lepsius, R. — Das westliche Südtirol. Berlin, 1878. (Diorites, porphyrites, diabases, mélaphyres.)

** **Lewis, H. C.** — A great Trap Dyke acroos south-eastern Pennsylvania. Proceed. Am. Philos. Soc. 1885. 438. N. J. f. M. 1887. I. Ref. 74.

Loewison Lessing, F. — Die Variolite von Jalguba im Gouvernement Olonez. Tschermak's Mittheil. 1884. VI. 281 N. J. f. M. 1886. I. Ref. 265. (Bibliographie.)

Lossen, K. A. — Handstücke und Dünnschliffe meta-morphosirter Eruptiv-bezw. Tuffgesteine vom Schma-lenberg bei Harzburg. Sitzb. Ges. naturf. Freunde. Berlin 1880. I. 1. N. J. f. M. 1881. I. 233.

—Ueber die Gliederung des sogenantes Eruptivgrenzlagers im Ober-Rothliegenden zwischen Kirn und St. Wendel. Jahrb. d. k. preuss. geol. Landesanst. 1883. XXI. (Porphyrite augitique, mélaphyre.)

— Studien an metamorphischen Eruptiv-und Sediment-Gesteinen erläutert an mikroskopischen Bildern. Jahrb. d. k. preuss. Landesanstalt. 1883. 619.

— Ueber Augitführende Gesteine aus dem Brockengra-nitmassiv. Zeitschr. d. deutsch. geol. Ges. XXXII. 206.

Macpherson, J. — Sobre los caracteres petrograficas de las ofitas de las cercanias de Biarritz. Anal. Soc. espan. hist. nat. 1877. VI. N. Jahrb. f. Min. 1879. 426.

— Ueber Teschenite Portugals. Bull. Soc. géol. de France. (3). IX. 192.

— Ueber Ophite. Bull. Soc. géol. France. (3). X. 289.

Maskelyne, N. S. — Enstatite Rock from South Africa. Philos. Magaz. 1879. 135. et N. Jahrb. f. Min. 1879 430.

Michel Lévy. A. — Note sur quelques ophites des Py-rénées. Bull. Soc. géol. France. (3). VI. 156.

Michel Lévy, A. et Douvillé. — Note sur le Kersan-
ton. Bull. Soc. géol. France. 1877. (3). V. 51.

Mügge, O. — Glimmerporphyrit vom Steinacher Joch.
N. J. f. M. 1880. II. 293.

Nagy, Ladislaus. — Diorit von Dobschau. Földtani
Közlöny. 1880. X. 403. N. Jahrb. f. Min. 1882. I.
236.

Neef, M. — Ueber seltenere krystallinische Diluvialgeschiebe. Zeitschrift deutsch. geol. Ges. 1882. 461.
(Diabases, mélaphyres, roches à hornblende, gabbros.)

Petersen, Joh. — Mikroskopische und chemische Untersuchungen am Enstatitporphyrit aus den Cheviot
Hills. Inaug.-Dissert. Kiel 1884. N. Jahrb. f. Min.
1884. II. Ref. 211 et analyse de Harris Teall dans le
geol. Magaz. Decad. III. vol. I. 226.

Pettersen, K. — Turmalinführendes Plagioklasgestein.
N. J. f. M. 1881. I. 70.

Philippson, A. — Mikroskopische Untersuchung norwegischer Gesteine von Tromsoe und den Lofoten.
Sitzungsber. niederrhein. Ges. Bonn, 1883. 191.

Pöhlmann, R. — Untersuchungen über Glimmerdiorite
und Kersantite Südthüringens und des Frankenwaldes.
N. Jahrb. f. Min. 1884. III. Beil.-Bd. 67.

Posewitz, Th. — Grünstein von Dobschau. Földtani
Közlöny, 1878.

— Tonalite und Diorite aus dem Banater Gebirgsstock.
Földtani Közlöny. 1879. April, Mai.

Rath, G. vom. — Ueber Kugeldiorite und Granilt.
Sitzber. niederrhein. Ges. Nat. u. Heilk. Bonn 1884.
206.

Renard, A. — La diabase de Challes près de Stavelot.
Bull. Acad. roy. Belg. XLVl. 1878.

Riemann, C. — Ueber die Grünsteine des Kreises
Wetzlar und einige ihrer Contakterscheinungen.
Inaug.-Diss. Bonn, 1882. Verhdl. d. naturhist. Ver.
f. Rheinl. 1882. 245.

Rohrbach. C. E. M. — Ueber die Eruptivgesteine im Gebiete der schlesisch-mährischen Kreideformation. Tscherm. Mitth. VII. 1885. 1. (Teschénites, diabases, ophites, roches à olivine Les Teschénites ne contiennent pas de néphélite, suivant l'auteur ; les roches ante-tertiaires à plagioclases et néphélite ne paraissent donc pas y exister.)

Rosenbusch, H. — Die Gesteinsarten von Eckersund. Nyt Mag. f. Naturv. Kristiania. XXVII. 304. (Gabbro, diabases.)

Roth, J. — Ueber das Gestein von der Küste Labrador. Sitzungsber. preuss. Akad. Wiss. 1883. 697. (Diabase ou Norite.)

Roth, S. — Eine eigenthümliche Varietät des Dobschauer. Grünsteins. Verh. d. k. k. geol. Reichsanst. 1879. 223.

* **Rutley. F.** — On brecciated Porfido-Rosso Antico. Quart. Journ. geol Soc. 1885 157. N. J. f. M. 1886. I. Ref. 254.

Schafarzik, Franz. — Diabas von Doboj in Bosnien. Földtani Közlöny. 1879. IX. 439. N. Jahrb. f. Min. 1882. I. 236.

Schalch, F. — Ueber einen Kersantitgang, etc. N. Jahrb. f. Min. 1884. II. 34.

Schauf, W. — Untersuchungen über nassauische Diabase. Inaug -Diss. Verhandl. naturhist. Ver. Rheinl. u. Westf. 1889. 1.

Schenk. A. Die Diabase des oberen Ruhrthales und ihre Contakterscheinungen mit dem Lenneschiefer. Verhandl. naturhist. Ver. Rheinl. u. Westf. 1884.

Schmidt, Dr. A. Quarzdiorit von Yosemite. N. Jahrb. f. Min. 1878. 716.

* **Schmidt, C. W.** — Diabasporphyrite und Melaphyre vom Nordabhang der Schweizer Alpen. N. J. f. M. 1887. I. 58.

* **Siemiradzki. Dr. J. von.** — Ueber Anorthitgesteine von S. Thomas (Antillen). N. J. f. M. 1886. II. 175.

Sjögren. A. — M.kroskopiska Studier. Ett par Gab-
broarter fraan Jotunfjällen i Norge. Geol. Fören. i
Stockholm Förhandl. 1883. VI. 370. N. Jahrb. f.
Min. 1883. II Ref. 65.

Stache, G. et John, Conr. von. — Geolologische und
petrographische Beiträge zur Kenntniss der älteren
Eruptiv-und Massen-Gesteine der Mittel-und Ost-
Alpen. Die Eruptivgesteine des Cevedale-Gebieles.
Verh. d. k. k. geol. Reichsantalt 1879. 66-70 et 317-
404. N. J. f. M. 1881. I. 213. (Diorites et porphyrites
dioritiquès, Ortlerite, Suldenite.)

Stein, G. E. — Die Melaphyre der Kleinen Karpa-
then. Tschermak's Mittheil. III. 1880. 411.

Streng. A. — Hornblendediabas von Gräveneck bei
Weilburg. Oberhess. Ges. f. Natur-und Heilk. 1883.232.

— Ueber einen apatitreichen Diabas von Gräveneck.
Ibid. 251.

Svedmark, E. — Der Trapp vom Halle-und Hunneberg.
Geognostisch-mikroskopische Untersuchung. Sveriges
geologiska Undersökning. 1878. N. Jahrb. f. Min.
1879. 917. (Diabase, phénomènes de contact.)

* — Proterobas i södra och mellersta Sverige. Geol.
Fören i Stockholm Förh. 1885. VII. 689. N. J. f. M.
1886. I. Ref. 420.

* — Der Gabbro auf Radmansö. Verh. d. geol. Ver. zu
Stockholm. Nr. 98 101. N. J. f. M. 1887. I. Ref. 61.

* Tarassenko, W. — Ueber den Labradorfels von
Kamenny Brod. Abh. d. naturw. Ges. in Kiew. 1886.
1. N. J. f. M. 1886. II. Ref. 245.

Tawney. E. B. — North Wales Rocks Geol. Magaz.
1880 VII. 207 et 452. (Diabases à olivine, diabases,
protérobases.)

Teall, J. J. Harris. — Petrological notes on some
North-of-England Dykes. Quart. Journ. of geol. Soc.
1884. Mag. 209. N. J. f. M. 1886. I. Ref. 255. (Roches à plagioclases et augite.)

— On the chemical and microscopical Characters of the
Whin Sill. Quart. Journ. of geol. Soc. 1884. 64).
(Appartenant aux diabases, avec un pyroxène orthor-
hombique.)

* **Teall, J. J. Harris.** — The Metamorphosis of Do-
lerite into Hornblende-Schist. Ibid. 1885. XLI. 133.
N. J. f. M. 1886. 1. Ref. 58.

Teller, F. et John, C. von—Geologisch petrographische
Beiträge zur Kenntniss der dioritischen Gesteine von
Klausen in Süd-Tyrol. Jahrb. d. k. k. geol.
Reichsanst. 1882. XXXII. 589.

Traube, H. — Beiträge zur Kenntniss der Gabbros,
Amphibolite und Serpentine im niederschlesischen
Gebirge. Inaug.-Dissert. Greifswald, 1884.

Trechmann, Ch. O. — Note on the so called Hyperste-
nite of Carrokfell. Geol. Magaz. 1882. 210. N. Jahrb.
für Miner. 1882. II. Ref. 384. (Gabbro.)

Wiik, J. J. — Undersökning of nagra diabas-arter
trakten om kring Helsingfors. Finska Vet. Soc. Förh.
XXV. N. Jahrb. f. Min., 1884. II. Ref. 359.

— Gabbroartige Diabase und Diorite von Wiborg. N.
Jahrb. f. Min. 1885. I. Ref. 37.

Williams, G. H. — On the Paramorphosis of Pyroxene
to Hornblende in rocks. Americ. Journ. 1884. Octo-
ber. (Gabbro.)

Wolff, R. M. — Untersuchung von Melaphyren aus der
Gegend von Kleinschmalkalden. Zeitschr. gesammt.
Naturwiss. LI., 1879.

Yarza. Ramon Adan de. — Roca eruptiva de Motrico
(prov. de Giupuzcoa.) Anal. Soc. espan. hist. nat.
1878. VII. N. Jahrb. f. Min. 1879. 426.

Zirkel, F. — Limurit aus der Vallée de Lesponne. N.
Jahrb. f. Min. 1879. 369. (Roche à amphibole et
augite, avec axinite.)

5.— Liparites, trachytes, phonolites, Andésites.

* **Adams, F. D.** — On the Presence of Zones of certain
Silicates about the Olivine occurring in Anorthosite
Rocks from the River Saguenay. Amer. Naturalist.
XIX. 1885. 1087. N. J. f. M. 1887. I. Ref. 78.

Blaas, J. — Petrographische Studien an jüngeren Eruptivgesteinen Persiens. Tschermak's Mittheil. III. 1880. 457. (Trachytes, Andésites.)

Bücking, H. — Ueber Augitandesit und Plagioklasbasalt. Tschermak's Mittheil. 1878. I. 538.

— Ueber Augitandesite in der südlichen Rhön und in der Wetterau. Tschermak's Mittheilungen, 1. 1.

Calderon, S. — Estudio petrografico sobre les rocas volcanicas del Capo de Gata e Isla de Alboran. Bol. Commiss. del Mapa geol. de Espana. IX. 1882. (Liparites, trachytes, Andésites.)

Clar, C. — Einwirkung kohlensäurehaltiges Wassers auf den Gleichenberger Trachyt. Tschermak's Mittheilungen, 1883. V. 385.

Cohen, E. — Lava vom Ilopango-See. N. J. f. M. 1881. 1. 205. (Andésite amphibolique.)

Cross, C. Whitmann. — On Hypersthene-Andesite. Am. Journ. XXV. 139. N. Jahrb. f. Min. 1883. II. Ref. 223.

— Hypersthene-Andesite and on triclinic Pyroxene in Augitic rocks. Bull. of. U. S. Geol. Survey. 1883. 1. — Explanatory Note concerning « triclinic Pyroxene ». Am. Journ. Sc. 1883. 76. (L'augite n'est pas clinoédrique.)

Doelter. C. — Ueber das Vorkommen des Propylits in Siebenbürgen. Verh. d. k. k. g. Reichsanst. 1879. 27. N. Jahrb. f. Min. 1879. 648.

— Ueber das Vorkommen von Propylit und Andesit in Siebenbürgen. Tschermak's Mittheil. 1880. II.

Eckenbrecher, Curt. von. — Untersuchungen über Umwandlungsvorgänge in Nephelingesteinen. Tschermak's Mittheil. 1880. III. 1.

Föhr. K. Fr. — Ein Beitrag zur Kenntniss des Phonoliths. Jahresber. d. akad. Vereins Glückauf, Freiberg i. S. N. Jahrb. f. Min. 1882. 1. 413.

— Die Phonolithe des Hegau's mit besonderer Berücksichtigung ihrer chemischen Constitution. Inaug.-Diss. Würzburg. 1883. N. Jahrb. f. Min., 1884. 1. 233.

Fouqué. F. — Santorin et ses éruptions. Paris, 187). Chap. VII. et VIII. (Liparites, trachytes, Andésites, verres volcaniques, etc.)

Gümbel, C. W. — Ueber einige süd-und mittelamerikanische sogenante Andesite. Sitzungsber. bayr. Akad. d. Wiss. München. 1881. 321. (Trachytes, Andésites, basaltes.)

* **Hatsch, F. H.** — Ueber die Gesteine der Vulkangruppe von Arequipa. Tscherm. Mitth. VII. 308. N. J. f. M. 1887. I. Ref. 83.

Höpfner, C. — Ueber das Gestein des Monte Tajumbina in Peru. N. Jahrb. f. M. 1881. II. 164. (Andésite augitique quartzifère.)

Hussak, E. — Ueber den sogenanten Hypersthen-Andesit von St. Egidi in Untersteiermark. Verhandl. d. k. k. geol. Reichsanst. 1878. 338.

— Eruptivgesteine von Schemnitz und Augitandesit von St. Egidi. N. Jahrb. f Min. 1880. I. (Porphyrite diabasique, Andésite amphibolique, rhyolites.)

— Die Trachyte von Gleichenberg. Mitth. d naturw. Vereins. Steiermark. 1878. N. Jahrb. f. Min. 1880. II. 76.

* **Inkey, B. von.** — Nagyag Földtani és Banyaszati Viszonyai. Budapest. 1885. 4°. N. J. f. M. 1886. I. Ref. 421.

* —. Nagyag und seine Erzlagerstätten. K. ung. Naturw. Ges. 1885. 109. N. Jahrb. f. M. 1886. I. Ref. 421.

Jannasch. P. et Kloos, J. H. — Mittheilungen über die krystallinischen Gesteine des Columbiaflusses in Nordamerika und die darin enthaltenen Feldspathe. Tschermak's Mittheil. 1880. 97. (Andésite augitique à hornblende, Andésite augitique à olivine, basalte, dolérite.)

Kispatic, M. — Die Trachyte der Frusca Gora in Kroatien. Jahrb. d. k. k. geol. Reichsanst. XXXII. 1882. 397.

Koch, A. — Petrographische Untersuchung der trachytischen Gesteine des Czibles und von Olahlaposbanya. Földtani Közlöny. 1880. X. 165.

Koch, A. — Neue petrographische Untersuchung der trachytischen Gesteine der Gegend von Rodna. Földtani Közlöny. 1880. X. 219. N. Jahrb. f. Min. 1882. I. 238. (Andésites quartzifères, Andésites.)

* — Uebersicht der Mittheilungen über das Gestein und die Mineralien der Aranyer Berges und neuere Beobachtungen darüber. N. J. f. M. 1887. I. Ref. 20. (Andésite augitique).

— et **A. Kürthy.** — Petrographische und tektonische Verhältni-se der trachytische Gesteine des Vlegyasza-Stocks. Jahrb. Siebenbürgens Museums-Verein. N. Jahrb. f. Min. 1879. 103.

Kolenko, B. — Mikroskopische Untersuchung einiger Eruptivgesteine von der Bankshalbinsel, Neuseeland. N. Jahrb. f. Min. 1885. I. 1. (Liparites, trachytes, Andésites, basaltes.)

* **Küch, R.** — Petrographische Mittheilungen aus den südamerikanischen Anden. N. J. f. M. 1886. I. 35.

Lagorio, A. — Die Andesite des Kaukasus. Dorpat, 1878. N. Jahrb. f. Min. 1880. I. 206.

Lasaulx. A. von. — Ueber Augitandesite aus dem Siebengebirge. Sitzungsber. niederrhein. Ges. Bonn, 1884. 154.

— Ueber den Liparit (sog Sanidophyr)von der Rosenau im Siebengebirge. Sitzungsber. niederrh. Ges. Bonn, 1885. XLII 119. N. J. f. M. 1886. I. Ref. 55. (Ce n'est pas une Liparite, mais bien un trachyte à sanidine imprégné d'opale secondaire).

Laspeyres. H. — Trachyt von der Hohenburg bei Berkum. Verh. d. nat. Ver. d. preuss. Rheinl. u. Westf. X. 1883. 391. (Trachyte à sanidine et non Liparite.)

Lorié. J. — Bijdrage tot de Kennis der Javaansche Eruptiefgesteenten. Inaug.-Dissert. 1879. N. Jahrb. f. Min. 1880. I. 211.

* **Lossen, K. A.** — Geologische und petrographische Beiträge zur Kenntniss des Harzes. III. Ueber d.e Kersantitgänge des Mittelharzes. Jahrb. d. k. preuss. geol. Landesanstalt. 1885. 191.

Luedecke, O. — Der Phonolith der Heldburg bei Coburg. Zeitschr. d. gesammt. Naturwiss. 1879. 266.

Oebbeke. K. — Beiträge zur Petrographie der Philippinen und der Palau-Inseln. N. Jahrb. f. Min. 1. Beil.-Bd. 1881. 451. (Andésites, basaltes, etc.)

* — Ueber das Gestein vom Tacoma-Berg, Washinston Territory. N. Jahrb. für Min. 1885. 1. 222. (Andésite).

Pelz, A., et Hussak, E. — Das Trachytgebiet von Rhodope Jahrb. d. k. k. Reichsanst. XXXIII. 115. (Liparites et Andésites.)

Primics. G. — Petrographische Untersuchung der eruptiven Gesteine der nördlichen Hargitta-Zuges, insbesondere des Bistritz- und Tihathales, des Henyul und Sztrimba. Földtani Közlöny. IX. No. 9 — 12. Budapest. 1880. (Andésites et basaltes.)

Rosenbusch, H. — Glimmertrachyt von Montecatini in Toscana. N. Jahrb. f. M. 1880. II. 206.

Rudai, J. — Zur Petrographie der südlichen Hargita. Földtani Közlöny 1881. XI. 296. N. Jahrb. f. Min. 1882. II. Ref. 381. (Andésites, Dacites, basaltes à hornblende.)

Schafarzik, F. — Die eruptiven Gesteine der südwestlichen Auslaufer des Cserhat-Gebirges. Földtani Közlöny 1880. X. 377. (Andésites augitiques.)

Schirlitz, P. — Islandische Gesteine. Tschermak's Mittheil. IV. 1882. 414. (Liparites, trachytes, verres, basaltes.)

* Schmidt, C. W. — Die Liparite Islands in geologischer und petrographischer Beziehung. Zeitschr. d. deutsch. geol. Ges. 1885. XXXVII. 737. N. J. f. M. 1886. II. Ref. 51.

Siemiradzki, J. von. — Hypersthenandesit aus W. Ecuador. N. Jahrb. f. Min. 1885. I. 155.

* — Geologische Reisenotizen aus Ecuador. Ein Beitrag zur Kenntniss der typischen Andesitgesteinen. N. J. f. M. 1886. Beil.-Bd. IV. 195.

Szterenyi, H. — Kuglige und sphärolithische Trachyte von Schemnitz und dem Matra-Gebirge. Földtani Közlöny. XII. 206. N. Jahrb. f. Min. 1883. II. Ref. 222.

— Ueber die eruptiven Gesteine des Gebietes zwischen O. Sopot und Dolnya-Lyubkova im Krasso-Szörenyor Comitat. Jahrb. d. königl. ungar. geol. Anst. VI 1883. 191. (Trachytes, Andésites, de toute espèce.)

Teall J. J. Harris, — Notes on Cheviot Andesites and Porphyrites, et On hypersthene Andesite. Geol. Magaz. 1883. 100, 145, 252, 344. (Porphyrites)

● **Tenne, C. A.** — Ueber Gesteine des Cerro de las Navajas (Messerberg) in Mexico. Zeitschr. d. d. geol. Ges. 1885. XXXVII. 610. N. J. f. M. 1886. I. Ref. 433.

Törnebohm, A. E. — Phonolith von Elfdaalen. Geol. Fören. i Stockholm. Förh. II. 431 et V. 451.

Wadsworth, M. E. — On the Trachyte of Marblehead Neck. Proceed. Boston Soc. of nat. hist. 1881. N. Jahrb. f. Min. 1882. II. Ref. 384.

Walther, Th. — Lava from Montserrat, West-Indien. Geol. Magaz. 1883. 290. (Andésite ponceuse).

Werveke. Leop. van. — Phonolith von Msid Gharian. N. Jahrb. f. M 1880. II. 275.

Wichmann, A. — Ueber einige Laven der Insel Niuafou und über die Insel Futuna. Journal des Museums Godeffroy. 1878. 213. (Andésite et hyalomélane.)

Yarza, Ramon Adan de. — Las rocas eruptivas de Viscaia. Bol. de la Comision del Mapa geol. de Espana. Madrid, 1879. N. Jahrb. f. Min. 1880. II. 236. (Liparite, ophite, etc.)

Zugovics, J. M. — Les roches des Cordillères. Paris, 1884. ,

6. — *Basaltes, roches à leucite et néphélite.*

Bleibtreu, K. — Beiträge zur Kenntniss der Einschlüsse in den Basalten, mit besonderer Berücksichtigung der Olivinfelseinschlüsse. Zeitschr. d. d. g. Ges. 1883. 489.

Bornemann, L. G.—Bemerkungen über einige Basaltgesteine aus der Umgegend von Eisenach. Jahrb. d. k.
preuss. Landesanst. 1882. 149.

Bücking, H. — Basaltische Gesteine aus der Gegend
südwestlich vom Thüringer Walde und aus der Rhön.
Jahrb. d. königl. preuss. geol. Landesanst. 1880. I. 149.

— Ueber basaltische Gesteine der nördlichen Rhön.
Jahrb. d. kgl. pr. Landesanstalt. 1883.

* **Busz, K.** — Mikroskopische Untersuchungen an Laven
des Vordereifel. Verh. d. naturhist. Ver. d. Rheinl.
1885. XLII. 418. N. J. f. M. 1887. I. Ref. 49.

Cohen, E. — Ueber Laven von Hawai und einigen andern
Inseln des grossen Oceans nebst einigen Bemerkungen
über glasische Gesteine im Allgemeinen. N. Jahrb. f.
Min. 1880. II. 23. (Obsidienne basaltique, capillaire.)

— Lava vom Camerun-Gebirge. N. J. f. M. 1881. I.
266. (Basalte à plagioclases.)

Doelter, C. — Ueber Pyroxenit. Verh. d. k. k. geol.
Reichsanst. 1882. 140. (Basalte.)

Eichstädt. Fr. — Skaanes Basalter mikroskopiskt un-
dersökta och beskrifna. Stockh. 1882. N. Jahrb. f.
Min. 1883. I. Ref. 250. (Basaltes leucitiques et à plagioclases et néphélite.)

Foerster, R. — Das Gestein der Insel Ferdinandea
(1831) und seine Beziehungen zu den jüngsten Laven
Pantellerias und des Aetna. Tschermak's Mittheil. 1883.
V. 388. (Basalte à plagioclases.)

* **Foullon, baron H. von.** — Ueber veränderte Eruptiv-
gesteine aus den Kohlenbergbauten der Prager Eisen-
Industrie Gesellschaft bei Kladno. Verh. d. k. k. geol.
Reichsanst. 1885. 276. N. J. f. M. 1886. I. Ref. 249.
(Basalte néphélitique, basalte, roches de contact.)

Guembel, C. W.—Gesteine der Kerguelen-Insel. Tschermak's Mittheil. 1880. II. 186. (Basaltes.)

Hansel. V.—Mikroskopische Untersuchung der Vesuvlava
vom Jahre 1878. Tscherm. Mittheil. 1880. II. 419.

* **Handmann, R.** — Ueber eine charakteristische Säu-
lenbildung eines Basaltstockes und dessen Umwand-

lungsform in Wacke. Verh. d. k. k. geol. Reichsanst·
1885. 78. N. J. f. M. 1886. l. Ref. 65.

Hartmann, M. — Ueber Basalte der Aucklands-Inseln.
N. Jahrb. f. Min. 1878. 825.

Hofmann, K. — Die Basaltgesteine des südlichen Bakony.
Budapest, 1879. N. Jahrb. f. Min. 1880. II. 349.

Hussak, E. — Die basaltischen Laven der Eifel. Sitzungsber. d. k. k. Akad. d. Wissensch. Wien. LXXVII.
April. N. Jahrb. f. Min. 1878. 871.

— Basalt und Tuff von Baა im Baranyer Gebiet.
Tschermak's Mittheil. 1883. V. 289.

Kalkowsky, E. — Leucitophyr vom Averner-See. N.
Jahrb. f. Min. 1878. 727.

Klippstein, A. von. — Nephelinfels von Meiches. N.
Jahrb. f. Min. 1878. 722.

Knapp, Fr. — Die doleritischen Gesteine des Frauen-
berges bei Schlüchtern in Hessen. Inaug.-Dissert.
Würzburg, 1880.

Kreutz, F. — Ueber Vesuvlaven von 1881 und 1883.
Tschermak's Mittheil. 1885. VI. 53.

Kroustschoff, K. de. — Ueber ein neues aussereuro-
päisches Leucitgestein. Tschermak's Mittheil. 1885.
VI. 160.

* — Note sur une roche basaltique de la Sierra Verde
(Mexique). Bull. Soc. min. de France. 1885. VIII. 385.

Lasaulx, A. von. — Aetnäische Gesteine, Basalte, in
Sartorius von Waltershausen et von Lasaulx: Der Aetna.
Leipzig, 1881. Bd II.

Luedecke, O. — Ueber einen Anorthithasalt vom Fuji-
no-Yama in Japan. Zeitschr. f. d. ges. Naturw. Halle.
1880. 410.

Osann, A. — Ueber einige basaltische Gesteine der
Färöer. N. Jahrb. f. Min. 1884. I. 45.

Pichler, A. — Beiträge zur Geognosie Tirols. N. Jahrb.
f. Min. 1882. II. 283. (Basaltes, porphyres, etc.)

* **Proescholdt, H.** — Geologische und petrographische Beiträge zur Kenntniss der « Langen-Rhön ».
Jahrb. d. pr. geol. Landesanst. 1884. 239. N. J. f. M.
1886. II. Ref. 237. (Basaltes, dolérites, Basanites.)

Quiroga y Rodriguez, Franc. — Estudio micrografico de algunos basaltos de Ciudad Real. Anal. de la Soc. Espana de hist. nat. 1880. IX. 161. (Basaltes.)

Remelé, A. — Basaltgeschiebe der Gegend von Eberswalde. Zeitschr. d. d. g. Ges. 1880. XXXII. 424.

Reusch, Hans H.— The microscopical texture of basalts from Jan Meyen. N. Jahrb. f. Min. 1883. II. Ref. 223.

Roth, J. — Studien am Monte Somma. Abhandlg. d. königl. Akad. d. Wiss. Berlin, 1877. (Laves du Monte Somma.)

Sandberger, F. — Ueber Dolerit und Feldspathbasalt. Tscherm. Mittheil. 1878. I. 280.

— Ueber Basalt und Dolerit bei Schwarzenfels. N. Jahrb. f. Min. 1878. 22.

— Ueber den Basalt von Naurod bei Wiesbaden und seine Einschlüsse. Jahrb. d. k. k. Reischsanst. 1883. XXXIII. 32.

— Neue Einschlüsse im Basalt von Naurod. Verh. d. k. k. geol. Reichsanst. 1884. 17.

Sauer. A. — Der Eruptivstock von Oberwiesenthal im Erzgebirge. Erläut. z. geolog. Specialkarte Sachsens. 1884, et Zeitschr. der deutsch. geol. Ges. XXXVI. 689. (Leucitophyres, basaltes à néphélite.)

Scharizer, Dr. R. — Der Basalt von Ottendorf in österreichisch Schlesiens. Jahrb. d. k. k. geol. Reichsanst. 1882. 471.

— Ueber Mineralien und Gesteine von Jan Mayen. Jahrb. d. k. k. geol. Reichsanst. 1884, Heft IV. (Basaltes.)

Schuster, M. — Ueber Auswürflinge im Basalttuffe von Reps in Siebenbürgen. Tschermak's Mittheil. 1878. I. 318.

Siegmund. Aloys. — Der Steinberg bei Ottendorff. Jahrb. k. k. geol. Reichsanst. 1881. XXXI. 209. (Basalte à néphélite et Biotite.)

Silvestri. O. — Sulla esplosione eccentrica dell' Aetna, 22, Marzo 1883. etc. Catania 1884. Sitzber. niederrh. Ges. 1884. (Laves de cette éruption.)

Sommerald, H. — Ueber Nephelingesteine aus dem Vogelsberg. Ber. d. oberhess. Ges. f. Natur. u. Heilk. 1883. 263. (Téphrite basaltique à néphélite.)

— Ueber hornblendeführende Basaltgesteine. **N. Jahrb.** f. Min. 1883. Beil.-Bd. II. 139.

— Leucit und Nephelinbasalt aus dem Vogelsberg. N. Jahrb. f. Min. 1884. II. 221.

Steenstrup, K. J. von. — Ueber das Vorkommen von Nickeleisen mit Widmannsstätt'schen Figuren im Basalt von Nord-Grönland. N. Jahrb. f. Min. 1884. II. Ref. 364.

Stelzner, A. — Ueber Melilith und Melilithbasalte. N. Jahrb. f. Min. 1882. Beil.-Bd. II. 369.

— Melilithführender Nephelinbasalt von Elberberg in Hessen. N. Jahrb. f. Min. 1883. I. 205.

— Ueber den Olivin des Melilithbasaltes vom Hochbohl. N. Jahrb. f. Min. 1884. I. 270.

* — Ueber Nephelinit von Podhorn bei Marienbad in Böhmen. Jahrb. d. k. k. geol. Reichsanst. 1885. XXXV. 277. N. J. f. M. 1886. I. Ref. 246.

Stern, H. — Eruptivgesteine aus dem Comitate Szöreny. Földtani Közlöni. 1879. IX. 433. 1880. X. 230.

Svedmarck, E. — Ueber Basalte von Djupadal. N. Jahrb. f. Min. 1884. II. 365.

— Basalt (Dolerit) fraan Patoot, Nord-Grönland. N. Jahrb. f. Min. 1885. I. Ref. 34.

Törnebohm, A. E. — Ueber die eisenführenden Gesteine von Ovifak und Assuk in Grönland. K. Schwed. Akad. d. Wiss. 1878. N. Jahrb. f. Min. 1879. 173. (Dolérite.)

— Melilithbasalt fraan Alnö. Geol. Fören. i Stockholm Förh. 1882. VI. 240. N. Jahrb. f. Min. 1883. II. Ref. 66.

Trippke, P. — Beiträge zur Kenntniss der schlesischen Basalte und ihrer Mineralien. Zeitschr. d. deutsch. geol. Ges. 1878. 155.

Vélain, Ch. — Les roches volcaniques de l'île de Pâques

(Rapa-Nui). Bull. Soc. géol. de France 1879. (3). VII. 415. (Basaltes, Andésites, Palagonites.)

* Vélain, Ch. — Sur les roches basaltiques d'Essey-la-Côte. Bull. Soc. géol. de France. (3). 1885. XIII. 565. N. J. f. M. 1886. II. Ref. 240.

Verbeek, R. D. M., et Fennema, R. — Neue geologische Entdeckungen auf Java. N. Jahrb. f. Min. 1883. Beil.-Bd. II. 186. (Roches à leucite.)

Werveke, L. van. — Beitrag zur Kenntniss der Limburgite. N. Jahrb. f. Min. 1879. 481.

— Beitrag zur Kenntniss der Gesteine der Insel Palma. N. Jahrb. f. Min. 1879. 845. (Basaltes à feldspaths tephrites, Basanites, contenant de la néphélite.)

Wolff. J. Eliot. — Nephelingesteine in den vereinigten Staaten. N. Jahrb. f. Min. 1885. 1. 60.

Ziegenspeck, H. — Ueber das Gestein des Vulkans Yate südlich von der Boca Reloncavi, mittlere Andenkette Süd-Chiles. Inaug.-Dissert. Jena, 1883. N. Jahrb. f. Min. 1884. I. Ref. 58. (Andésite augitique, basalte)

7. — Roches à olivine, éclogites, serpentine

Becker, Arthur. — Ueber die Olivinknollen im Basalt. Zeitschr. d. deutsch. geolog. Ges. 1881. XXXIII. 31.

Bonney, T. G. — On the serpentine and associated igneous rocks of the Ayrshire coast Quart. Journ. geol. Soc. 1878. XXXIV. 769. (Diabases, porphyrites, gabbros.)

— Notes on some Ligurian and Tuscan serpentines. Geolog. magazine. 1879. VI. 362.

— On some serpentines from the Rhaetian alps. Geol. magazine 1880. VII. 538.

— On the serpentine and associated rocks of Anglesey, etc. Quart. Journ. of geol. Soc. 1881. XXXVII. No. 145. 40.

— On boulders of Hornblendepicrite. Proceed. geol. Soc. London. 1883. 76.

Boricky, E. — Der Glimmerpikrophyr, eine neue Gesteinsart und die Libschitzer Felswand. Tschermak's Mittheil. 1878. I. 493.

Brögger, W. C. — Olivinfels von Söndmöre. N. J. f. M. 1880. II. 187.

Cohen, E. — Ueber einen Eklogit als Einschluss in den Diamantgruben von Jagersfontein, Süd-Afrika. N. Jahrb. f. Min. 1879. 864.

Cossa, A. — Sul serpentino di Verrayes in Valle d'Aosta. Real. Accad. Lincei. 1878. N. Jahrb. f. Min. 1879. 662.

— Sopra alcune roccie serpentinose del Gothardo. Atti real. Accad. Science. Torino. 1880. XVI.

— Sopra alcune roccie serpentinose dell' Appennino Bobbiese. Ibid. 1881. XVI.

— Sulla massa serpentinosa di Monteferrato presso Prato. Bollet. R. Comitato geolog. Roma. 1881. N. Jahrb. f. Min. 1882. I. 418.

— Sulla composizione di alcuni serpentini della Toscana. Mem. dell'Acad. dei Lincei. 1880. V. N. Jahrb. f. Min. 1881. II. 237.

— Ricerche chimiche e microscopiche su roccie e minerali d'Italia. N. Jahrb. f. Min. 1882. II. Ref. 47. (Lherzolites, amphibolites.)

Dathe, E. — Ueber Serpentine des sächsischen Granulitgebietes. N. Jahrb. f. Min. 1883. II. 89.

Frech, F. — Eklogitische Gesteine aus der Sierra Guadarrana. Sitzungsber. der niederrh. Ges. in Bonn. 1882. 143.

Gümbel, C. W. — Lavezstein im Oberengadin und Sericitgneiss der Alpen. N. J. f. Min. 1878. 296.

Hare, R. B. — Serpentinmasse von Reichenstein. Inaug.-Dissertat. Breslau. 1879. N. Jahrb. f. Min. 1879. II. 346.

Hauan, K. — Anorthitolivinfels von Grogn. Nyt Mag. for Naturw. Kristiania 1878. XXIV. 125.

Helmhaker, R. — Bemerkungen zu dem Aufsatze

von E. Boricky: Der Glimmerpikrophyr, etc. Tscherm.
Mittheil. 1880. II. 85.

Hussak, E. — Pikritporphyr von Steierdorf, Banat.
Verh. d. k. k. geol. Reichsanst. 1881. 258.

— Ueber einige alpine Serpentine. Tscherm. Mittheil.
1882. V. 61.

* **Judd, J. W.** — On the tertiary and other Peridotites
of Scotland. Quart. Journ. of. geol. Soc. 1885. XLI.
354. N. J. f. M. 1886. 1. Ref. 67.

Julien, A. A. — The Dunyte-Beds of North Carolina.
Proceed. Boston Soc. of Nat. Hist. XXII. 1882. 141.
(Péridotite.)

* **Kroustschoff, K. de.** — Notice sur une péridotite
provenant de la côte du détroit de Magellan. Bull.
Soc. min. de France. 1886. IX. 9.

* — Supplément à la note sur la péridotite de « Goose
Bay ». Ibid. 147.

Lehmann, Paul. — Neue Beiträge zur Kenntniss des
Eklogits vom mikroskopischen, mineralogischen und
archäologischen Standpunkte. N. Jahrb. f. Min.
1884. I. 83.

Lovisato, Dom. — Chinzigite della Calabria. Real.
Accad. dei Lincei. Roma. 1879. N. Jahrb. f. Min.
1880. II. 343.

Macpherson, J. — Descriptions de algunas rocas que
se encuentran en la Serrania de Ronda. Anal. Soc.
Esp. de hist. nat. Madrid. 1879. VIII. 229. N.
Jahrb. f. Min. 1881. II. 221. (Serpentine.)

* **Oebbeke, K.** — Ein Beitrag zur Kenntniss des Pa-
læopikrits und seiner Umwandlungsprodukte. Inaug.-
Dissert. Wurzburg, 1877.

Renard, A. — Peridotit von der St. Paulsinsel im atlan-
tischen Ocean. N. Jahrb. f. Min. 1879. 390.

— Description lithologique des récifs de St. Paul. Ann.
Soc. belge microscop. 1882. (Roches à olivine.)

Reusch, H. H. — Neue Mittheilungen über den Olivinfels auf Söndmöre. Vid. selsk. förh. i Kristiania, 1883.
N. Jahrb. f. Min. 1884. II. Ref. 342.

Riess, E. R. — Untersuchungen über die Zusammense-tzung des Eklogits. Tscherm. Mitth. 1878. 156 et 181.

— Ueber die Entstehung des Serpentins. Zeitschr. f. gesammt. Naturwiss. 1879. III.

Roth, Sam.—Der Ickelsdorfer und Dobschauer Diallag-serpentin. Földtani Köslöny. 1881. XI. 142.

Sauer, A., et Schalch, F. — Ueber die Verbreitung des Eklogits im südwestlichen Theile des Erzgebirges. N. Jahrb. f. Min. 1884. II. 27.

Schulze, G. — Die Serpentine von Erbendorf in der bayerischen Oberpfalz. Zeitschr. d. deutsch. geol. Ges. 1883. 433.

Svenonius, F. — Om Olivinstens — och serpentin — förekomster i Norrland. Geol. Fören. i Stockholm. Förh. 1883. VI. 342.

— Nya olivinstens förekomster i Norrland. N. Jahrb. f. Min. 1885. I. Ref. 35.

Taramelli, Torquato.— Sulla formazione serpentinosa dell' Apennino Parese. Mem. d. R. Acad. dei Lincei. 1878. III.

Törnebohm, A. E. — Mikroskopiska Bergartsstudier. Geol. Fören. i Stockholm Förhandl. 1877. II. 150. (Roches à olivine, porphyre augitique.) N. J. 1880. II. 197.

8. — *Gneiss, micaschistes, schistes cristallins.*

Allport, Sam.— Rocks of Brazil Wood, Leicestershire. Geol. Magaz. Dec. II. Vol. VI. 481. (Schistes de contact.)

* Arzruni, A. — Sopra uno scisto paragonitifero degli Urali. Atti. R. Acc. d. Sc. Torino. 1885. XX. N. J. f. M. 1886. I. Ref. 264.

* — Ueber einen Paragonitschiefer vom Ural. Zeitschr. d. deutsch. geol. Ges. 1885. XXXVII. 860. N. J. f. M. 1886. I. Ref. 264.

Baltzer, A. — Der mechanische Contakt von Gneiss und Kalk im Berner Oberland. Bern. 1880.

Barrois, Ch. — Sur les schistes métamorphiques de l'ile de Groix, Morbihan. Ann. Soc. geol. du Nord. Lille. 1884. XI. 18. (Micaschiste à glaucophane, et schiste à chloritoïde.)

— Mémoire sur les grès métamorphiques du massif granitique du Guémené, Morbihan. Ann. Soc. géol. Nord. Lille, 1884. XI. 103. (Quartzites à Biotite et Sillimanite; schistes de contact du granite.)

Becke, F. — Die Gneissformation des niederösterreichischen Waldviertels. Tscherm. Mitth. 1882. IV. 189 et 285. (Gneiss, schistes à hornblende, schistes à augite, roches à olivine.)

Böhm, A. — Ueber die Gesteine des Wechsels. Tschermak's Mittheil. 1883. V. 197. (Gneiss et schistes cristallins.)

Cathrein, A. — Beitrag zur Kenntniss der Wildschönauer Schiefer und der Thonschiefernädelchen. N. J. f. M. 1881. I. 169.

Credner. H. — Der rothe Gneiss des sächsischen Erzgebirges. Zeitschrift dtsch. geol. Ges. 1877. XXIX. 757.

Daubrée, A. — Sur les roches cristallines de l'Ardenne française. Bull. Soc. géol. France, 1877. (3). V. 106.

* **Eichstädt, F.** — Om quartsit-diabaskonglomeratet fran bladen « Nydala » « Vexiö » och « Karlshamn ». Geol. Fören. i Stockholm Förh. VII. 610. N. J. f. M. 1886. 1. Ref. 71.

Foullon, baron H. von. — Ueber die petrographische Beschaffenheit der krystallinischen Schiefer der untercarbonischen Schichten und einiger älterer Gesteine aus der Gegend von Kaisersberg bei Leoben und krystallinischer Schiefer aus dem Palten und oberen Ennsthale in Obersteiermark. Jahrb. k. k. geolog. Reichsanst. 1883. 207. (Phyllade gneissique, gneiss à tourmaline, schiste à chloritoïde.)

— Ueber die petrographische Beschaffenheit der vom Arlb ergtunnel durchfahrenen Gesteine. Verhandl. k. k.

geol Reichsanst. 1884. 158. (Gneiss à Muscovite, à Biotite et à deux micas.)

Foullon, baron H. von. — Ueber die petrographische Beschaffenheit krystallinischer Schiefer aus den Radstatter Tauern und deren westlicher Fortsetzung Jahrb. k. k. geol. Reichsanst. 1884. XXXIV. Heft. 4.

*— Ueber die Gesteine und Minerale des Arlbergtunnels. Ibid. 1885. XXXV. 47. N. J. f. M. 1886. I. Ref. 412.

Geinitz. E. — Der Phyllit von Rimognes in den Ardennen. Tscherm. Mittheil. 1880. II. 533.

Groddeck, A. von. — Zur Kenntniss einiger Sericitgesteine, welche neben und in Erzlagerstätten auftreten. N. Jahrb. für Mineral. 1883. Beil.-Bd. II. 72.

— Zur Kenntniss der grünen Schiefer von Mitterberg im Salzburg. Jahrb. k. k. geol. Reichsanst. 1883. 397.

Gümbel, W. C. — Phyllit-oder Sericitgneiss. N. Jahrb. f. Min. 1878. 383.

Jannettaz, Ed. — Sur les clivages des roches. Bullet. Soc. géol. France. (3). XII. 211.

Kalkowsky, E. — Die Gneissformation des Eulengebirges. Leipzig. 1878. N. Jahrb. f. Min. 1878. 762.

— Ueber die Thonschiefernädelchen. N. Jahrb. f. Min. 1879. 382.

Kispatic, M. — Die grünen Schiefer des Peterwardeiner Tunnels und deren Contakt mit Trachyt. Jahrb. d. k. k. geol. Reichsanst. 1882. XXXII. 409.

Küch. Rich. — Beitrag zur Petrographie des westafrikanisches Schiefergebirges. Tschermak's Mittheil. 1884 (Gneiss, micaschistes, phyllades, schistes, grauwackes, grès, granite.)

Lasaulx, A. von. — Ueber Glaucophangesteine von der Insel Groix. Bretagne. Sitzungsber. niederrhein. Ges. Bonn, 1883. 263.

— Ueber einzelne Beispiele der mechanischen Metamorphose von Eruptivgesteinen. Sitzber. niederrhein. Ges. Bonn. 1884. 158. (Porphyroïdes, amphibolite schistoïde.)

* Lasaulx, A. von. — Ueber einige Erdarten und Ge-
steinsproben aus dem Küstengebiete des westlichen
Afrika. Sitzb. d. Niederrh. Ges. in Bonn. 1885. 287.
N. J. f. M. 1886. II. Ref. 370. (Granulite.)

Lehmann. J. — Ueber die rundlichen, augenartigen
Feldspathmassen in gewissen sächsischen Granuliten.
Sitzber. niederrhein. Ges. f. Nat. u. Heilk. 1880.
132.

— Ueber gneissartige Amphibol-und Gabbroschiefer im
sächsischen Granulitgebirge. Sitzber. niederrh. Ges.
f. Nat. u. Heilk. 1880. 289.

— Ueber eruptive Gneisse in Sachsen und Bayern.
Sitzber. niederrhein. Ges. f. Nat. u. Heilk. 1881. 220.

— Ueber Ausbildung des Quarzes in sogenanten Phyl-
litgneissen. Sitzber. niederrhein. Ges. f. Nat. u. Heilk.
1882.

— Untersuchungen über die Entstehung der altkrystalli-
nischen Schiefergesteine mit besonderer Bezugnahme
auf das sächsischen Granulitgebirge; mit Atlas. Bonn,
1884.

Lenz, O. — Ein dem Itabirit ähnliches Gestein aus dem
Okande-Land, Westafrika. Verh. d. k. k. geol.
Reichsanst. 1885. No. 8.

Loretz, H. — Beiträge zur geologischen Kenntniss der
cambrischphyllitischen Schieferreihe in Thüringen
und über Transversalschieferung, etc. Jahrb. d. geol.
Landesanst. 1881. 175·et 258.

Mallard, E. — Sur l'examen microscopique de quelques
schistes ardoisiers. Bullet. Soc. minér. de France.
1880. III. 101.

Meyer, O. — Untersuchung der Gesteine des Gotthard-
tunnels. Inaug. - Dissert. Berlin. 1878. N. Jahrb. f.
M. 1878. 413. (Schistes cristallins.)

Michel Lévy. A. — Sur la formation gneissique du
Morvan, etc. Bull. Soc. géolog. France. (3;. VII.
(Gneiss, porphyrites micacées, etc.)

— Sur les schistes micacés des environs de Saint-Léon
(Allier). Bull. Soc. géol. de France. (3). IX. 181.

Miklucho-Maclay, M. von. — Beobachtungen von einigen Schiefern von dem Berge Poroschnaja bei Nischne Tagilsk. N. Jahrb. f. Min. 1885. I. 69. (Listwänite, magnésite, phyllade gneissique calcitifère.)

Pettersen, Karl. — Sagvandit, eine neue enstatitführende Gebirgsart. N. Jahrb. f. Min. 1883. II. 247.

Pichler, A. — Zur Kenntniss der Phyllite in den Centralalpen. Tscherm. Mittheil. V. 1883. 293
— et **Blaas. J.** — Die Quarzphyllite bei Innsbruck. Tscherm. Mittheil. 1882. IV. 503.

Pohlig. H. — Der archäische Distrikt von Strehla bei Riesa in Sachsen. Zeitschr. dtsch. geol. Ges. XXIX.3.

— Die Schieferfragmente im Siebengebirger Trachyt von der Perlenhardt bei Bonn. Tschermak's Mittheil. 1880. III. 336.

Renard, A. — Mémoire sur la structure et la composition du coticule et sur les rapports avec le phyllade oligistifère. Mém de l'Acad. royale de Belgique. 1877. XLI.

— Les roches grenatifères et amphiboliques de la région de Bastogne. Bull. Musée royal d'hist. nat. de Bruxelles. 1882. I. N. Jahrb. f. Min. 1883. II. Ref. 68.

— Recherches sur la composition et la structure des phyllades ardennais. Bullet. Musée royal hist. nat. Bruxelles 1882, 1883 et 1884. N Jahrb. f. Min. 1884. II. Ref. 219.

Reusch, Hans, H — Silurfossiler og pressede Konglomerater i Bergensskiferne. Christiania, 1883. N. Jahrb. für Min. 1882. II. Ref. 387.

— Die fossilienführenden krystallinischen Schiefer von Bergen in Norweg. Deutsche Ausgabe von R. Baldauf. Liepzig 1883.

Rosenbusch, H. — Ueber den Sagvandit, ein neues Gestein. Tromsoe Museums Aarshefter. VI. 1883. 81. (Roche à calcite et pyroxène des schistes cristallins.)

Roth, J. — Ueber geröllefährende Gneiss von Obermitweida im sächsischen Erzgebirge. Sitzungsber. preuss. Akad. Wiss. 1883. 680.

Rothpletz, A. — Ueber mechanische Gesteinsumwandlung bei Hainichen. Zeitschr. d. dtsch. geol. Ges. 1879. 355.

Sauer, A. — Conglomerate in der Glimmerschieferformation des sächs schen Erzgebirges. Zeitschr. f. ges. Naturw. 1879. LII. 706.

Schröder, M. Chloritoidphyllit im sächsischen Voigtlande. Zeitschr. für d. ges. Naturw. 1884. IV.

Sjögren, A. — Mikroskopiska Stud. Ueber Gesteine aus dem Gotthardtunnel. Geol. Fören. i Stockholm. Förh. V. 12. 527.

Stelzner, A. — Ueber krystallinische Schiefergesteine aus Lappland und über einen Augitführenden Gneiss aus Schweden. N. Jahrb. 1880. II. 102.

— Glaukophan-Epidotgesteine aus der Schweiz. N. Jahrb. f. Min. 1883. I. 208.

— Ueber Freiberger Gneisse und ihre Verwitterungsprodukte. N. Jahrb. f. Min. 1884. I. 271.

Svedmark, E. — Om ögongneiss fraan Valebraaten, etc. Geolog. Fören. i Stokolm Förh. VI. 1883. 322. N. Jahrb f Min. 1883. II. Ref. 68. (Gneiss œillé).

— Skapolithführender Gneiss. N. Jahrb. f. Min. 1885. I. Ref. 37.

Törnebohm, A. E. — Mikroskopiska Bergartstudier. Geol. Fören. i Stockholm Förh. VI. 185. N. Jahrb. f. Min. 1883. I. Ref. 245. (Gneiss à épidote, épidosite, roches à scapolite.)

Weber, E. — Studien über Schwarzwälder Gneisse. Tscherm Mitth. 1884. VI. 1.

Wichmann, A. — Mikroskopische Untersuchungen über die Sericitgesteine des rechtsrheinischen Taunus. Verh. nat rh. Ver. Bonn 1878. 1.

— Einige Bemerkungen über die Sericitgesteine des Taunus. N. Jahrb. f. Min. 1878. 265.

Williams, G. H. — Glaucophangesteine aus Nord-Italien. N. Jahrb. f. Min. 1882. II. 201.

* Zuber, R. — Die kristallinischen Gesteine vom Quellgebiete des Czeremosz. Tschermak's Mitth. 1885

VII. 195. N. J. f. M. 1886. II. Ref. 335. (Gneiss, hälleflinta, micaschiste, etc.)

9. — *Verres, déjections, cendres volcaniques.*

Beyerinck. M. W. — Die merkwürdigen Sonnenuntergänge (Asche vom Krakatoa 1883). Nature, Jan. 1884. 308.

Cossa, A. — Osservazione chimico-microscopiche sulla cenere del Etna, etc., sulla lava raccolta a Giarre il 2 giugno. R. Acad. dei Lincei. III. N. Jahrb. f. Min. 1880. I. 390.

Diller J. S. — Volcanic Sand of Alaska, Oct. 20. 1883. Science, New York, May 1884. 651.

* **Fraas, O.** — Beobachtungen an den vulkanischen Auswürflingen im Ries. Jahreshefte d. Ver. f. vaterl. Naturkunde in Würtemberg. 1884. XI. 41. N. J. f. M. 1887. I. Ref. 50.

Gümbel, C. W. — Vulkanische Asche des Aetna von 1879. N. Jahrb. f. Min. 1879. 859.

— Ueber Fulgurite. Zeitschr. deutsch. geol. Ges. 1884. XXXVI. 179.

Hauer, F. von. — Bouteillenstein von Trebitsch. Verh. k. k. geolog. Reichsanst. 1880. 282.

Hussak, E. — Ueber einen verglasten Sandstein von Ottendorf. Tschermak's Mittheil. 1883. V. 530.

Judd, John, W., et Greenville, A. J. Cole. — On the basaltglass (tachylyte) of the western Isle of Schottland. Quart. Journ. of geol. Soc. 1883. XXXIX. 444. N. Jahrb. für Miner. 1884. I. Ref. 236.

Kalkowsky, E — Ueber den Piperno. Zeitschr. deutsch. geolog. Ges. 1878. XXX. 663.

* **Kroustschoff, K. de.** — Note sur quelques verres basaltiques. Bull. Soc. minéral. de France. 1885. VIII. 62. N. J. f. M. 1886. II. Ref. 43. (Hydrotachylite de Rossberg.)

* — Ueber die Eruption des Vulkans von Colima in Mexico, im August 1872. Jahresber.d.schles. Gesellsch.

für vaterl. Cultur. LXIII. 104. N. J. f. M. 1887. I. Ref.
82.

Lasaulx, A. von. — Ueber vulkanische Aschen und
Palagonittuffe, in : Sartorius-Lasaulx, der Aetna. Leipzig
1881. Bd. II.

— Ueber die zu Batavia am 27. August 1883 niedergefal-
lene vulkanische Asche. Sitzber. niederrh. Ges.
Bonn. 1883. 258.

Makowsky, A. — Ueber die Bouteillensteine von Mähren
und Böhmen. Tscherm. Mitth. 1881. IV. 43.

Oebbeke, K. — Ueber die Krakatoa-Asche. N. Jahrb. f.
Min. 1884. II. 32.

Penk, A. — Studien über vulkanische Auswürflinge.
Zeitschr. dtsch. geol. Ges. 1878. XXX.

— Ueber Palagonit und Basalttuffe. Zeitschr. d. deutsch.
geol. Ges. 1879. XXXI.

* **Renard, A.** — Les cendres volcaniques de l'éruption
du Krakatau, tombées à Batavia, le 27 août 1883.
Bull. Acad. roy. de Belg. (3). VI. n° 11. 1883.

— et **Murray, John.** — Les caractères microscopiques
des cendres volcaniques et des poussières cosmiques
et leur rôle dans les sédiments de mer profonde.
Bull. Musée royal Bruxelles. 1884. III. 1. N. J. f. M.
1886. II. Ref. 232. (Cendres du Krakatau.)

Reusch, H. H. — Vulkanische Aschen von den letzten
Ausbrüchen in der Sundastrasse. N. Jahrb. f. Min.
1884. I. 78.

Reyer, E. — Ueber Tuffe und tuffogene Sedimente.
Jahrb. d. k. k. geol. Reichsanst. 1881. XXX. 57.

Ricciardi, L. — Aschenanalys. (Aetna und Vesuv).
Compt. Rend. 1882. N. Jahrb. f. Min. 1882. II. Ref.
263.

Rutley, Franck. — On perlitic and spherulitic struc-
tures in the Lava's of the Glyder Fawr. Quart. Jour.
geol. Soc. 1879. 508.

— The microscopical charakters of vitreous rocks of
Montana. Quart. Journ. of the geol. Soc. 1881.
XXXVII. 391.

Rutley, Franck. — On the microscopical structure of devitrified rocks from Beddgelert and Snowdon, etc. Quart. Journ. of the geol. Soc. 1881. XXXVII. 403.

— On Strain in connexion with Crystallisation and the Developpement of perlitic Structure. Quart. Journ. of the geol. Soc. 1884. 340.

* — The felsitic lavas of England and Wales. Mem. of the geolog. Survey. 1885.

* — On Fulgurite from Mont Blanc; with a Note on the Bouteillenstein, or Pseudo-Chrysolite of Moldauthein, in Bohemia. Quart. Journ. Geol. Soc. 1885. XLI. 152. N. J. f: M. 1886. I. Ref. 66.

Sauer, A. — Die Krakatoa-Asche des Jahres 1883. Ber. naturf. Ges. zu Leipzig. 1883. 87.

Tucci, P. di. — Peperino von Latium. N. Jahrb. f. Min. 1880. II. 357.

Wichmann, A. — Ueber Fulgurite. Zeitschr. deutsch. geolog. Ges. 1883. XXXV. 849.

Wiik, J. J. — Bimstein von Krakatau. N. Jahrb. f. Min. 1885. I. Ref. 37.

* **Zirkel, F.** — Ueber die Ursache des Schillerns des Obsidiane des Cerro de las Navajas (Mexico). Zeitschr. d. d. geol. Ges. 1886. 1011. N. J. f. M. 1887. I. Ref. 82.

10. — *Roches simples, sédiments, dépôts meubles.*

Fischer, H. et Rüst, D. — Ueber das mikroskopische und optische Verhalten verschiedener Kohlenwasserstoffe, Harze und Kohlen. Zeitschrift für Kristallographie. 1883. VII. 209. N. Jahrb. f. Min. 1883. II. Ref. 182.

Früh, J. J. — Ueber Torf und Dopplerit. Zürich. 1883.

Gümbel, C. W. von. — Beiträge zur Kenntniss der Texturverhältnisse der Mineralkohlen. Sitzungsber. d. k. bayr. Akad. d. Wiss. 1883. 111.

Hammerschmidt, F. — Beiträge zur Kenntniss des Gyps-und Anhydritgesteins. Tschermak's Mittheil. 1883. V. 245.

Höfer, H. — Die hohlen Gerölle und Geschiebeeindrücke des Sattnitz-Conglomerates bei Klagenfurth. Tscherm. Mittheil. 1880. II. 325.

Hussak, E. — Ueber den feldspathführenden, körnigen Kalk vom Sauerbrunngraben bei Stainz. Verhdlg. d. k. k. geol. Reichsanst. 1884. 244.

Irving, R. D. — On the nature of the induration in the St. Peters and Potsdam Sandstones, etc. Amer. Journ. Sc. 1883. XXV. 401.

Klemm, G. — Mikroskopische Untersuchungen über psammitische Gesteine. Zeitschr. d. deutsch. geol. Ges. 1882. XXXIV.

Lang, O. — Ueber Sedimentärgesteine aus der Umgegend von Göttingen. Zeitschr. d. deutsch. geol. Ges. 1881. XXXIII. 217. (Quartzites, grès, gypse, calcaires.)

Lasaulx. A. von. — Ueber kosmischen Staub. Tschermak's Mittheil. 1881. III. 517. Verhlg. d. niederrhein. Ges. zu Bonn. 1881. 173. 1882. 212 et 1884. 186.

Loretz, H. — Untersuchungen über Kalk und Dolomit. Zeitschr. d. d. g. Ges. 1879. 175 et 756.

— Ueber Schieferung. Jahresb. d. Senkenberg. naturf. Ges. 1879-80. Frankfurt. 1880.

Meyer. O. — Einiges über die mineralogische Natur des Dolomites. Zeitschr. d. deutsch. geol. Ges. 1879. XXXI. 445.

* **Murray, J. et Renard, A.** — Notice sur la classification, le mode de formation et la distribution géographique des sédiments de mer profonde. Bull. Mus. r. d'hist. nat. de Bruxelles. 1884. III. 25. N. J. f. M. 1886. II. Ref. 228.

Pfaff, Fr. — Petrographische Untersuchungen über die eocänen Thonschiefer der Glarner Alpen. Sitzungsber. d. Akad. d. Wiss. München. 1880. 461.

— Einiges über Kalksteine und Dolomite. Sitzungsber. der bayr. Akad. München. 1882. IV. 552.

Renard, A. — Des caractères distinctifs de la dolomite et de la calcite dans les roches calcaires et dolomitiques du calcaire carbonifère de Belgique Bull. Acad. roy. Belgique. 1879. XLVII.

* — Notice sur la composition minéralogique de l'arkose de Haybes. Bull. Mus. roy. d'hist. nat. de Bruxelles. 1884. III. 117.

Sauer, A. — Die petrographische Zusammensetzung und die Strukturverhältnisse der Leipziger Grauwacke. Ber. d. naturforsch. Ges. Leipzig. 1883.

Sorby, H. C. — On the microscopical charakters of sands and clays. Monthly microscop. Journ. London. 1877.

Thoulet, J. — Etude minéralogique d'un sable du Sahara. Bull. Soc. minér. France. 1881. IV. 262.

* Vallée Poussin, Ch. de la et Renard, A. — Note sur un fragment de roche tourmalinifère du poudingue de Boussalle. Bull. Acad. de Belg. Bruxelles. (2). 1877. XLIII. No. 4.

* Wallace, A. R. — Island Life. London 1886.

Young, A. A. — On crystallized sandstones, etc. Americ. Journ. XXIII. 257 et XXIV. 47.

§ IV. — Table alphabétique

Schuster, M., 303, 344.
Seebach, K. von, 326.
Seek, A., 326.
Seubert, K., 312.
Siegmund, A., 344.
Siemiradzki, J. von, 334.
Silvestri, O., 344.
Sjœgren, A., 326, 335, 354. 340.
Sjœgren, H., 312.
Sommerald, H., 345.
Sorby, H.-C., 306, 359,
Stache, G., 335.
Steenstrup, K.-J. von, 345.
Steger, V., 326.
Stein, G.-E., 335.
Steinmann, G., 303.
Stelzner, A., 301, 326, 345, 354.
Stern, H., 345.
Streng, A., 306, 326, 335.
Svedmark, E., 335, 345, 354.
Svenonius, F., 349.
Szabo, J., 306, 312.
Szterenyi, H., 341.

Taramelli, T., 349.
Tarassenko, W., 335.
Tawney, E.-B., 335.
Teal, J.-J.-H., 320, 326, 335, 336, 341.
Teller, F., 336.
Tenne, C.-A., 341.
Thoulet, M.-J., 301, 304, 320, 359.
Thürach, H., 312.
Tietze, E., 320.
Tœrnebohm, A.-E., 307, 312, 320, 326, 327, 341, 345, 349, 354.
Traube, H., 312, 336.

Trechmann, C.-O., 336.
Trippke, P., 345.
Tschermak, G., 11, 54, 304.
Tucci, P. di., 357.

Ungern-Sternberg, T. von, 327.

Vallée Poussin, Ch. de la, 312, 321, 325, 327, 359.
Vélain, Ch., 321, 345, 346.
Verbeek, R.-D.-M., 345, 346.
Vogelsang, H., 307.

Wadsworth, M.-E., 299, 327, 341.
Wallace, A.-R., 359.
Walther, T., 341.
Weber, E., 354.
Weiss, E., 327.
Werveke, L. von, 301, 313, 327, 341, 346.
Wichmann, A., 307, 313, 321, 341, 354. 357.
Wiik, F.-J., 304, 321, 327, 336, 357.
Williams, G.-H., 321, 336, 354.
Winchell, N.-H., 321.
Woitschach, G., 327.
Wolff, J.-E., 322, 346.
Wolff, R.-M., 336.
Wunder, G., 307.

Yarza, A.-R. de, 333, 341.
Young, A.-A., 359.

Ziegenspeck, H., 346.
Zirkel, F., 55, 299, 313, 336, 357.
Zuber, R., 354.
Zugovics, J.-M., 341.

FIN DE LA BIBLIOGRAPHIE

TABLE ALPHABÉTIQUE DES MATIÈRES

Pages.

Diallage................. 84,195
Diopside................... 84
—   chromifère......... 84,205
Diorite.................... 180
—   aciculaire.......... 178,181
—   à hornblende......... 181
—   —   et augite. 181
—   aiguillée........... 178,181
—   à Labradorite........ 181
—   à mica.............. 181
—   andésitique......... 181
—   à oligoclase.......... 181
—   orbiculaire........... 182
—   quartzifère.......... 175
—   —   à hornblende.. 177
—   —   à hornblende et
                augite..... 179
—   —   à mica...... 175
—   schistoïde........... 253
Dioritporphyrit = Porphyrite
    dioritique............. 183
Dioritschiefer = Schiste diori-
    tique.................. 253
Dipyre........ 74
Direction.................. 46
Discolithes................ 139
Disjonction des roches (struc-
    tures dues à la)......... 50
Disthène.................. 109
Ditroïte.................. 173
Dolérite.................. 228
Dolomie.................. 141
—   arénacée........... 144
Dômes.................... 50
Dômite................... 217
Drift.................... 277
Duckstein................. 274
Dunite................... 201
Dyaodyle................. 154

Eclogite.................. 204
—   à hornblende....... 206
—   à omphacite........ 206
—   grenatifère........ 206
—   sans grenat 205
—   schistoïde.......... 256
Eisenglanz = Oligiste..... 101
Eisenglimmergneiss = Gneiss
    oligisteux.............. 217

Pages.

Eisenglimmerschiefer = Ita-
    birite.................. 262
Eisenstein (Braun) = Limonite   150
—   (Roth) = Oligiste.   150
Eisgestein = Glace........ 124
Elæolithsyenit = Syénite éléo-
    litique................ 173
Electro-aimant (triage à l'aide
    d'un).................. 6
Eléments accessoires........ 112
—   allogènes........ 15,113
—   authigènes........ 15
—   primaires. 16,55
—   secondaires....... 16,55
Eléolite. 70,173
Elvan.................... 169
Emeril................... 111
Enstatitandesit   = Andésite
    à enstatite............ 227
Enstatite. 80
Enstatitporphyrit = Porphy-
    rite à enstatite........ 193,194
Epidiorite................ 179
—   sans quartz....... 182
Epidote.................. 103
Erbsenstein... 138
Essentiels (constituants).... 20
Etat cristallin............ 16
Eudialyte................ 174
Eulysite............. 203, 257
Euphotide................ 196
Eurite................... 169
Euritique (texture)........ 30
Eutaxite.............. 214,219

Fahlband................. 248
Fahlunite................ 94
Farine de montagne........ 277
Faserkohle............... 156
Fayalite................. 91
Feldspaths........... 12 à 14, 59
Felsitic ashes............. 272
Felsitpechstein........... 170
Felsitporphyr = Felsophyre.   169
Felsophyre.............. 169
Felsophyrique (texture)..... 30
Felsosphérites............ 30
Fer titané = Ilménite..... 102,188
Feuilletage............... 46

FIN DE LA TABLE DES MATIÈRES.

ERRATUM

—

Page 71, ligne 22, au lieu de *ipfusible,* lire *infusible.*
— 128, — 24, — *Utahet,* — *Utah et.*
— 156, — 26, — *Kohlenwassertoffe,* lire *Kohlenwas-serstoffe.*
— 180, — 9, — *porphyroïdes,* lire *porphyrites.*
— 190, — 17, — *elles semblent composées,* lire *ils semblent composés.*
— — — 18, — *elles,* lire *ils.*
— — — 19, — *considérées,* lire *considérés.*
— 191, — 6, — *vers le bas de l'article Schiste,* lire p. 267.
— — — 16, — 210, lire p. 210.
— — — 18, — 116, — 16.
— 238, colonne 1, ligne 3, au lieu de *leucitifère,* lire *leucitifères.*
— 363. — 1, — 6, *à Siemiradzki (J. von),* 334, ajouter 340.
— 363, — 2, — 16, au lieu de *Werveke (L. von),* lire *Wer-veke (L. van).*

J. ROTHSCHILD, Éditeur, 13, Rue des Saints-Pères, PARIS

CHIMIE ET GÉOLOGIE AGRICOLES. Traité pratique, par Stanislas Meunier, *Aide naturaliste au Muséum*. Un vol. avec 200 gravures... 3 fr. 50

TRAITÉ PRATIQUE D'ANALYSE chimique à l'aide des méthodes gravimétriques. — D'après l'ouvrage de Thorpe, par Stanislas Meunier, *Aide naturaliste au Muséum*. Un volume avec 111 vignettes dans le texte. Relié................................... 5 fr.

TRAITÉ PRATIQUE D'ANALYSE chimique à l'aide des méthodes volumétriques. — D'après l'ouvrage de F. Sutton, par Ed. Finot et A. Bertrand. Un volume avec 95 vignettes dans le texte, relié, 5 fr. Les deux traités pris ensemble....................... 8 fr.

LA TERRE VÉGÉTALE. De quoi elle est faite, comment on l'améliore. Guide pratique de géologie agricole, par Stanislas Meunier. Un volume avec vignettes et une carte agricole de la France, par A. Delesse, *Professeur à l'Ecole normale*. Un volume relié.. 3 fr.

DIAMANT ET PIERRES PRÉCIEUSES. Descriptions, Gisements, Extraction, Travail, Emploi artistique et industriel, Evaluation, Statistique. Commerce des pierres précieuses, du corail et des perles. Avec une monographie historique des Bijoux. Joyaux et Orfèvrerie. Ouvrage in-8 avec 350 gravures et une planche en chromo, par MM. Ed. Jannettaz (*maître des conférences de la Sorbonne*); Emile Vanderheym (*expert en diamants*); Eugène Fontenay (*bijoutier-joaillier*) et A. Coutance (*professeur aux Ecoles de la marine*)... 20 fr.

Relié 1/2 maroquin, avec fers....................... 25 fr.

LES ALPES au point de vue de la Géographie physique et de la Géologie. — Voyages photographiques dans le Dauphiné, la Savoie, le nord de l'Italie, la Suisse et le Tyrol; avec 14 héliogravures exécutées par Dujardin, d'après les Photographies de l'auteur, et retouchées par Jacquet, et une carte au 1/600,000e indiquant les courbes d'horizon des Panoramas, par A. Civiale. — L'ouvrage forme l'itinéraire scientifique, partant du Mont-Viso et traversant le Dauphiné, la Savoie, le nord de l'Italie, la Suisse et le Tyrol, jusqu'au Gross-Glockner à la frontière de la Carinthie. L'auteur décrit les terrains géologiquement et indique les points de station des différents panoramas choisis, de manière à ce que les courbes d'horizon de ces panoramas embrassent toutes les grandes chaînes des Alpes. Il a été honoré de deux rapports, faits à l'Académie des Sciences en 1866 et 1882. — Le prix de l'ouvrage est de 50 fr. pour le volume de texte avec la carte des courbes d'horizon; pour le volume de texte avec les deux cartes, le prix est de... 65 fr.